U0396375

『十三五』国家重点研发计划（2018YFC0704603）、国家自然科学基金面上项目（51878285）联合资助出版

『城水耦合』与规划设计方法

王世福　邓昭华　著

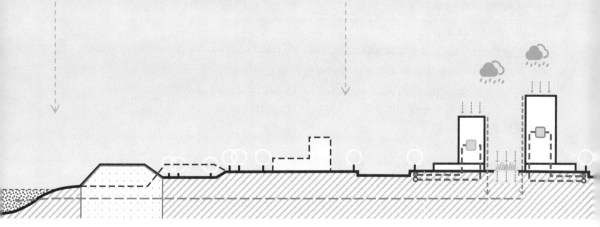

 华南理工大学出版社
SOUTH CHINA UNIVERSITY OF TECHNOLOGY PRESS

·广州·

图书在版编目（CIP）数据

"城水耦合"与规划设计方法 / 王世福，邓昭华著. —广州：华南理工大学出版社，2021.6
ISBN 978 - 7 - 5623 - 6722 - 2

Ⅰ.①城…　Ⅱ.①王…　②邓…　Ⅲ.①城市–水环境–环境规划–研究
Ⅳ.①X143

中国版本图书馆 CIP 数据核字（2021）第 080478 号

"Chengshui Ouhe" Yu Guihua Sheji Fangfa

"城水耦合"与规划设计方法

王世福　邓昭华　著

出 版 人：**卢家明**

出版发行：华南理工大学出版社

（广州五山华南理工大学17号楼，邮编510640）

http://hg.cb.scut.edu.cn　E-mail: scutc13@scut.edu.cn

营销部电话：020-87113487　87111048（传真）

策划编辑：骆　婷

责任编辑：骆　婷

责任校对：刘惠林　梁晓艾

印 刷 者：广州市新怡印务股份有限公司

开　　本：787 mm×1092 mm　1/16　印张：22.25　字数：412 千

版　　次：2021 年 6 月第 1 版　2021 年 6 月第 1 次印刷

定　　价：198.00 元

序

　　王世福、邓昭华两位老师的这本专著，主要内容源于我担任项目负责人的国家"十三五"重点研发计划"绿色建筑及建筑工业化"专项"城市新区规划设计优化技术"中的课题《城市新区水环境系统与规划设计优化技术》。该课题协同整体项目中的能源、碳排放专项，从水的角度研判我国城市绿色发展的现状，吸收全球前沿技术与实践，针对我国新区发展趋势与需求，提出我国城市新区未来水环境系统与规划设计优化技术的建议。基于课题研究的成果，本书从水科学的角度出发，针对正在建立的空间规划设计体系，提出技术完善与管理建议；针对我国新时代高质量城镇化的发展要求，从世界当前领先的用水、治水经验中，吸收前沿理念、方法论、策略与技术，结合规划设计的空间统筹优势来优化规划方法，提出适用于空间规划的"城水耦合"规划设计技术集成，为我国实现"城水共生"的美好愿景提供技术支撑。

　　本书共分四篇八章。其中，第一篇是方法篇，介绍"城水耦合"研究背景与分析框架，论述"城水耦合"理论研究与方法建构。第二篇是技术篇，基于"城水耦合"视角分析我国"城水关系"发展问题，梳理国内外先进的治水理念与技术迭代，建立系统完整的规划设计技术集成。第三篇是应用篇，以介绍典型案例的方式，示范"城水耦合"规划设计技术集成在规划实践、工程实践中的探索及应用过程。第四篇是治理篇，以规划技术革新、制度创新重塑"城水关系"，并前瞻性地提出"城水共生"的发展路径。

　　本书适合从事国土空间规划及设计的从业人员、管理者、研究者及学生阅读，希望他们能在空间规划设计的良好基础上，获得水环境视角的规划应对方法，以优化手中的技术工具。本书也适合从事水利、水环境工程的专业人员、管理者以及相关研究者和学生阅读，希望他们能在扎实的水利技术知识的基础上，获得空间规划设计类的知识，以促进学科协同发展。

城水耦合，让城市更美好！愿本书能为我国城镇化发展的可持续转型提供更多的绿色智慧！

2021 年 4 月于同济

前　言

　　城水相依，互为支撑。但随着技术分工与管理分化，水与城之间出现了技术分野与管理分置，产生了一系列严峻的城水关系不协调的问题。因此，在规划设计中强调城水合治的"城水耦合"理念，具有解决现实问题的紧迫性、践行生态文明的重要性以及技术整合的必要性。

　　首先，我国地域广阔，各地城水关系的问题多样、矛盾复杂，形势十分紧迫。我国城市人均水资源贫乏，水量供需不匹配；大量城市洪涝灾害频发，沿海城市风暴潮时有发生；多地水质污染严重，天然水面大幅缩减。要解决这些问题，仅依赖水利部门的努力是不够的。城乡规划设计在空间布局谋划、用地功能协调、开发建设选址、建成环境品质以及关键指标设定等方面拥有良好的综合协调优势，特别是其跨专业统筹国土空间规划与治理的能力，是解决城水问题的有力保障。

　　其次，水系环境的本体及其对城乡建成环境的影响，是生态文明建设的重要组成部分。自然资源部门的成立、国土空间规划体系的构建，将规划设计的维度拓展至国土空间的全域范围。水，作为一种空间、一种资源、一个半独立的专项生态系统，已被完全纳入规划干预的对象中。重新审视"城水关系"，科学规划与引导"城—水"双向的良性互动，对建设美丽中国、推动绿色发展、促进人与自然和谐共生的生态文明建设具有重要意义。

　　最后，传统的规划设计注重水体为城市带来的空间品质提升，但在其知识体系内缺乏系统性的水科学知识整合。水的资源属性、灾害形成机制、生态系统规律、污染防控机理、气候影响规律等，对城乡空间有根本性的影响，但往往处于传统规划设计对空间干预的习惯视角之外。因此，主动求变，积极整合水科学相关的知识与技术，对提升空间规划设计的科学性非常必要。

本书的内容主要源于国家"十三五"重点研发计划"绿色建筑及建筑工业化"重点专项——"城市新区规划设计优化技术"项目中的课题《城市新区水环境系统与规划设计优化技术》（2018YFC0704603）。该课题从城水关系的角度研判我国城市新区的绿色发展现状，研究、总结、吸收世界各地的前沿实践和技术要点，基于我国新区发展的实际需求，提出针对我国城市未来水环境系统与规划设计优化技术的一系列建议。基于城乡规划理论与实践，本书引入水科学的相关知识，面向正在构建的国土空间规划体系，提出完善优化我国规划设计技术的建议；学习、吸取全球各地先进的用水、治水经验，融入规划设计的空间治理技术，提升规划设计的理念、技术和治理方法，以人与自然相协调为原则，提炼"城水耦合"规划设计技术集成，以完善国土空间规划技术。

本书共有四篇，分八章论述。第一篇介绍方法，从历史、现实、理论层面论述了"城水耦合"的分析框架，并进行了该概念的理论建构。第二篇重点介绍"城水耦合"的技术，从我国城水问题出发，整理全球的水治理理念与相关的技术进展，进而构建基于我国国土空间规划体系的规划设计技术集成。第三篇重应用，选取了"城水耦合"的经典案例，诠释"城水耦合"规划设计技术在规划设计与实际工程中的应用。第四篇以治理为中心，提倡以技术进步推动"城水关系"的管理创新。

在课题研究与本书编写的过程中，研究团队有幸得到了国内外众多专家学者的指导。特别是项目首席专家吴志强院士的引导与启迪，多次为课题的推进指明了方向。吴院士提出，课题研究应以"技术优化"为核心目标、以"问题导向"为重要方向、以创新"城水耦合"为主要内容，务实地"把研究做在祖国的大地上"；建议从国家层面"找问题"，从国际层面"优技术"，从新区层面"提策略"。吴院士强调，课题研究应该努力提升空间规划的技术含量，形成针对不同城市水问题的城市规划"水产品"工具箱，形成可复制、可推广的技术成果，进一步为课题的成果指明了方向。南京水利科学研究院杨宇教授、刘国庆博士团队也不吝赐教，优化数据采集、软件模拟等工具，为本书水污染控制与水生态修复的规划设计技术提供重要的技术支撑，并为本书应用篇的工程实践章节提供了上海、苏州等地宝贵的案例实证。天津大学曾坚教授、陈天教授团队创新性地建立了"城水耦合"数据库，在城市水气候空间适应的规划设计关键技术领域提供了关键技术支撑，并共同推进了课题中的技术研发。此外，东南大学段进院士以及南京水利科学研究院戴济群副院长、高长胜教授、吴时强教授等为课题研究提供了许多宝贵思路。在此，对以上专家学者表示衷心的感谢。

此外，特别感谢张晓阳博士在课题申报和研究过程中付出的努力，以及对本书的第一、二、四、五、八章内容的前期贡献。同时，感谢练东鑫、覃小玲、刘子颖、梁雅捷、韩咏淳、胡歆悦等研究生在书稿撰写过程中的协作。

著　者

2021 年 3 月

目　录

应用篇

治理篇

方法篇

第1章

"城水耦合"研究背景与分析框架

本章对"城水耦合"的研究背景进行解析，包括新时期国土空间规划整合发展趋势、迭代治水提升"水"价值认识、规划设计范式科学转型三大方向。在此基础上，梳理本书的研究框架，提出核心研究问题与研究目标，阐释相应的研究方法与技术路线。

1.1 生态文明时代国土空间规划整合发展趋势

1.1.1 国土空间规划体系强化"水"角色定位

2018 年 3 月，国家组建成立自然资源部，将自然资源作为一个整体以统一进行国土空间规划，整合了原国土资源部及国家发展改革委、水利部、农业部、国家林业局等部委对水、草原、森林、湿地及海洋等自然资源的确权登记管理职责，以期更好地协调城乡发展中涉及城、水的空间发展权和自然保护的矛盾。2019 年 5 月，国务院发布《关于建立国土空间规划体系并监督实施的若干意见》，明确提出在"坚持山水林田湖草生命共同体理念"下"量水而行"，将"水"作为资源环境底线约束，指导新时期国土空间规划与布局，提高规划编制工作的科学性。

水是生命之源、生产之要、生态之基，是 2035 年基本形成"生产空间集约高效、生活空间宜居适度、生态空间山清水秀"的国土空间格局总目标的重要支撑。在国土空间规划新时代，水环境的地位和理念面临新的发展契机与要求。

1.1.2 城市水环境问题引发"城水关系"思考

在快速城镇化、工业化以及气候变化等多重要素影响下，我国城市不同程度地面临水多、水少、水脏、水浑等水环境问题，"城水关系"失衡发展的困境亟待反思。一方面，城市建设大规模扩张，破坏自然绿地和水体，对水系裁弯取直、渠化、填埋等，使城市下垫面发生结构性改变，水文循环过程受阻；另一方面，水资源短缺、水灾害频发、水环境污染、水生态退化等问题严重影响到城市的生产、生活、生态空间，甚至制约了城市经济、社会、环境的可持续发展。"城"胁迫"水"，"水"制约"城"，"城水分离"、低品质发展的问题亟待解决。

在建设生态文明的时代，在我国城镇化走向高质量发展的全面转型时期，水环境作为连通城市人工环境和自然生态环境的核心脉络，是实现美丽中国高质量发展的核心要素。"城水关系"亟待通过"水"价值理念的回归和"水"空间干预方法的优化，以"城水耦合"来重塑城市环境和水环境良性友好的整体关系。

1.2 治水理念与技术迭代提升"水"价值认识

1.2.1 国外水管理与空间规划整合启发

面对城市水环境的恶化以及威胁，发达国家较早致力于城市水问题治理，围绕"与水共生（live with water）"价值取向开展理论与实践探索。理论层面，1969 年麦克哈格著作《设计结合自然》（Design with Nature），阐述了大自然演进的规律和人类认识的深化，以及人与自然环境之间不可分割的依赖关系。随后，荷兰、澳大利亚、英国、法国、美国等国家逐渐开展"水敏性城市设计（WSUD）""低影响开发（LID）""最佳管理实践（BMPs）""绿色基础设施（GI）"等水管理技术与原则的探索。在可持续发展的背景下，联合国教科文组织提倡采用基于自然的解决方案（nature-based solution）改善水资源管理、提升水安全，从而产生多重涉水效益。实践层面，从荷兰的"还河流以空间"（room for the river）工程到瑞士的"近自然河道治理"再自然化（near-nature ecological control），再到新加坡的"ABC 计划"（active, beautiful, clean waters）、以色列的"中水回用"（water recycling）等，诸多实践表明，整合水管理和空间规划的发展模式已成为共识，"与水共生"奠定"城水关系"发展的基调。

1.2.2 国内治水理念与技术发展探索

近年来，治水成为我国中央和地方政府重要的施政纲领。

国家层面，2011 年，中央一号文件明确提出实行最严格的水资源管理制度[①]；

---

① 详见《中共中央 国务院关于加快水利改革发展的决定》。

2014年，住房和城乡建设部发布《海绵城市建设技术指南》，提出建设自然积存、自然渗透、自然净化的"海绵城市"①；2015年，国务院发布《水污染防治行动计划》，提出"节水优先、空间均衡、系统治理、两手发力"新时期治水十六字方针②；2019年，国家发展改革委和水利部联合印发了《国家节水行动方案》，提出把节约水资源贯穿到经济社会发展全过程和各领域③。

地方层面，各地围绕"治水"主题陆续开展实践探索，如广东省"万里碧道"建设，浙江省从"美丽河湖"迭代升级到"幸福河"建设，上海市打造"一江一河"世界级滨水区等。一系列的实践表明了我国治水理念与技术正处于不断发展的过程中。但也应当注意到，以工程技术等为基础的结构性措施仍是目前水环境治理的主要手段，且相当程度上影响城市中小流域治理。因此，基于源头控制、非结构性措施（non-structure measures）整合的角度，更需要对"水"空间规划设计干预进行改善和优化。

1.3   城水耦合促进规划设计范式科学转型

1.3.1   涉水规划类型及角色梳理

目前，城市涉水规划类型较多，内容重叠冲突，涉及多部门编制。其中，涉水专项规划类型包含水资源管理、水灾害防治、水环境治理及其他（表1-1），涉及自然资源、水务、环保、住建、园林等职能部门。各个部门均有各自的职责和遵循的规范，长期以来各司其职，彼此之间缺乏沟通协调，事权划分不明晰，管理冲突也难以有效解决。

此外，涉水规划作为专项配套，在规划编制与实施体系中长期处于被动地位。传统规划设计中，涉及水环境的内容属于专项配套的性质，以容量匹配、设施保障、满足规范为主要目标；缺乏对"水"空间干预行为的评估过程，城市建设改变城市本底基质缺少约束；缺乏主动协同、运用各项水环境技术的优化过程，难以提供更优质、更具韧性的城市规划干预的工作方式。

---

① 详见建城函〔2014〕275号《住房城乡建设部关于印发海绵城市建设技术指南——低影响开发雨水系统构建（试行）的通知》。

② 详见国发〔2015〕17号《国务院关于印发水污染防治行动计划的通知》。

③ 详见发改环资规〔2019〕695号《发展改革委 水利部关于印发国家节水行动方案的通知》。

表 1-1　涉水专项规划类型

专项规划类型	水资源管理	水灾害防治	水环境治理及其他
专项规划内容	城市水资源综合规划 城市供水规划 城市排水规划 城市再生水系统规划 ……	城市水系专项规划 排洪防涝规划 海绵城市专项规划 流域防风暴潮规划 ……	环境保护规划 水环境综合治理规划 水污染防治规划 城市通风廊道规划 ……

1.3.2　基于城水耦合的规划设计范式

本书建构"城水耦合"概念，作为实现"城水关系"良性干预的方法论，是对传统"水"空间干预方法的优化调整。城水耦合，即技术耦合和目标耦合。一方面，建立水规划与空间规划的"双向评估机制"实现技术耦合，强化水规划的"空间影响评估"以及空间规划的"水技术评估"过程。另一方面，平衡水规划与空间规划多要素实现目标耦合，统筹兼顾水规划所关注的水资源集约利用、水灾害安全防控、水污染系统治理、水生态健康修复等要素，以及空间规划所关注的水景观优化提升、水气候改善适应、水文化传承创新、水经济价值共享等要素在城市生态空间格局中的共同呈现（图 1-1）。

图 1-1　"城水耦合"方法与要素示意

以当前城市建成环境和水环境存在的问题为研究导向，以尊重、优化自然的技术创新和建设行为主动调节、改善城市水环境为原则，形成城市人工环境与水环境耦合的规划方法与技术集成，是本书的立足点和出发点。基于城水耦合的规划设计范式，引入水科学定量研究方法，保障水环境各项指标满足城市发展的生态、品质、效率与活力的需求，通过"以水定城""以水塑城""以水融城""以水润城""以水兴城"等一系列"水"价值回归理念，引导"水"空间干预方法优化，响应我国生态文明建设的顶层战略，促进城市涉水部门建立共同价值观，实现治理能力现代化的"城水共治"。

1.4 研究问题与目标

1.4.1 研究问题

在上文对"城水耦合"研究背景解析的基础上，本书主要研究以下三大核心问题：

研究问题一：从宏观层面着眼，在城镇化和气候变化的影响下，我国城市面临哪些水问题？存在哪些重要的空间规划涉水议题？

研究问题二：横向对比国内外空间规划水环境研究，梳理国际上的先进理论与实践、涉水环境规划设计与管理工具的迭代情况，分析未来的发展方向。

研究问题三：立足规划设计技术优化，基于国际先进经验，结合新型城镇化建设背景，提出解决相关涉水议题的规划设计新方法。

1.4.2 总体目标

本研究的总体目标是在国土空间规划整合发展的背景下，针对城市人工环境与水环境耦合的需求，实现可计量、可控制、可评价、可推广的城水耦合关键控制技术集成与规划方法体系的构建，探索与城市规划设计全过程融合的协同条件。四个分项目标如下：

一是创新"城水耦合"规划方法体系。通过"城水关系"内涵辨析，以及相关理论研究梳理，从技术耦合和目标耦合建构城市水空间干预方法论。

二是优化"技术增量"规划技术体系。借鉴国际先进的水管理理念与实践，总结既有技术应对问题的适应性和不足，以指标体系为基础、以评价过程为框架，建立涉水规划设计技术集成。

三是归纳"示范实践"规划应用体系。结合实际规划实践与工程实践，系统性展示规划设计过程和程序，包括吸收并集成水科学的规划设计研究方法，应遵循的水敏性原则与内容，以及具体的指标设定等过程。

四是前瞻"城水共生"规划治理体系。以规划技术革新和制度创新重塑"城水关系"，并提出实现"城水共生"这一美丽中国目标的策略建议。

1.5 研究方法与技术路线

1.5.1 研究方法

（1）学科交叉与系统整合

为适应新时期国土空间规划的整合性发展，本书综合运用城乡规划学、水利工程学、土木工程学等学科的相关理论对城市水环境和建成环境进行分析。立足于城乡规划学的空间敏感性和引领作用，整合理论研究、技术优化、实践应用，系统性地应对复杂、动态的"城水关系"。

（2）理论推演与经验比较

本书通过梳理已有的"城水关系"相关研究，建立"城水耦合"规划方法体系；通过对比国内外治水理念与技术迭代，建构"城水耦合"规划技术体系，形成系统性方法论。

（3）文献查阅与专家访谈

收集国内外相关文献资料并进行阅读、整理、归纳，追踪城乡规划领域与水利工程领域的跨学科研究，为本书基础研究提供全面、系统的资料和理论依据。在此基础上，以半结构性专家访谈的方法，获取专家对前沿理论、案例实证的判断、解读和思考。

（4）数据采集与空间计量

深度挖掘各类互联网数据，如卫星影像数据、遥感影像数据等，基于多源和开放数据，借助 ArcGIS 技术对多个城市的"城水关系"发展演变进行识别、量化、评价。同时，结合传统统计数据，如统计年鉴、水资源公报、水旱灾害公报、水情年报等，借助 SPSS 等数据处理工具，支撑"城水关系"问题识别和发展评估。

1.5.2 技术路线

本书主要包括四个部分的内容（图 1-2）。一是规划方法体系，包括"城水耦合"的研究背景和"城水关系"理论基础，由此提出"城水耦合"技术耦合、目标耦合的分析框架；二是规划技术体系，基于问题导向和目标导向，凝练国内问题，总结先进经验与启示；三是规划应用体系，结合规划实践和工程实践，展示"城水耦合"规划设计过程；四是规划治理体系，以规划技术革新和制度创新重塑"城水关系"，并提出实现"城水共生"目标的策略建议。

图1-2 本书的技术路线

第2章
"城水耦合"理论研究与方法建构

本章对"城水关系"的内涵与发展进行了梳理和探究，并对过去已有的水资源集约利用、水灾害安全防控、水污染系统治理、水生态健康修复、水气候改善适应、水景观优化提升、水文化传承创新和水经济价值共享等涉及"城水关系"的理论进行了充分的研究，在此基础上建构"城水耦合"的规划设计方法体系。

2.1 "城水关系"内涵与发展

2.1.1 城市水环境属性、特征与价值

2.1.1.1 城市水环境多元属性

（1）本体视角：时间属性和空间属性

水环境是指自然界中水形成、分布和转化所处的空间环境，这些水体围绕人群活动空间，可直接或间接影响人类生活与发展。作为城市发展所依托的生态基础之一，水环境具有时空双重属性。

城市水环境的时间属性主要体现在气候、产汇流[①]等方面：以降雨为例，在宏观气候层面，降雨具有明显的季节特征，例如我国降雨在时间分布上存在夏季多、冬季少的现象；从微观层面的产汇流来看，降雨受地形、土地覆被等要素的影响，有不同的产汇流速度，进一步影响汇流时间（图2-1）。

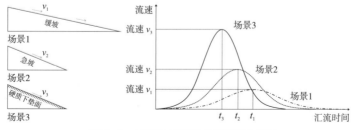

图2-1 不同场景下汇流时间示意图

①产汇流是一种研究降水转变为径流的过程的水文学理论，是水文学基础理论之一。

城市水环境的空间属性可以更直观地被人感知。从流域层面看，流域是河道的汇水单元，每条河流都有自己的流域，一个大流域可以按照水系等级分成数个小流域，小流域又可以分成更小的流域（图2-2）。从水体本身看，其空间属性体现为"水量"的体积概念，例如湖泊不仅具有周长、面积、岸线等平

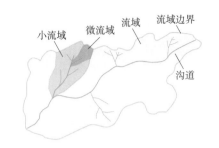

图2-2　流域、小流域、微流域示意图
（资料来源：水利部水土保持监测中心.小流域划分及编码规范（SL653—2013）.2014）

面要素，还有水位、水体、湖盆等立体要素；河道不仅具有平面的上下游、左右岸，还有水位、水体、河床等要素（图2-3）。

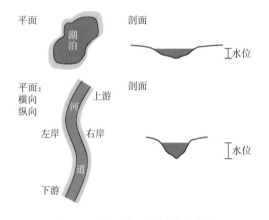

图2-3　水环境空间属性示意图

（2）客体视角：资源属性和风险属性

"水则载舟，水则覆舟"是古人对水环境双重属性的哲学思考，体现了城市水环境的资源属性和风险属性。作为城市生态环境的重要组成部分，城市水环境是水体、空间以及景观资源的统一体。城市水环境的服务类型主要是水生态系统服务，主要包括控制洪水等调节服务，提供食物和水的供给服务，获得精神、娱乐和文化收益的文化服务，以及维持地球生命生存环境的养分循环的支持服务。

城市水环境作为一种空间资源，具有连通性和开放性。连通性是河道的基本属性，也是生态系统的重要保障。河道可作为生物迁徙的廊道或是水上运输的通道，促进生态系统各个组成部分的良性循环。良好的连通性可以促进能量流、物质流、信息交换和分配等生态功能的培育，以构建健康的河道生态系统。同时城市水环境还是城市重要的公共开放空间，可为城市提供开展重要节事活动、容纳

市民日常休闲活动的空间。城市滨水空间凭借其开阔的水面和开敞的公共空间优势,吸引了休闲、旅游、商务、办公和居住等多种业态在此集聚,往往成为城市最具活力的片区。

水环境的风险属性体现在城市"水少""水多""水脏""水浑"几大方面,具体表现为城市水资源不足、水灾害频发、水环境污染、水生态退化等水系统问题带来的负面影响。由于自然周期性的降雨以及人类活动的干预,城市水环境所带来的风险始终存在。由于气候变化导致的极端天气、海平面上升等问题将会使水环境的风险属性加剧。

2.1.1.2 城市水环境多重特征

城市水环境的特征包括系统性、连通性和循环性。

城市水环境是一个复杂的系统,系统内各类型的水环境均处于不断变化中,彼此之间相互影响。以地表水为例,按照空间尺度及上下游关系划分,水环境主要包括湖、河、江、海等,地表水从降水产汇流形成至流向大海,大致会经历从湖泊、坑塘流向内河、排渠,再流向外江,最后流向大海的过程。自然状态下,当上游湖泊、坑塘的水位高于下游内河、排渠时,水受重力影响便会流向低处;而当下游的水位较高时,也会对上游形成顶托。水环境任何一个环节的变化都会影响系统中的其他部分(图2-4)。

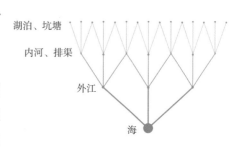

图2-4　水环境系统性特征示意图

"连通性"是城市水环境的根本特征,是水体流通、生物洄游、航运交通的重要支撑。水系连通是水体流动换水的前提,也是雨洪调蓄的基础;保证水体上下游间的连通可形成生物洄游廊道,同时也可承载便利的航运交通。现阶段,在拦河大坝的建设中增加的船闸、鱼道等设施,实际上是对水体连通性的一种补偿手段。"流水不腐"表明的是水体的一种活动状态,流动的水体才能保证水环境质量,城市水环境若失去连通性,就意味着死亡,即俗称的"死水"(图2-5)。

图2-5　水环境连通性特征示意图

"循环性"是城市水环境的另一重要特征,包括自然水循环和社会水循环。其中自然水循环指的是未经人工干预的水文循环过程,海水受太阳光照蒸发形成水汽，水汽在风力作用下向陆域移动，经冷暖峰交汇或地形阻隔凝结形成降雨，降雨受重力影响，自高向低汇流成河，蜿蜒流向大海，以此往复，实现水的自然循环。

社会水循环即人工干预下的水体循环过程，包括给水排水、中水回用、海水淡化等过程。城市从上游水源地进行提水，经净化处理后，输配至城市进行使用，使用后的污水经处理达标后排放至下游河道，这是基本的社会水循环过程。在此循环过程中，可运用中水回用技术从内部回用部分生活污水，以及从外部回用经处理的污水，以分质供水的方式再次使用。此外，近年来沿海地区也在开展海水淡化技术的研发应用，将海水以非传统水资源形式供给城市（图2-6）。

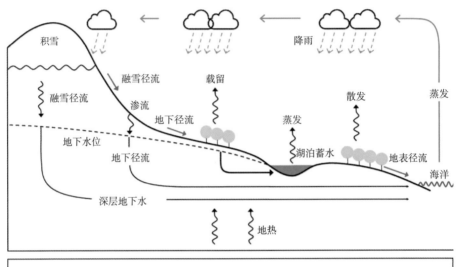

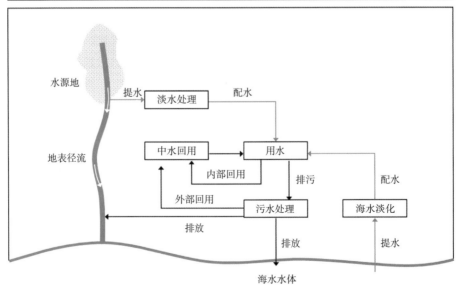

图2-6　"自然—社会"二元水循环示意图

2.1.1.3　城市水环境多类要素

（1）水规划关注要素

传统的涉水规划可按水资源、水灾害、水污染、水生态等要素归类汇总相关专项规划，水规划通过对这四类要素进行统筹部署，推进地方进行水管理工作，实现城水的高质量发展。

水资源是指可利用或有可能被利用的水源，包含传统水资源（地表水及地下水），以及非传统水资源（雨水、再生水、海水等）。我国水资源总体偏少，属于轻度缺水国家，水资源的保护规划迫在眉睫，不合理的开发利用会制约国民经济发展，破坏人类的生存环境。传统水规划关注的重点主要在于如何实现其集约循环利用和优化配置，解决供需矛盾，实现水资源的可持续发展。

水灾害是威胁人民生活和生命财产安全，对人类社会和经济发展造成损失或产生不良影响的自然灾害，其中包含暴雨、台风、山洪、地震以及其他原因引起的洪水泛滥、风暴潮、灾害性海浪、积水、涝渍、水生态环境恶化等现象。实现水灾害的安全防控，增强城市韧性，保障城市水安全是传统水规划的关注重点。传统水规划通过研究水、旱、生态环境恶化等特大水灾害的形成机理，构建水安全评估和保障体系，确保城市的水安全，实现城市社会经济、生态环境等的可持续发展。

水污染指水体因某种物质的介入，其化学、物理、生物或者放射性等方面特性发生改变，从而影响水的有效利用，危害人体健康或者破坏生态环境，造成水质恶化的现象[①]。水生态指在一定的生物区域内，自然水体与水生生物群落共存，并相互依存、相互作用的状态，是生态系统的重要组成部分。传统水规划关注水污染的生态修复，整治城市黑臭水体，提升水环境，构建平衡、健康、可持续的生态水系。

（2）空间规划关注要素

传统的空间规划关注城市物质空间环境以及品质，既包括从建筑物理学科演化出来的水气候改善适应，也包括水文化、水景观以及水经济等要素在城市生态空间格局中的共同呈现。

水气候指在涉水环境中，城市特殊下垫面与人类活动共同影响形成的与水要素相关联的局地微气候条件，其在光照、温度、湿度、土壤（湿度）及风速等物理环境工况下影响城市热、湿及健康舒适度。

---

①全国人民代表大会常务委员会.中华人民共和国水污染防治法[Z].2008-06-01.

水文化分为广义的水文化与狭义的水文化。广义是指人类与水互动所产生的文化现象的总和，是民族文化中以水为核心的文化集合体；狭义的水文化则单指水利文化。在空间规划中，常常深入挖掘水文化内涵，研究水文化与治水实践的关系，以先进水文化为引领，通过检核精品水文化工程、提升水文化软实力、规范管理体制等方面构建整个城市水文化体系，推动城市水文化繁荣发展。

水景观指城市水系河湖形态、水面面积以及水面区、滨水区和沿岸带，其从视觉上与城市景观产生互动美化的效果。城市滨水景观具有时空多维交叉状态下的连续展现特征，因此成为城市特色景观重要塑造地段和城市空间规划设计的重点。

水经济指基于可持续发展理念，依托水体，注重理水与开发相协调而发展起来的经济，也是将城市水系的景观、环境、工程等价值转化而成的经济效益。在空间规划中，经常会考虑城市水体给城市带来的经济效益，常常将流域治理、资源开发、产业发展、城市改造等结合起来，推动水美城市建设，以水为媒推动区域经济社会发展。

2.1.2 "城水关系"发展梳理

2.1.2.1 "城水关系"概念界定

（1）城水类型（图2-7）

"城"即城市建设环境，按照空间尺度，从微观到宏观可分为片区、城市、流域、陆域；按照城市化程度，可分为起步期、发展期和成熟期，不同的城市化程度对应的是不同的城市建设状态。

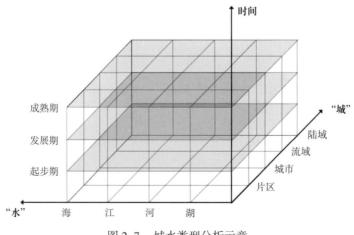

图 2-7　城水类型分析示意

"水"即城市水环境，按照水环境类型，从微观到宏观主要可分为"湖、河、江"三大类，当然，滨海城市还需要考虑"海"的类型。

（2）城水要素

城和水作为城市的两个系统，从各自的要素组成分析，均存在基础层、活动层和目标层。

"城"的基础层即城市组成的基本要素，包含地形地貌、下垫面、基础设施等。其中，地形主要由地壳运动形成，现阶段"五通一平"的城市建设活动也可对地形产生影响；下垫面是大气与其下界的固态地面或液态水面的分界面，经自然演化形成，同样受人为建设活动影响；基础设施即已经建设的产物，包括各类水利工程、市政管网等，是城市正常运行的基本保障。

"城"的活动层即城市蕴含的活动要素，包括用地、产业、人口等。其中用地是城市对土地资源的配置，包括建设用地和非建设用地；产业是城市发展的动力，包括以农业为主的第一产业、以工业为主的第二产业，以及以服务业为主的第三产业等；人口是城市发展的核心，也是城镇化水平的重要指标，一个城市的发展质量本质上取决于所承载的人口的质量。

"城"的目标层即城市建设的理想状态，其关键词包括品质、宜居等。品质可理解为城市的空间品质，由城市自然环境、历史环境、视觉环境以及城市活动等要素所决定，包括社会文化结构、人的活动和空间形体环境等品质；宜居可理解为城市的生活状态，是对城市居住和空间环境、人文社会环境、生态与自然环境以及清洁高效的生产环境的总体评价。

"水"的基础层关联水资源属性和风险属性，包括水资源和水安全要素。水资源是生命之源、生产之要、生态之基，任何城市、任何人的生存、发展均离不开水资源。水安全指城市水系具备系统良性循环的能力，满足水系功能要求，能抵御洪涝、干旱、污染等外部冲击，且不会对其他系统构成危害。水安全建立在水资源之上，水多则形成洪灾，水少则形成旱灾，受气候、降雨等自然条件影响，水灾害发生呈现周期性规律。受气候变化、城镇化的影响，城市水灾害发生频率在增加，水灾害产生的风险也在加剧。

"水"的活动层包括水环境要素和水生态要素。广义水环境指城市中的水体，包含地表水环境和地下水环境两部分；狭义水环境可理解为水体本身的质量，即"水质"，是对水的清澈度以及污染状况的基于科学检验的评价。水生态是指在一定的生物区域内，自然水体与水生生物群落共存，并相互依存，相互作用的状态，是生态系统的重要组成部分。

"水"的目标层要素由水体本身所引发的客体感受组成，包括水景观和水文化要素。水景观即城市水系形态、水面面积以及水面区、滨水区和沿岸带，从视觉上与城市景观产生互动美化，由连续性的滨水岸线、可达性的滨水空间以及可亲可近的水岸空间组成。水文化是指水和水事活动承载的文化形态。水本身不是文化，而是文化的载体，承载了人类各种与水有关的活动所产生的文化现象，包括河道历史风貌、历史遗存、滨水建筑肌理以及滨水休闲文化活动、文化节事等（图2-8）。

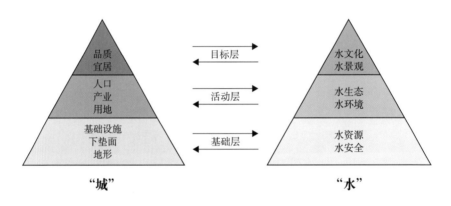

图 2-8　城水要素分析示意

（3）"城水关系"概念

"城水关系"指城市建设环境与水环境两个系统通过各自元素产生相互作用而彼此影响的状态，体现在基础层、活动层、目标层。

"城水关系"的类型包括良性"城水关系"和恶性"城水关系"。在具体建设过程中，若"城"与"水"皆良好发展、相互促进，则表现为良性的"城水关系"；倘若"城"与"水"之间出现"零和博弈"①、相互制约，则表现为恶性的"城水关系"。

"城水关系"内涵："城水关系"依托于城与水的共同存在而形成，"城水关系"中水为核心，城为本质。

---

① 零和博弈(zero-sum game)的理论最早来源于冯·诺伊曼所写的 *Theory of Games and Economic Behavior*（1953），书中将该理论定义为：参与博弈的各方，在严格竞争下，一方的收益必然意味着另一方的损失，博弈各方的收益和损失相加总和永远为"零"，双方不存在合作的可能。

2.1.2.2 "城水关系"形成发展与空间范型

（1）"城水关系"形成于自然演化与人工干预

"城水关系"是自然演化与人工干预的结果。以河流为例，在自然生长中，河流有自身演变规律和生命进程。受地心偏转力影响，河流的凹岸的流速大于凸岸，导致凹岸河床不断被冲刷、下切，河岸逐渐后退，凸岸河床不断堆积、抬升，河岸逐渐外延，久而久之，河道变得蜿蜒曲折（图2-9）。当上游来水量突然增大，河水来不及排泄，往往在凹岸处冲破堤岸，沿着地势低洼地带流向下游，实现河流改道，继续发展出河流的凹岸和凸岸，如此周而复始循环，河流不断改道演化（图2-10）。

图 2-9 密西西比河河流改道示意

（资料来源：http://www.hiddenhydrology.org/
indeterminate-rivers/）

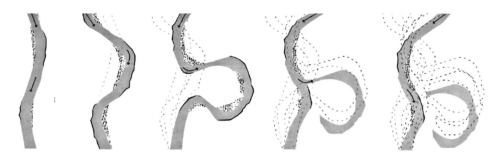

图 2-10 牛轭湖演化生成过程示意

（资料来源：Martin Prominski，《河流空间设计》，2019）

人居聚落的形成意味着水管理的开始（settlement implies water management），人工干预是塑造"城水关系"的重要方式。人工干预包括对城市建设环境和城市水环境的干预，一方面人类的生存发展需要对城市进行建设与管理，另一方面城市发展离不开水，因此需要治水理水。

①农业社会：风水思想与营城理念

在农业社会，古人受风水思想影响，相土尝水，因势利导，依托水源选址建设"城池"（"城"指城墙，"池"指护城河），发展生态水利工程用于农业灌溉等（图2-11）；同时又持续与洪水灾害进行斗争，外筑堤围、内筑城墙。

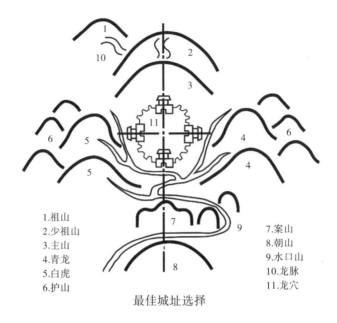

1.祖山　　　7.案山
2.少祖山　　8.朝山
3.主山　　　9.水口山
4.青龙　　　10.龙脉
5.白虎　　　11.龙穴
6.护山

最佳城址选择

图2-11　风水观念最佳选址图示

（资料来源：侯幼彬，《中国建筑美学》，1997）

这个阶段的城市规划建设尊重自然规律，稳定的水环境促进着城市文明的发展。先秦时期是中国古代城市建设的起源，这个时期的城市一般选址在地势高且靠近水源的位置。在城市不断发展的过程中，"城水关系"也越来越紧密，到了隋唐五代时期，运河经济的繁荣促进了南北文化交流，很多运河沿线的城市城内河网密布，形成了城水相融的城市布局。千百年来，水因城而存，城因水而兴，"城水关系"奠定了互动共生、平衡发展的初始基调（图2-12）。

②工业社会：工程导向与城市用水

进入工业社会后，在城市环境日益恶化的大背景下，钱学森提出"山水城市"的理念。经历了水资源短缺、水灾害频发、水环境污染等问题之后，人类开始反思用水方式，开展一系列治水行动。面对城市产业、人口集聚带来的水资源和环境压力，一方面，升级城市产业，淘汰高耗能、高污染产业，控制城市污染排入河道；另一方面，倡导集约节约用水。面对城市洪涝灾害的影响，一方面，加固堤防，提高城市防洪标准；另一方面，建设海绵城市，增加城市内的调蓄空间。

这个时期的规划任务由关注单一经济增长转向生态文明建设。2014年3月14日，习近平总书记在中央财经领导小组第五次会议上的讲话中就提出了"以水

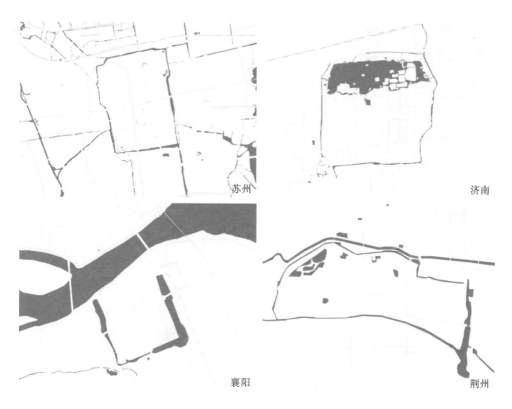

苏州

济南

襄阳

荆州

图 2-12　古代城市"护城河"示意

（资料来源：高德地图）

定城、以水定地、以水定人、以水定产"的重要观点，要求实行最严格的水资源管理制度，建设节水型社会。维持城水的平衡关系变得愈加重要。

与原来的城镇总体规划相比，新时期的城乡规划也越来越强调合理开发利用和保护水资源的重要性，水的地位被提高到一个新的高度。在 2020 年 1 月 19 日印发的《资源环境承载能力与国土空间开发适宜性评价指南（试行）》[1]中，水资源作为六大类资源环境评价要素之一，不仅对农业生产、城镇建设适宜性影响较大，而且在耕地承载规模和城镇建设承载规模评价中也是最重要的考量因素之一。2020 年 1 月 17 日印发的《省级国土空间规划编制指南（试行）》[2]也强调"量水而行，以水定城、以水定地、以水定产，形成与水资源、水环境、水生态、水安全相匹配的国土空间布局。"同时自然资源部国土空间规划局于 2020 年

①自然资源部办公厅.资源环境承载能力和国土空间开发适宜性评价指南（试行）[Z].2020-01-19.

②自然资源部办公厅.省级国土空间规划编制指南（试行）[Z].2020-01-17.

9 月 22 日发布的《市级国土空间总体规划编制指南（试行）》①中也明确提出：
"制定水资源供需平衡方案，明确水资源利用上限。按照以水定城、以水定地、
以水定人、以水定产原则，优化生产、生活、生态用水结构和空间布局，重视雨
水和再生水等非常规水资源的利用，建设节水型城市。"地方层面，在山东②、河
北③等省份已公布的市县国土空间总体规划编制技术指南（导则）中，水资源开发
利用和保护也是一项重要的规划内容。

水对城市的影响越来越大，决定着城市的人口、建设用地、产业发展方向以
及城市的规模和布局。水始终作为一条主线贯穿城市的形成与发展，"城水关系"
的和谐与否作为决定现代城市能否永续发展的关键因素，成为健康城市建设路径
中的重要一环（图 2-13）。

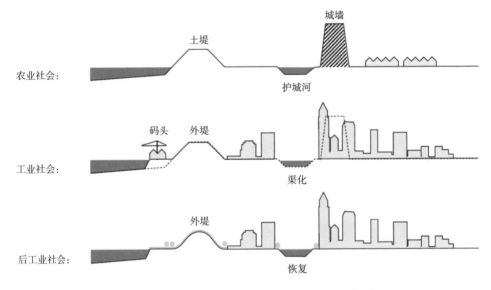

图 2-13　不同阶段"城水关系"人工干预示意图

（2）"城水关系"空间范型

城水空间范型是"城水关系"发展的结果，其形成过程具有时代的印记。

①农业时代空间范型：水城、水乡

水与城市发展的关系非常紧密。城市因水而生长和发展。农业时代，不论城

①自然资源部办公厅.市级国土空间总体规划编制指南（试行）[Z].2020-09-22.

②山东省自然资源厅.山东省市县国土空间总体规划编制导则（试行）[Z].2019-09-27.

③河北省自然资源厅.河北省市县国土空间总体规划编制导则（试行）[Z].2020-02-25.

市、乡村，其整体发展速度较为缓慢，人们的生活与居住跟水的关系密不可分。由于技术所限，人们对城市水环境的管理能力仍处于较低水平，为避免江河不定期的泛滥，人居聚落大多采取避让态度，转而选址在相对次级的河道。通过城水交织，小桥流水，发展出水乡、水镇、水城等城水空间，并成为良性"城水关系"发展的一种空间范型。

本书分别以"水城"和"水乡"为关键词，在百度中整体性搜索，获取网页标题与简介做降噪处理后，利用 Jieba 做词频分析，并用 Echart 完成可视化（图 2-14）。从分析中可以看到，搜索次数最多的分别是威尼斯"水城"和江南"水乡"（图 2-15）。

（a）"水城"　　　　　　　　　　（b）"水乡"

图 2-14　"水城""水乡"百度词频分析

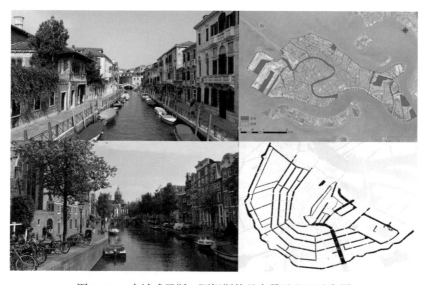

图 2-15　水城威尼斯、阿姆斯特丹实景及肌理示意图

②工业时代空间范型：江河海湾

工业时代，城市进入快速城镇化发展阶段，城市生产、生活需要大量取水、用水。城市外江水系为货物运输、贸易往来提供了便利，同时堤防体系的建设、完善也为城市沿江发展建设提供了有力支撑，大量的港口、码头设施设立在滨水区，大量工业区分布在城市滨水地带。工业规模、对外贸易规模的急速扩大以及运河的改造与海运的发展，促使港口和码头得到空前的繁荣，滨水区迅速成长为城市核心的交通运输枢纽与运转中心。

为解决城市扩张引发的人地矛盾，突破江河形成的城市发展边界，跨江发展是城市扩张的必然选择，桥梁工程技术的发展为其提供了重要支撑。这些大型基础设施的建设以及大规模的工业化使城市结构发生巨变。不同于农业时代的城水密切关系，这一时期滨水区以交通和生产功能为主，城市与水出现隔离现象。

随着大宗货物贸易的发展，城市内港已无法满足航运吃水深度要求，城市港口逐渐向外搬迁，城市海港建设带动周边城镇发展，城市沿江向海发展，江河海湾在城镇化进程扮演重要角色。

③后工业时代空间范型：滨水空间

城市进入后工业化发展阶段，同时也是城镇化的后半程，城市物质性增长已发展到一定水平，市民的基本生活需求亦得到有效保障。一方面，随着世界性的产业结构调整，大量城市滨水地区经历了逆工业化过程，滨水地区作为城市主要交通运输地带的功能逐步削弱，大量的滨水工业、交通用地亟待提质增效；另一方面，市民对精神文化的需求亟待满足。观水、近水、亲水、傍水而居的趋水天性使得人们开始重新找回城市与水的关系（图2-16）。

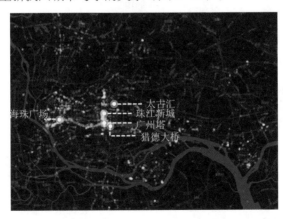

图2-16　广州中心城区都市意象评价与热度分布图

（资料来源：广州总体城市设计．广州市城市总体规划编制工作小组办公室，广州市国土资源和规划委员会．2017）

拉近城水关系是滨水空间设计的核心诉求，增加滨水空间的亲水性、可达性、公共性和通透性才能够提高其使用率与活力，并加强城水联系。滨水空间作为城市公共开放空间与城市形象的展示界面，经常结合立体化开发进行复合化利用，彰显城市的标志性和地域性。城市滨水空间作为城市土地价值高地，也是城市水景观、水文化的重要承载，满足市民亲水、近水的活动需求，成为后工业时代的城水空间范型（图 2-17）。

图 2-17 深圳大沙河滨水空间示意

（资料来源：深圳大沙河｜记忆之源，城市之心 [EB/OL] .2019-05-17.https://www.sohu.com/a/314655501_100224933）

2.2 "城水关系"基础理论研究

2.2.1 基于水资源集约利用的理论研究

水是组成自然环境的一个重要部分，同时也是包含人类在内的一切生物生存发展的一项宝贵资源。然而随着人类活动的不断加剧，地球上的水循环发生了越来越大的变化，并带来严峻的水资源问题，这反过来成为制约人类发展的一个影响因素。在国土空间规划生态优先、集约适度、绿色发展、优化资源要素配置等价值观的引导下，如何合理科学、高效集约地利用水资源成为新时代城市发展不可忽视的一个关注点。

面对水资源，传统城市规划的关注点主要集中在水资源承载能力评估、水资源供需平衡测算以及水资源配置等方面，缺乏对优化水资源整体循化过程以及水资源保护的考虑，存在忽视非传统水资源的利用，忽视地区经济、产业、空间与水资源的匹配性等问题。

随着国内外学者对城市水文过程与城市化进程相关研究的关注，构建基于城市水文水资源循环过程与城市开发建设的耦合研究体系成为城市水资源方面研究的趋势，因此本小节从城市二元水资源循环理论、城市水资源供需平衡理论、城市水资源配置理论等三个方面展开城市水资源集约利用的基础理论研究。

2.2.1.1 城市二元水资源循环理论

（1）理论定义

受日光辐射和地心引力等自然驱动力的影响，地球上各种形态的水发生形态变换和周而复始运动的过程称为水循环。不断加剧的人类活动使得传统自然水循环规律被人为地打破，这极大地改变了自然水循环的各个过程，使原有的流域水循环受到了自然和社会共同影响，逐渐产生了"天然—人工"或"自然—社会"二元水循环系统。

（2）研究进展

"自然—社会"二元水循环理论是高效解决水资源问题的一个重要支撑，在国内外引起了广泛的关注和研究，现状的研究内容主要集中于以下三个方面：阐述二元水循环的定义及基本原理，研究基于二元循环原理的水专项评估方法，研发应用二元水循环模型。

在定义及基本原理方面，国内学者对二元水循环的基本原理和循环模式进行了阐述，明确了二元水循环的科学范式、科学问题、研究内容与研究方法等内容。在水专项评估方法研究方面，国内学者基于二元循环原理进行了水资源承载力评估、水资源及其开发利用评价等一系列的水专项评估，并提出了水资源评价理论方法、河流生态需水水量与水质综合评价方法、用水评价方法等一系列评估方法。在模型研发方面，国内学者基于二元水循环理论开发了分布式水文模型WEP-L、水循环综合模拟平台、多目标决策模型、水资源资产化管理模型等一系列模型并应用于水资源优化调控。

国际上虽然没有直接提出"二元水循环"的概念，但同样对水循环过程中自然系统与社会系统的相互影响关系进行了研究。

2.2.1.2　城市水资源供需平衡理论

（1）理论定义

①供需平衡分析

区域水资源供需平衡分析主要应用于揭示区域内水资源的供需矛盾，对水资源开发利用的方式和潜力进行研究，为水资源的合理配置创造条件。通过对供水端和需水端的综合分析，可以明晰水资源的供需状况和供需矛盾，研究水资源时空分布不均衡的状况；通过动态的供需平衡分析，可以对未来的供需关系进行预测，应对水资源的供需矛盾问题；通过水资源开源节流总体规划，明确其综合开发、利用和保护的主要目标，实现水资源长期供求平衡关系。

②水资源三次供需平衡

根据不同的供需特点对水资源的优化配置进行分层平衡分析。需要以现状供水能力为基底，根据用水水平预测未来需水量的增长情况，计算未来可能存在的缺水量并进行一次平衡分析；二次平衡分析是通过节水、治污和当地水挖潜等一系列措施，发挥全部的当地水资源承载能力；三次平衡需要基于二次平衡，适当通过建设跨流域、跨地区的调水工程增加外调水供应量，实现水量供需平衡。

（2）研究进展

随着社会经济的快速发展，水资源供需矛盾逐渐成为一个世界性问题。1992 年国际水与环境会议发表的《都柏林声明》和《会议报告》明确了水在环境与发展中的地位和作用，提出水资源供需平衡的关键性原则：水作为商品，价格与价值应保持一致；应该设立专责机构对水资源进行管理和污水治理。

我国对水资源供需平衡的研究主要集中于以下三个方面：水资源供需平衡计算分析，对供需平衡评估分析方法的研究优化，对供需平衡模型的研发与应用。

我国水资源供需平衡计算于 20 世纪 60 年代开始于供需失衡的西北地区，随着研究的深入，1980 年第一次在全国范围开展水资源供需计算，初步形成了供需平衡的计算方法。随着供需平衡计算的开展，国内学者在评估分析方法等方面开展了一系列研究，形成了更加科学的供需平衡评估体系。随着计算机技术的进一步发展，水资源供需平衡模型技术不断提升，供需平衡模型得以不断开发并应用于水资源规划。

2.2.1.3 城市水资源配置理论

（1）理论定义

对水资源进行合理配置，是有效实现水资源可持续开发和利用的调控措施之一，《全国水资源综合规划技术细则》对水资源合理配置进行了定义："在流域或特定的区域范围内，遵循有效性、公平性和可持续性的原则，利用各种工程与非工程措施，按照市场经济的规律和资源配置准则，通过合理抑制需求、保障有效供给、维护和改善生态环境质量等手段和措施，对多种可利用水源在区域间和各用水部门间进行的配置"[①]。

（2）研究进展

国外于20世纪40年代从水库水资源调配的实践中提出水资源优化配置概念，随着研究的深入，学者们将水资源视为一个系统，提出了一系列分析方法及数学模型应用于水资源配置研究。20世纪80年代，水资源调配的研究与实践同步进行。20世纪90年代，生态环境破坏程度愈发加深，水质污染愈发严重，水资源配置开始从单一地关注水量分配向关注水质因素转变。

在我国，水资源配置理论主要历经了4个核心阶段：对水资源配置基本方法进行研究，以社会经济发展为导向对配置理论和配置模型进行研究，以生态保护为导向对配置理论和配置模型进行优化，以及配置模型开发与应用。

我国水资源分配研究始于20世纪60年代的水库水资源优化调度与分配。经过国内学者的不断研究与努力，建立了水资源配置的基本方法。20世纪90年代开始，社会经济的快速发展带来了大量水资源配置问题，水资源配置开始融入经济发展理念。进入21世纪，城市经济的快速发展对水资源的生态系统造成了较为负面的影响，学者们开始基于水资源配置理论增加相应的生态环境目标。随着研究的深入，相关的理论及模型也在不断地发展。

2.2.1.4 新发展理念

2019年《国家发展改革委 水利部关于印发〈国家节水行动方案〉的通知》指出：需要牢固树立和贯彻落实新发展理念，坚持节水优先方针，把节水作为解决我国水资源短缺问题的重要举措[②]。以习近平新时代中国特色社会主义思想为指

---

① 水利部水利水电规划设计总院. 全国水资源综合规划技术细则 [Z]. 2002.

② 国家发展改革委 水利部关于印发《国家节水行动方案》的通知（发改环资规〔2019〕695号）.

导，全面贯彻党的十九大和十九届二中、三中全会精神，认真落实党中央、国务院决策部署，统筹推进"五位一体"总体布局和协调推进"四个全面"战略布局，牢固树立和贯彻落实新发展理念，坚持节水优先方针，把节水作为解决我国水资源短缺问题的重要举措，贯穿到经济社会发展全过程和各领域，强化水资源承载能力刚性约束，实行水资源消耗总量和强度双控，聚焦重点领域和缺水地区，加强监督管理，增强全社会节水意识，大力推动节水制度、政策、技术、机制创新，加快推进用水方式由粗放向节约集约转变，提高用水效率，为建设生态文明和美丽中国、实现"两个一百年"奋斗目标奠定坚实基础[①]。

落实习近平总书记提出的"节水优先、空间均衡、系统治理、两手发力"治水新思路，赋予新时期治水新内涵、新要求、新任务，强化国家最严格水资源管理制度的落地，将水资源作为最大的刚性约束，是做好水利工作的科学指南。基于上述的要求，应合理规划人口、城市和产业的发展，推动用水方式向节约集约转变。

2.2.1.5 小结

随着社会经济的快速发展，水资源问题越来越成为制约人类发展的一项重要内容，而传统城市规划中对水资源集约合理利用和优化配置不完善的问题也在逐步显现。为了实现水资源的高效集约利用，在城市规划中应当应用上述的水资源理论，基于二元水资源循环理论，从自然与社会两个维度出发，把自然条件和人工干预作为一个整体进行考虑，实现水资源有效利用以及实现水资源在社会经济与生态环境系统之间合理循环；基于水资源供需平衡分析进行环境保护、经济规划和水资源管理，利用三次水平衡的方式，加强非传统水资源的利用，实现经济持续发展、生态环境良性循环；基于水资源配置理论，以水资源的合理配置与节约和保护为目标，开展工程布局、政策制定、制度落实、监督执法等工作，通过一系列约束性、保障性、科学性的可持续利用管理对策，实现水资源的合理配置。

2.2.2 基于水灾害安全防控的理论研究

水灾害安全防控理论在传统规划中尚未有足够的关注度，存在的问题包括：指标过于单一，往往只针对内涝或洪水问题进行调控，而没有从城市整体自然水

---

① 《国家节水行动方案》，2019.

循环的角度进行系统性的研究；更多仅仅依靠城市市政基础设施应对内涝或洪水等水灾害问题；现有的洪涝灾害应对措施规划和水系规划与国土空间规划体系应对衔接尚弱等。在传统规划中应将应对水灾害的管理措施和技术方法，纳入到城市涉水空间规划及景观设计相关规范标准中，作为城市规划设计与建设管理应对水灾害的技术指导。本小节从城市灾害风险评估理论、韧性城市理论、城市规划水文效应理论三个方面构建城市预防水灾害理论体系。

2.2.2.1 城市灾害风险评估理论

（1）理论定义

城市灾害是集自然性与社会性为一体的混合灾害，城市灾害学涵盖的工作有：进行灾害分类，研究灾害等级、承灾体受灾程度等。城市自然灾害风险也包括两种含义：一是不同程度自然灾害发生的可能性，二是自然灾害给人类社会可能带来的危害。简单来说，城市灾害风险评估是基于多因子数据，对灾害危险程度、社会承受程度和抵抗灾害的韧性程度等内容所进行的预测和模拟分析的手段。

（2）研究进展

城市灾害风险已逐渐成为学界关注的热点，学者们更多从灾害系统理论的角度出发去研究。早期研究者主要关注自然灾害与致灾因子如洪水等条件下的自然灾害发育特征，形成了致灾因子论。随着城市化进程的加速，灾害学的研究也不断深入，学者们开始关注孕灾环境的产生，逐步构建出孕灾环境论。总而言之，城市自然灾害风险系统与灾害系统的关联性逐渐密切。灾害风险评估由孕灾环境、致灾因子和承载体三部分的分析和评估构成，其作用是评估区域灾害系统的风险。

2.2.2.2 韧性城市理论

（1）理论定义

韧性的原意是"恢复到最开始的状态"。城市的韧性是一个复杂的社会生态系统，是面对地震、飓风、暴雨、洪涝等自然灾害的扰动下，进行抵抗防御和自我恢复的能力。城市韧性逐渐成为新兴的城市研究的热点议题，用以讨论和主动探索针对现在都市所面临的不确定性扰动的适应性调整方法和途径。

（2）韧性城市研究进展

学界对于韧性概念的讨论可分为三个阶段：工程韧性、生态韧性和演进韧性。在概念不断演变的过程中，韧性的内涵和深度都在不断地扩展和增加。

①工程韧性

韧性概念最早指的是工程韧性，其主要关注的是材料原状恢复的能力，强调在有且仅有一个稳态的系统中，其受到扰动到恢复原始状态的迅速程度决定了其韧性的强弱。

②生态韧性

随着学界对系统特征及其作用机制的理解和认知的加深，工程韧性理论逐渐暴露出其僵化和单一的理论缺陷。生态韧性提出将一瞬间能够接收最大的扰动能量作为韧性的概念，系统恰好能够应对这一扰动能量并达到另一种平衡状态而非失衡。

③演进韧性

随着学界深入认识系统的构成和机制，演进韧性作为一个新的概念被提了出来。演进韧性的概念认为系统不只是静止地处于一个平衡的状态，而是能够不断学习、适应和创新来应对新的扰动，因此韧性就被看作是一种动态变化、积极学习和调整的系统属性（表 2-1）。

表 2-1　韧性理论视角的转变

韧性视角	工程韧性	生态韧性	演进韧性
特点	恢复时间，效率	缓冲能力，抵挡冲击，保持能力	重组，维持，发展
关注	恢复，恒定	坚持，抗扰性	适应能力，可变换性，学习，创新
语境	邻近单一平衡状态	多重平衡	适应性循环，综合系统反馈，跨尺度动态交互
图示	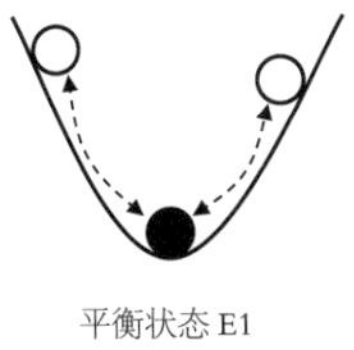	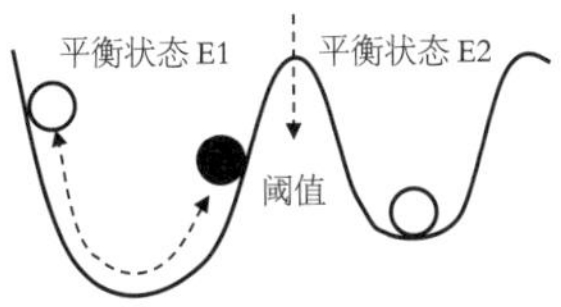	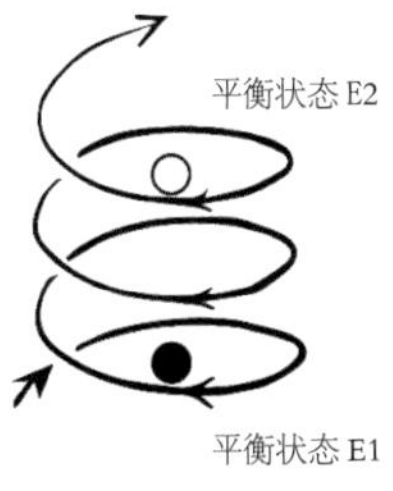

资料来源：邵亦文，徐江．城市韧性：基于国际文献综述的概念解析 [J]．国际城市规划，2015, 30（2）：48-54.

尽管学术界对韧性的认知在深度和广度上不断拓展，但如何构建城市韧性的系统性内容框架一直是学术界探讨的热点议题。关于韧性城市的应用主要集中于城市灾害和气候变化韧性、城市基础设施韧性、城市和区域经济韧性等领域。

2.2.2.3 城市规划水文效应理论

（1）理论定义

水文效应的定义是发生改变的地理环境所引发的水文变化，这一过程受自然和人为因素的影响。城市规划中的水文效应是指城市中水文变化及其对环境的影响或干扰，对其理解应倾向于城市规划中人类活动对水循环、水量平衡要素及水文情势的干预影响及作用。

（2）研究进展

传统的城市土地利用缺乏针对水环境功能的控制和引导，随着大规模的城市扩张，城市不透水表面覆盖率骤增，由此引起流域水循环的异常变化，加剧城市水环境安全的问题。学界针对此类现象已有了相关探究，但当前国内外对于城市水安全提出的规划优化方法研究仍存在以下问题：

①对工程技术过于依赖

现有研究的学科分布集中在工程科技、基础科学等与水利专业挂钩的领域，城市水安全问题的解决过于依赖工程技术，尚未从本源即土地使用模式上提出解决城市水环境安全问题。

②土地开发控制和引导的过程有待提升

目前对不同类型城市下垫面的径流峰值效应以及基于洪涝安全的角度对城市用地布局的研究较多，而从土地开发控制和引导的视角去回应城市水环境安全问题的研究尚不充分，现有研究主要是通过用地布局的完善得到径流量减少的试验成果。

③城市规划指标体系缺位

在城市规划方案设计阶段通过指标构建以达到系统性解决水安全问题的工作流程目前依旧缺位，在这方面的进一步研究对于改善城市的水环境质量，保证城市水环境安全具有重要的现实意义。

2.2.2.4 小结

对水灾害相关理论的研究随着城市洪涝灾害等问题的频繁出现而不断深入和拓展，传统城市规划中对水灾害安全防控关注度不足的问题也在逐步显现。在国土空间规划中，水作为重要的自然资源，应进行全域的统筹。在城镇开发边界内，应对不同的城市涉水空间采取不同的规划策略：合理保护城市水域空间，合理开发和利用城市岸域空间，合理控制和引导城市涉水陆域空间。应摒弃过去"城进水退"的做法，使市水体存在可淹没、可容纳的空间，从而尽量减少和避免城市水灾害所带来的问题。

2.2.3 基于水污染控制与水生态修复的理论研究

传统城乡规划更关注土地开发和经济利益，因而城市开发多侵占水体，导致城市水系填埋严重，水生态遭到严重破坏。此外，传统城市设计方案往往也只关注水系的形态景观效果而忽视其生态效应，使城市面临水体断流、水动力不足、低级河道水质较差等问题。

目前国内外对水污染与水生态修复的研究多集中在生态学、水利工程等领域，在城乡规划领域缺少具体的评估标准、指标体系等。为更加科学严谨地落实水污染控制与水生态修复在城乡规划中的实践运用，本小节将对水污染及水生态相关理论研究进行概述，试图构建水污染控制与水生态修复理论体系。

2.2.3.1 生态脆弱性理论

（1）理论定义

对生态脆弱性的相关研究源于 1905 年 Clements 提出的"生态过渡带"的概念，不同领域的研究学者对生态脆弱性有着不同的见解：Metzge 等认为，生态脆弱性指的是在气候变化的背景下，气候影响与系统适应力相关的函数 。Willianms 认为，生态脆弱性是对生态系统在相应时间和空间上承受压力的能力的估计。总的来说，生态脆弱性理论大致指向系统的敏感性与不稳定性及系统受干扰后的恢复能力这两大方面。

（2）研究进展

国内外学者主要从生态脆弱性的成因、过程、评价及预测、典型生态脆弱区存在的问题和相应的管理措施等方面展开研究。相关研究的空间尺度可分为宏观、中观、微观三个层面，宏观层面主要关注国家及跨国尺度的生态脆弱性问题，中观层面主要关注区域自然环境、社会经济的脆弱性特征，微观层面则将生态系统中特定的种群和斑块作为研究对象。

其中，生态脆弱性预测与评价是生态脆弱性理论中的重点研究方向，如魏兴萍等人从地岩性、土壤、坡度、地表岩溶特征、岩溶发育程度等方面对重庆岩溶地区地下水进行脆弱性评价。崔利芳等人则从海平面上升速率、生境高程、地面沉降速率、沉积速率及生境淹水阈值为指标，构建脆弱性评价指标体系，对长江口滨海湿地的脆弱性进行研究。谢盼等人以暴露性、敏感性和适应能力3个方面、18个因子对城市高温热浪灾害脆弱性进行了评价。马骏等人从压力指标、状态指标和响应指标3个方面，利用18个评价因子对三峡库区生态脆弱性评价进行研究。Wuyang Hong等人从生态敏感性、自然—社会压力和生态韧性3个方面，以深圳为例，利用12个评价因子对高城市化率地区生态脆弱性进行了研究（图2-18）。

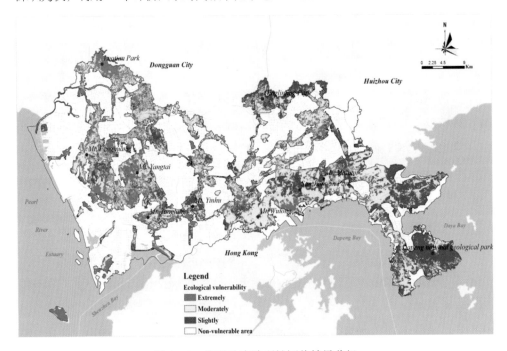

图 2-18 深圳生态脆弱性评价结果分级

（资料来源：WUYANG H, RENRONG J, CHENGYUN Y, et al. Establishing an ecological vulnerability assessment indicator system for spatial recognition and management of ecologically vulnerable areas in highly urbanized regions: A case study of Shenzhen, China[J]. Ecological Indicators, 2016,69.）

目前，生态脆弱性相关理论研究已取得了较大进展，但仍存在忽视社会经济系统、指标选择生硬、指标和模型选取的参考标准不统一等问题，未来仍需进一步拓展其研究的广度和深度，同时增强生态脆弱性评价与其他学科的交叉融合。

2.2.3.2 河流健康评价理论

（1）理论定义

河流健康评价理论指的是在新的生态及管理理念指导下，建立河流系统的基准状态来预测及评价河流系统的整体情况，打破固有的水质与生物评价的局限，并通过监测、评估、反馈、调整等方式，界定河流管理策略对河流系统的影响程度，进而促进河流系统的可持续及健康发展。

（2）研究进展

预测模型法和指标评价法是目前针对河流健康状况的主要评价方法。预测模型法主要通过对河流实际的生物构成情况与河流在无人为干扰的理想条件下可能存在的物种构成情况进行对比，来得出河流健康状况的评价结果，但其真实性及适用性存在一定的局限。在指标评价方法方面，国外以美国与澳大利亚为代表，美国环境保护署（EPA）1999 年推出的快速生物监测协议（RPBs），运用生态监测指标法，从河流生态学角度出发，提供了水文、泥沙等 10 个生境指标以及河流水生藻类、大型无脊椎动物、鱼类等生物指标的监测及评价方法和标准，引入水文状况的评价指标，构建基于河流水文学、形态特征、河岸带状况、水质及水生生物 5 个方面的指标体系，将每条河流的每项指标与参照点对比评分，得出总分，对河流健康做出综合评价。国内的学者也结合重点流域的特点提出了不同的评价方法，如蔡其华针对长江流域、刘晓燕等针对黄河流域、林木隆等针对珠江流域、马铁民等针对辽河流域等建立的评价体系，主要涵盖河流水文状况、河岸带状况、河流形态结构、水体污染情况、水生生物、服务功能等方面，但指标选取与权重设置各有不同。

2.2.3.3 水系网络量化指标研究

水系网络的量化指标主要包括水系数量指标、水系形态指标、水系连通性指标三大类，基本囊括了单独水系及水系构成网络之后的几何特征，较为完整地涵盖了当前水系管理及研究中的参数，满足城乡规划中河网水系形态的参数描述（表2-2）。

表 2-2　河网结构指标体系一览表

	指标名称	计算方法	公式含义	补充说明
水系数量	河网密度（D_r）	$D_r = L_r / A$	L_r 为区域内河流的总长度；A 为区域总面积	单位面积河流长

	指标名称	计算方法	公式含义	补充说明
水系数量	水面率（W_p）	$W_p=(A_w/A) \times 100\%$	A_w为河道多年平均水位下河道水体所占有的实际水面积；A为区域总面积	
	河频率（R_f）	$R_f=N/A$	N为区域内河流数量；A为区域总面积	单位面积河流数
水系形态	弯曲率（S）	$S=L_b/L_s$	L_b为一级与二级河流实际长度之和；L_s为一级与二级河流直线长度之和	河流长度与河流直线距离之比
	河网发育系数（K）	$K=L_w/L_m$	L_w为支流（二、三级）的河流长度；L_m为主干（一级）河流长度	表征区域内河网水系的主干化程度
	河网复杂度（CR）	$CR=N_o \times (L/L_m)$	N_o为河流等级数；L为河流总长度；L_m为主干河流长度	
	水系分维比（D）	$D=\lg R_b/\lg R_l$	R_b为水道分支比（无量纲）；R_l为河道长度比（无量纲）	经验值1~2；平均1.7
	面积长度比（R_{al}）	$R_{al}=L/S$	L为河流长度；S为河流面积	
	平均分支比（R_b）	$R_b=\sum\limits_{w=1}^{\Omega-1}(N_w+N_{w+1}) \times$ $R_{b(w,w+1)}/\sum\limits_{w=1}^{\Omega-1}(N_w+N_{w+1})$	w为河流级别序号；Ω为河流最高级别；N为第w级与第$w+1$级河道间分支比	经验值3~5
	河网自然度 RC	$RC=\Omega \times Z/L$	Ω为分支级别；Z为河道总长；L为主干河道长度	反映河网数量和长度的发育程度，值越大层次与支流越发达
水系连通	水系连通环度 α	$\alpha=(n-v+1)/(2v-5)$	n为河网中的河链数；v为河网节点数	反映节点的物质能量交换能力
	节点连接率 β	$\beta=n/v$	γ指数在景观生态学中用来度量廊道在空间上的连续程度，在河网水系中表达实际的河链数与最大可能连接河链数之比	反映节点水系连接能力强弱
	水系连通度 γ	$\gamma=n/3(v-2)$		反映水系水分输移能力和连通性强弱

下文将选取水系数量指标中的水面率、水系形态指标中的水系分维比、水系连通指标中的水系连通度，作为重点指标展开详细介绍。

（1）水面率

水面率是指承载水域功能的区域面积占区域总面积的比率，所谓水域功能是指水域直接提供可利用的水源、调蓄区域水资源、降解污染物和吸纳营养物质、保护生物多样性、休闲旅游、航运、调节气候的功能。因此，水面率不是一个严格定义的科学概念，而是通俗意义上作为一个指标的管理工具，水面率统计对象通常由土地分类中的河流水面、湖库水面和坑塘水面等水体组成。

区域水面率是体现河湖水系对城市雨洪的调蓄能力和生态承载能力的综合指标，2018 年董湃对不同水面率区域的排涝情况进行模拟分析时发现，水面率每增加 1%，排涝模数在 1 天和 3 天的暴雨条件下分别减少 0.015、0.011 立方米／（秒·平方千米），水面率的增加对缓解排涝压力的作用明显；2020 年史书华等运用统计学方法分析水系结构参数指标与调蓄能力参数指标的相互关系，验证了流域的调蓄能力与区域水面率高度正相关，并提出了合理水面率计算方法。

目前水面率的计算方法集中应用于水利专业的防洪排涝领域，主要采用数学模型和结构模型、河网水域水动力学模型以及方案优选的经济模型等方法，求解不同目标导向下不同尺度水域的最优水面率问题。2008 年水利部门编制的《城市水系规划导则》中提出了不同地区的适宜水面面积率，即长江以南水资源丰富地区 10% 以上，长江淮河间的中东部地区 5%～10%，黄河淮河间水资源短缺地区 1%～5%，华北水资源短缺地区 0.1%～1%，西北地区非汛期可不设计水面。[①]
2018 年王长鹏利用 Phoencis 软件量化不同水面率条件下水景观的降温能力，得出基于热调节的水景观优化设计应保证水面率指标在 4%～16% 之间，且分散式水景观优于集中布置的水景观。

但目前对水面率控制的要求尚未全面纳入到各层次的城市发展规划且缺乏长效管理机制，大多城市内的水面率仍低于城市防洪规划要求。

（2）水系分维比

水系分维比受河道分支比及河道长度影响，反映水系形态的复杂程度，与河流发育程度、蓄水空间、汇流能力和分洪能力密切相关，也反映水系的发育程度与水系所处流域的地貌侵蚀发育阶段，其中，水系分维比值 1.6、1.89 为划分流域

①中华人民共和国水利部.城市水系规划导则（SL 431—2008）[S].2008–11–10.

地貌侵蚀发育阶段的临界值。各大流域的水系分维比主要基于 DEM 数据与 GIS 技术，通过分形几何理论与 Horton 定律计算，值一般控制在 1.7 左右最符合水安全与生态要求。

（3）水系连通度

水系连通度主要影响水流流速与流量，决定着水流自净能力和纳污能力，影响水体交换能力和河流水质状况，进而影响生物多样性和河流生态系统完整性、局部生态水循环、城市水环境等。计算与评价水系连通度的方法主要包括基于拓扑网络的图论法、基于河流廊道—节点的景观生态分析法和基于河流的过流能力与阻力特性的水文—水力学法。2012 年徐光来等指出仅考虑河网的顶点数、边数及其拓扑特征，难以全面反映水系连通情况，河道的宽度、深度、长度和糙率系数等对于水系连通度也有很大影响。

众学者也对城市水体连通的必要性进行了研究，如崔国韬等根据资源调配、水质改善、水旱灾害防御三个方面的指标判断是否有区域河湖连通的必要性；徐慧等根据水资源调配需求、蓄水需求、水环境净化需求、水生境维持需求等判断湖泊连通的必要性；吴晓明则提出要分析论证工程投资与水系连通产生效益比并重视配套工程的建设，避免盲目提升连通度导致径流增大而破坏原有工程体系。

2.2.3.4 小结

国土空间规划需遵循创新、协调、绿色、开放、共享的新发展理念，树立"山河湖海"流域一体化和"山水林田湖草"生命共同体理念，积极推动构建美丽国土空间格局。在国土空间规划的大背景下，城乡规划可结合生态脆弱性理论，补充和完善双评价体系，参考生态脆弱性的各种评估方法，构建城市绿色生态格局；可向水利学科学习借鉴河道健康综合评价体系、耦合模型等，建立一套有针对性的河流健康评价体系，缓解城市发展与水环境保护之间的矛盾，共同探索生态化空间规划建设策略；此外，水利相关学科在适宜水面率测算、水系连通性评价等方面已有较为显著的研究成果，可将其用于城乡规划设计中，优化城市水体形态，改善城市水生态环境。

2.2.4 基于水气候适应的理论研究

随着城市化进程的加快，城市"五岛"效应日益加重，严重影响了城市公共空间的品质与市民的舒适性。水体因能对城市气候起到有效的调节作用，逐渐受到学者的关注与研究，成为气候调节性规划设计研究的热点课题。另外，随着国土空间规划体系的逐步建立和不断完善，水体作为构成国土空间的自然空间要素之一，在规划中的重要性也得到了进一步提升。目前，国内外关于水体气候调节性的研究较多，但缺乏对已有基础研究成果系统性的整理与归纳，研究成果难以应用于规划实践。为了科学化、系统化地实现水体在城市环境中的气候调节性效用，促进跨学科合作，将水体气候调节性研究成果应用于规划实践中，本小节对城市气候相关理论及水体气候调节性的研究进展进行概述与展望，构建城市水气候的理论体系。

2.2.4.1 城市五岛理论

（1）理论定义

大量研究表明，城市气候与郊区相比有"热岛""干岛""雨岛""浑浊岛"和"雷暴岛"等"五岛"效应。"热岛"指城市中心地区的近地面温度明显比郊区及周边乡村高的现象；"干岛"指同一时期城市的水汽压平均值比周围郊区低的现象；"雨岛"指城区及其下风方向降水量增多的现象；"浑浊岛"指城市生产、生活等产生的污染物使城市大气的浑浊度明显比郊区大的现象；"雷暴岛"指气温、污染物等导致城市更容易形成雷暴的现象。

（2）研究进展

目前国内外对城市"五岛"效应的研究，大多基于单个气象要素进行对比和分析，主要以城郊的同步观测结果作为对比分析内容，在时间、监测维度、层次及机理方面有所欠缺。随着学科交叉研究模式的发展，未来的研究应拓展时间及空间范围，建立深层次的研究过程，探索"五岛"效应背后的机理及其影响，提出应对的策略和措施，实现城市气候效应研究的全方位推动与突破。

2.2.4.2 局地气候分区理论

（1）理论定义

以尺度作为划分依据，城市气候可分为中观、局地和微观尺度。其中的局地尺度又可理解为城市尺度，是研究城市气候的基本尺度。就局地气候分区而言，其可分为两大类——建成景观类型和自然覆盖类型。建成环境型地区可细分至10个基本分区类型（LCZ-1~10），自然环境型地区可细分至7个基本分区类型（LCZ-A~G）（图2-19）。这17类局部气候分区由定性和定量两部分内容加以描述，其中定量部分取值参考范围由各地的研究、实测数据和经验值综合得出（表2-3）。

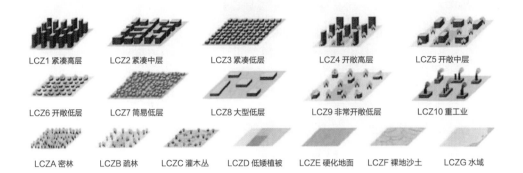

图 2-19　局地气候分区类型图

（资料来源：黄媛，刘敬，陈方丽，等．基于局地气候分区理论的城市形态及其热岛量级研究 [J].

新建筑，2019（4）：126-131.）

表 2-3　局部气候分区的定量和定性描述

描述类型	描述方式		内容示例
定性	文字	形态	高层建筑紧凑布局，且都为10层以上，高度不一，街道的天空开阔度明显降低。建筑的材料以钢、混凝土和玻璃为主，地表以硬化路面为主，鲜有植被。另外，该区空调使用和车流频繁
		功能	办公建筑、酒店、公寓住宅
		地理位置	城市中心区、CBD、城市边缘核心区
	实景照片	鸟瞰图	
		透视图	
定量	指标取值区间	天空开阔度	0　　2　　4　　6　　8　　1
		街道高宽比	0　2　4　6　8　1　　2　　3
		平均建筑高度	0　　10　　20　　30　　40　　50
		地表粗糙等级	1　2　3　4　5　6　7　8

续上表

描述类型	描述方式	内容示例		
定量	指标取值区间	建筑密度		0　20　40　60　80　100
		不渗水面比例		0　20　40　60　80　100
		渗水面比例		0　20　40　60　80　100
		地表传导率		0　500　1000　1500　2000　2500
		地表反照率		0　0.1　0.2　0.3　0.4　0.5
		人为热排放		0　100　200　300　400

资料来源：陈恺，唐燕. 城市局部气候分区研究进展及其在城市规划中的应用[J]. 南方建筑，2017（2）：21-28.

（2）研究进展

国内关于局地气候分区的理论研究主要以香港中文大学为代表，目前的研究方法主要有三种：人工采样方法、基于地理信息系统（GIS）的分类方法和基于遥感图像的分类方法。

但若要应用于规划与设计，局地气候分区理论仍有其局限性：①该理论的提出是为了通过探讨规划与设计问题来减缓夜间热岛，时段上有其局限性；②该理论的研究尺度为局地，对微气候尺度的热环境改善几乎不关注，在尺度上有其局限性；③该理论目前采取的是普适性与标准化的方法，缺乏对本土环境特征的考虑与结合分析，在针对性上有其局限性。

如何完善局地气候分区理论，并将其应用于规划与设计中，以减缓城市热岛效应、改善城市气候，有待后续学者在不同的时间维度、尺度、地域环境中进一步探索。

2.2.4.3　水体气候调节性研究进展

（1）理论定义

水体气候调节性是指水体由于比热容较大以及蒸发吸热等物理性质，使周边空气的水蒸气含量升高及相对湿度增加，在水蒸气风压推动下形成的局地气流循环对局地气候产生影响的特性。研究揭示的是这一变化过程，其机制包括温湿度效应机制、风速效应机制、热感知效应机制等。

评估技术与方法包括原始气象数据积累、计算机数值模拟及社会学研究等多种评估方法，为在不同研究尺度与精度下利用水体气候调节性解决城市热环境提供了先决条件与技术保障。

建成环境的复杂性导致水体的气候调节性随局地环境特征的变化而产生显著差异。相关研究不仅着眼于水体自身的物理特征，还涵盖了水体外部空间及植被特征的协同作用。一系列影响因素研究的展开，将调节性机制的基础研究逐步扩展至城市滨水空间的应用研究中。研究内容除水体形状、面积、状态、分布等物理特征外，还包括对水体外部空间特征、植被特征等对气候调节性的影响。

（2）研究进展

国内外关于水体气候调节性的研究热度逐年增长。其中，国外研究较多地在社会生态效益与资源管理的语境中研究水体气候调节性，而国内则以水体自身的气候效益作为研究中心。总而言之，国内外学者都已开始重视水体的气候调节性，但在应用层面缺乏对基础研究成果系统的整理与归纳，研究成果难以量化。如何利用基础研究成果，并将其转化为气候调节性设计理论方法与模式语言仍属于规划领域的前沿问题。

因此，对现有研究中水体气候调节性的调节机制、评估方法及影响因素等成果进行梳理，对水体气候调节性量化设计规范及设计策略有着重要意义。

2.2.4.4 小结

大量基础研究证明水体因其气候调节性能够有效承载气候变化带来的热负荷。同时，随着山水林田湖草滩漠海岛等自然空间要素成为国土空间规划对象的基础部分，依托自然过程形成的水体在适应不同地域气候特征与城市空间特征的过程中，被赋予了新的气候调节性功能与属性，得以应对城市气候变化与挑战。

基于可持续发展的城市规划原则，面对气候变化的挑战，除了在城市规划过程中要考虑规划城市的气候特点与变化趋势，在实际工作中也要应用城市气候信息与数据，以提高规划的科学性。未来可以建立跨学科信息交流与协作的平台，将气候信息按不同规划层级和尺度进行划分，并将其转译成规划设计语言以便于规划师理解和应用，形成气候调节性设计理论方法与模式语言，便于规划师查找、了解和应用。规划师在了解城市气候的基本信息后，考虑水体与风廊、建设用地等之间的关系，合理规划水体布局，发挥水体的气候调节功能，实现改善城市气候的目的。

2.2.5　基于涉水空间品质优化的理论研究

传统城市规划主要关注城市滨水区在经济社会生活中的景观形态学营造。由于不同地区涉水空间建成环境的差异，设计方法及理论具有一定的在地性，虽然已有城市滨水区营造形态学等相关理论研究，但目前关于城市滨水区活力及品质营造的理论尚未形成完整体系。

2.2.5.1　城市滨水区营造的形态学理论

水景观提升属于传统城乡规划与设计关注的内容。本小节简要记述了涉水空间品质在景观、社会、经济效益等方面的基本要求，对 20 世纪 80 年代起西方滨水区城市设计经典理论进行综述，总结了具有代表性的滨水区复兴案例的成功经验。

涉水空间品质提升的规划设计聚焦于当地的水要素，从经济生活和社会生活的角度对其进行充分利用并达到规模化的高度。其中，景观美学特指城市水系河湖形态或水面以及水面区、滨水区、沿岸带等对城市的景观美化作用。社会价值特指由水衍生的桥和港等空间资源、水对于滨水空间活力构建的催化功能以及水作为文化背景的文化资源。经济效益特指水作为交通资源、养殖容器等带来的直接产业效益及水城融合、水岸共享带来的间接经济效益。

2.2.5.2　涉水空间品质效益评估研究进展

聚焦于景观、社会、经济效益等综合性的涉水空间品质效益评估，可归结为主观和客观两种评价范式：主观上可以从主体的认知、感知和环境态度入手；客观上可以从测量客观环境的物理性质以及观察主体的外显行为等方面进行评价。通常包括以下主要流程：①根据头脑风暴法、Delphi 法、会内会外法、聚类分析法等构建城市滨水景观质量评价指标体系；②利用经验权数法、专家咨询法、统计平均值法、指标值法、相邻指标比较法等确定各评价指标的权重值；③利用感受记录法（semantic differential, SD）模糊打分确定定性或定量指标的评价值；④构建综合评价模型（comprehensive evaluation method, CEM），利用层次分析法（analytic hierarchy process, AHP）等进行多目标的综合评估。

事实上，现状评估通常结合实践案例进行，该过程并非一成不变，指标选取、确权以及评价值的确定很大程度上受主观判断影响，结论具有不可类推的弊端。规划评估方面已有地方成果的指引，如《上海市河道规划设计导则》《南沙水系规划导则》《佛山市滨水地区城市设计导则》等，但不具有法律效应，硬性指标较少，且未关注现状或实施阶段的评估。实施评估方面，西方发达国家起步较早，美国景观建筑师学会（ASLA）、公共设施局以及澳大利亚、新西兰有关部门在实施评估阶段制定了较为成熟的程序。以西方建成环境评价（built environmental evaluation, BEE）、使用后评价（post-occupancy evaluation, POE）为代表的理论和实践趋向研究复杂性的主观评价，涉及学科的综合化程度不断提高。国内相关工作起步较晚，BEE、POE 等理论直至 20 世纪末才在国内得到应用与推广，2003 年的《中华人民共和国环境影响评价法》实施后评估制度发生了根本的变化。

在水经济方面，国外学者多用享乐模型对城市房价影响因素进行研究，发现水资源对房价影响主要体现在水体类型、水体面积、水体质量、住宅与水体的距离。因享乐模型存在由变量省略所引起的评估偏差、对假设条件的制约等局限性，近年来有学者用空间计量模型对房价影响因素进行研究。随着计算机技术的发展，人工神经网络模型（ANN）也被证明其在房价模拟中的优势（表 2-4）。国内学者罗曼黎、顾新辰基于享乐模型以及学者李志基于 GWR 模型，研究了水体对城市房价的影响机制，同时有研究指出水体景观资源的增值边界可达 1500 米。

表 2-4　近五年来国内外学者对水资源影响房价因素的研究

时间	作者	主题	模型参数	模型	研究城市
2014	Wen H. Z., Bu X. Q. and Qin Z. F.	湖泊对房价的影响	方向、距离异质性	享乐模型：通过空间回归技术对该模型进行了改进	中国杭州西湖周边
2015	Alkan L.	调查住房市场的差异	房屋属性、周边商业、供暖方式、燃气方式	聚类分析、多元判别分析（MDA）、享乐	土耳其Cankaya、Yenimahalle地区
2015	Cohen J. P., Cromley R. G. and Banach K. T.	湿地和水体对房价的影响	距离	局部加权回归（LWR）、OLS回归	美国康涅狄格州的一个城市
2016	Bonetti F., Corsi S., Orsi L. and De Noni I.	人工水道与天然水道对房价的影响	水深、水质	享乐模型	意大利米兰
2016	Van D. D., Siber R., Brouwer R., Logar I. and Sanadgol D.	不同类型的水资源对房价的影响	结构性房屋、邻里特征、社会经济特征、水的丰富度、不同类型的水体、水的娱乐功能、水的稀缺性	享乐模型	瑞士26个州

续上表

时间	作者	主题	模型参数	模型	研究城市
2017	Bin O., Czajkowski J., Li J. Y. and Villarini G.	住房市场随时间波动的情况下水质隐性价格的变化	水温、pH、可视度、盐度、溶氧度	享乐模型:分段回归、空间固定效应模型	美国佛罗里达州马丁县的海滨
2017	Liu T. T., Opaluch J. J. and Uchida E.	水质:测试住房市场是否对平均水质做出响应	叶绿素浓度、与海的距离	享乐模型	美国纳拉甘西特湾
2017	Wen H. Z., Xiao Y. and Zhang L.	运河对房价的影响	区位、邻里环境特征、房屋属性、与西湖及大学等距离、公交等设施便利性	空间计量经济学模型、享乐模型	中国杭州大运河周边
2018	Zhu J. W., Chen B., Lu P., Liu J. L. and Tang G.	城市水系统处理对住宅土地价格影响	距离	享乐模型	中国西安浐灞生态区
2019	Calderon-Arrieta D., Caudill S. B. and Mixon F. G.	水质:清晰度、磷浓度对房价的影响	Secchi圆盘读数、磷浓度	计量经济学方法	加拿大安大略省
2019	Cohen J. P., Danko J. J. and Yang K.	水库、水坝和不可开发土地	房屋属性、与水体距离、相对高度、未开发土地面积	非参数回归、半参数估计法	美国康涅狄格州巴尔克姆斯特德

2.2.5.3 小结

目前我国国土空间规划在基于三线划定的基础上,对于水系较为丰富的省域和地区也提出了相应的滨水人居文明典范规划目标,如在《长三角生态绿色一体化发展示范区国土空间总体规划》中提出将长三角地区建设成"世界级滨水人居文明典范"的示范区,具体指向为一个人类与自然和谐共生、全域功能与风景共融、创新链与产业链共进、江南风和小镇味共鸣、公共服务和基础设施共享的地区。基于国土空间规划对于全域自然生态要素的控制,城水空间也将出现更加丰富多元的空间形式,以满足城市人居环境的新需求。

2.3 "城水耦合"方法建构

2.3.1 耦合度与城水耦合规划方法

2.3.1.1 耦合度及耦合协调度基本概念及辨析

耦合度（coupling degree）的概念源于物理学，用以描述系统或系统内部要素之间相互作用、彼此影响的程度，后被广泛引入社会科学领域。协调（coordinate）是 2 个或 2 个以上系统或系统内部要素之间一种良性的互动关系，并且是这种良性关联性持续发展的集中体现。耦合协调度（coupling coordinative degree）是度量系统或系统内部要素在发展过程中彼此和谐一致的程度，体现了系统由无序走向有序的趋势。协调度模型的计算需要建立在耦合度模型的基础之上。由此看出，耦合度与耦合协调度的概念具有质的差别。前者强调的是系统或系统内部要素之间相互作用程度的强弱，不分利弊；而后者突出的是系统或系统内部要素相互作用中耦合程度的大小，从而体现协调状况好坏程度。

2.3.1.2 耦合度及耦合协调度研究进展

耦合度及耦合协调度模型是硬科学原理在软科学领域应用的典型。两者由于意义明确、计算简单，在地理学研究中得到大量应用。以"耦合度"或"耦合协调度"为关键词在中国知网进行检索，结果表明现有研究包括社会、经济、环境等 2 个、3 个或 4 个系统之间的耦合协调发展关系，尤其集中在经济地理、科技政策、城市科学、环境政策等领域。

在经济地理学领域中，耦合度及耦合协调度模型常用于定量计算城镇化与产业发展，资源与产业发展或非同类产业发展之间的时空耦合度及耦合协调度。臧志谊等在假设城镇化与保险业存在密切联系的基础上，构建城镇化与保险业发展耦合协调模型和评价指标体系，以中国 30 个省份 2001—2012 年的面板数据为样本，从时空维度对城镇化与保险业的耦合协调关系进行实证研究。徐卓顺分析了东北三省各地级市的能源效率和产业结构调整的空间特征及其耦合关系。范红艳等分析旅游与文化产业耦合协调机理，分别从产业规模、产出水平、借贷规模、经济贡献 4 个方面构建评价指标体系，对河南旅游产业与文化产业发展水平进行综合评价，并依据耦合协调度模型对其耦合协调关系进行分析。何宜庆等基于三大经济圈（环渤海经济圈、长三角经济圈、珠三角经济圈）的现状，以 2002—2012 年统计数据，运用耦合度模型，将金融要素聚集、区域产业结构和生态效率三个系统相结合，进行了耦合协调实证研究。谢炳庚等从经济发展、社会文化及生态环境 3 个子系统构建"美丽中国"建设评价的耦合协调模型，并以此作为"美丽中国"建设阶段的划分依据。刘军胜等基于全国 31 个省区 1993—2011 年入境旅游流与区域经济系统面板数据，结合 GIS 对全国各省区入境旅游流与区域经济耦合协调度进行历史性与共时性演变格局分析。张琰飞等依据文化演艺与旅游流耦合协调的机理建立评价指标体系，对西南地区各地文化演艺和旅游流发展水平进行综合评价，并对其耦合协调度结果及其滞后系统进行分析。

在科技政策领域中，耦合度及耦合协调度模型常见的应用对象是科技或政策创新能力、城市化水平或经济发展。刘雷等以山东省 17 个地级市为例，构建城市创新能力与城市化水平评价体系并计算二者的耦合协调度。王仁祥等从最优化视角论证了科技创新与金融创新最佳耦合协调的存在性，并以此为基础测算了 35 个最重要的金融系统所在国家的科技创新与金融创新的耦合协调度，利用两阶段 GMM 回归方法实证检验了耦合协调度对经济效率的影响。王伟等从人地系统的视角，考察区域创新系统与资源型城市转型之间的内涵关系，揭示二者之间相互耦合协调的作用机制。杨武等通过分析科技创新与经济发展的相互作用，揭示两者的耦合协调发展机理，构建科技创新和经济发展子系统的耦合协调度模型，基于中国 1991—2012 年的数据进行了实证分析。

在城市科学领域中，耦合度及耦合协调度模型的常见应用对象为城镇化系统内部要素。张乐勤等以安徽省为例，采用主成分分析综合评价方法，对 1996—2011 年城镇化与土地集约利用水平进行了综合评价，借鉴耦合协调度模型，对城镇化演进与土地利用耦合协调度进行了测度，并运用灰色 GM（1,1）模型，对2015、2020 年城镇化演进与土地利用耦合协调度进行了预测。梁留科等通过建立城市化与旅游产业两大系统交互耦合协调关系模型、河南省各省辖市城市化发展与旅游产业相关指标体系，计算出河南省各辖市城市化与旅游产业两大系统的耦合度与协调度，而后进行系统耦合协调度层次划分，并对其时空变化进行分析。张轩以辽宁省作为研究对象，构建人口城镇化与土地城镇化评价指标体系，采用熵权值法和耦合协调模型，测度了辽宁省 2003—2012 年人口城镇化和土地城镇化综合水平及耦合协调度。蔡雪雄等从人口、经济、空间、社会等综合角度出发，结合福建省具体发展情况，构建符合新型城镇化与房地产业发展规律的综合指标体系，运用 Matlab 软件对指标赋熵权，测算新型城镇化与房地产业的综合发展指数，通过建立耦合协调模型，计算新型城镇化与房地产业两大系统的耦合协调度。

在环境政策领域中，耦合度及耦合协调度模型的常见应用对象为城市发展与生态系统。熊建新等发现在不同时空尺度下，生态承载力系统耦合协调度呈现不同差异和变化。在阐述耦合协调发展作用机理的基础上，构建了耦合协调度评价指标体系，利用容量耦合模型对洞庭湖区生态承载力系统耦合协调度进行时空分析。张玉萍等根据吐鲁番2001—2011年旅游—经济—生态环境系统各指标的相关数据，利用主成分分析法，得到各个指标的相关权重，以此构建了相关的综合评价函数，并引入耦合度及耦合协调度模型，对吐鲁番地区的旅游—经济—生态环境的耦合度以及耦合协调度进行了实证研究。刘耀彬等以定性与定量分析相结合的方法建立了耦合系统的评价指标体系，运用灰色关联分析法构建出区域城市化与生态环境交互作用的关联度模型和耦合度模型，定量揭示出中国省区城市化与生态环境系统耦合的主要因素，并从时空角度分析了区域耦合度的空间分布及演变规律。

总体而言，耦合度及耦合协调度模型常使用面板数据，研究系统或系统内部要素相互作用、互相影响的机理，从多维度构建评价指标体系，并以行政单元为尺度纵向或横向探讨区域内耦合度及耦合协调度的时空变化特征及影响机制，以流域尺度为基本研究单元的耦合度及耦合协调度的研究相对较少。而关于"城"与"水"的耦合度及耦合协调度研究相对缺乏，张洪等以昆明市为研究对象，应用层次分析法，采用复合指标评价体系对昆明市1998—2008年的城市化水平进行了测度；将滇池分为草海和外海，采用水质综合污染指数计算公式得到1998—2008年滇池的水质综合污染指数；引入环境库兹涅茨曲线，构建了城市化水平与水环境质量之间的耦合关系模型。杨雪梅等以典型的西北干旱内陆河流域石羊河流域为例，提出水资源—城市化复合系统耦合度计算模型，构建了耦合度评价指标体系和各项评价因子分级标准，定量地分析了城市化系统与水资源系统交互作用、耦合机理以及演变规律。焦士兴等在构建城镇化与水资源系统评价指标体系的基础上，运用层次分析法以及耦合协调度模型，对河南省城镇化与水资源系统的协调发展状况进行研究。刁艺璇等构建了基于人口、经济、土地和社会的城镇化水平综合指标体系，基于生活、工业、农业和生态的水资源利用水平综合指标体系，进一步建立了耦合协调度模型，用于研究二者耦合协调的关系，并利用障碍度模型对障碍因素进行分析。综上所述，在"城"和"水"的耦合及耦合协调研究中，过往学者集中关注城市发展或城镇化与水资源之间的相互作用关系，忽略了城市基底（市政基础设施系统、水利基础设施系统、下垫面、地形）、城市活动（城市人口、产业、用地）、城市生活（城市品质、城市宜居性）与水资源集约利用、水灾害安全防控、水污染系统治理、水生态健康修复、水气候改善适应之间的综合维度的耦合及耦合协调定量研究。因此本章节旨在构建"城"与"水"耦合作用机理，建立总体研究逻辑。

2.3.1.3 "城水耦合"规划方法

本书与过往各领域关于耦合度和耦合协调度的研究有所不同，"耦合"一词原意为两个要素相互影响、彼此协调的动态变化的过程。将"城水耦合"与"城水融合""城水共生"进行概念辨析，"城水融合"和"城水共生"强调的是一种目标导向的城市环境和水环境在发展过程中的协调状态，而"城水耦合"更强调的是空间耦合、目标耦合、理念耦合和技术耦合的概念（图 2-20）。空间耦合是指水作为城市空间的一种自然要素，同时城市作为流域中一种高度人工化的地表形态，两者的拓扑关系难以分割、不可分离，城并非为流域中的孤岛，水并非城的裂痕。水是城市生态、景观、经济的重要组成要素，更是城市的文化要素。目标耦合关注水规划和城市空间规划多要素之间的平衡，实现水规划强调的水资源集约利用、水灾害安全防控、水污染控制、水生态修复等目标，以及城市空间规划强调的改善适应水气候、传承创新水文化、塑造优化水景观、共享共荣水经济等目标的协调交互和联系。理念耦合和技术耦合指的是城市规划专业从业人员通过学习水利专业相关理念和技术，在规划编制、规划方案比选、规划审查过程中借鉴水利专业治水理念，综合运用水利技术，提升城市规划专业从业人员对水要素的生态和资源价值回归的认识。另一方面，水规划专业从业人员通过学习城市规划相关理念和技术，在规划编制、规划方案比选、规划审查过程中借鉴城市规划在城市发展和美学营造等方面对空间形态的控制理念，综合运用城市规划技术，提升水规划专业从业人员对水要素的美学和经济学价值回归的认识（图 2-21）。在"十四五"时期，我国城镇化将向高质量发展全面转型，亟待通过水价值理念的回归和水空间干预方法的优化，以"城水耦合"重塑城市建设与水环境之间良性友好的整体关系。

通过构建城水耦合的规划体系，从现状评估、方案评估、实施评估与水敏性规划重要指标以及一般规划设计指标等方面共同提出规划设计技术流程优化的核心内容——以水资源集约利用、水灾害安全防控、水污染控制和水生态修复、水气候适应、水景观提升为子专题，以分析策略、规划设计、实施监测为全过程，实现以水定城、以水塑城、以水融城、以水润城、以水兴城的规划目标。通过水规划中水基底认知、水环境分析和城市规划中以社会经济产业发展主导的需求分析之间的内容交互,实现符合"城水耦合"目标的规划编制。

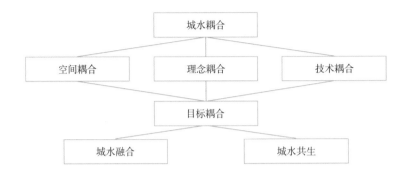

图 2-20 "城水耦合"逻辑图

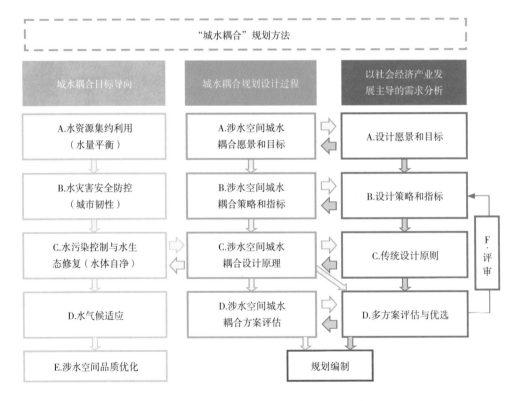

图 2-21 "城水耦合"规划方法交互示意

2.3.2 双向评估实现技术耦合

"城水耦合"的规划设计强调以生态文明建设为背景,分析自然、经济社会条件、水资源格局、水灾害格局、水生态格局、城市微气候分析、水文化水景观和水资源格局、水系历史演变等内容。基于此，提出城水耦合的规划设计目标和愿景，与传统规划设计方法的开发与目标相融合，从绿地系统框架、水安全基础设施框架、水资源基础设施框架、水生态和水污染基础设施框架、水气候适应性设计框架、涉水空间品质优化框架等方面评估城水耦合规划设计方案。从实施层面对方案的经济效益和实施效果评价进行分析。

"城水耦合"规划设计与传统规划设计的交互，一方面弥补传统水规划对水文化、水经济、水景观价值挖掘的缺乏，另一方面，以水对城市开发进行控制和约束（图 2-22）。

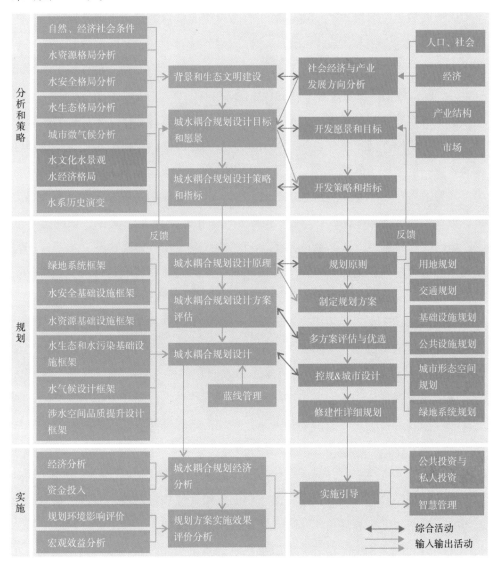

图 2-22　与水融合的规划设计与传统规划设计的方法框架

以水定城：在水资源管理方面，"十四五"时期，城市发展应通过水资源总量测算与调配，确定适宜的人口和用地规模，优化城市产业类型及布局，并制定节水发展目标与模式，实现城市水资源集约节约利用。对未进行城市传统水资源及非传统水资源总量供需平衡测算、未评估各类情景下水资源调配的环境影响而做出引水调水、抽取地下水等决策的行为，应予以严格控制，切实推动城市挖掘利用自身水资源潜力，减少城市发展的生态代价。

以水塑城：在水灾害防治方面，城市应重视从河道硬化渠化以及排水系统工程化向"海绵城市"倡导的韧性转型，更加注重精准预测水灾害风险，从宏观层面构建流域统筹应对洪水的解决方案，在微观层面构建适应城市自然地形与人工建成空间形态的海绵基础设施系统，综合运用流域滞洪区、区域湿地和城市调蓄湖等生态性干预措施，优先利用自然力量、结合人工智慧干预，提高河湖与城市蓝绿系统以整体韧性应对雨洪风险的调蓄能力。

以水融城：在水污染治理方面，城市应做好源头截污工作，坚决控制城市点源、面源污染排入城市水体；应重视城市水系的连通性，严格控制建设用地填埋各级支流，连通城市断头水系，恢复渠盖化河道，让城市水系实现整体的活水流动，并与区域自然水系实现最优的循环交换，改善整体水环境。在水生态改良方面，城市应注重从水道裁弯取直、水岸工程硬化向尊重水生命体特征的适水而建、生态软化转型，开展必要的河道再自然化改造工作，并重视建立水与岸的整体关系。城市总体规划应统筹山水林田湖草生命共同体，营造适合动植物生长、栖息的生态环境，实现在城市化进程中保持生物多样性的目标。

以水润城：在水气候适应方面，城市应注重水体作为生态冷源的重要作用。在全球变暖、城市化进程不断加快、不透水面率快速增长的大背景下，城市出现热岛效应、干岛效应、雨岛效应、浑浊岛效应和雷暴岛效应等"五岛"极端天气，城市应重视水体作为天然生态冷源的作用，重视水体微气候调节的作用，通过合理布局建筑与水系的空间拓扑关系，构建多形态高适应性的水系格局，达到调节气候、提升城市宜居性的目的。

以水兴城：在涉水空间品质优化方面，应做到：①优化城市滨水景观。提升滨水岸线的公共性和连续性，改善滨水空间的可达性和舒适性，营造可亲可近的城市水岸空间。②创新城市水文化。通过滨水遗产保护与活化更新，延续"城水关系"的历史肌理和空间格局，组织滨水游憩系统和连续慢行系统，挖掘城市水文化精神价值，提升市民文化认同感、归属感、自豪感。③共享城市水经济。精心规划滨水用地功能和空间形态，强调公共利益优先，优先布置各类公共服务设施，倡导城市水价值的共享。④提升滨水土地价值，优先布置滨水开敞空间与公共服务设施，支持有活力的滨水特色产业发展，实现公共性、多元化的水岸联动、城水交融。

2.3.3 要素平衡实现目标耦合

"城"与"水"具有显著的耦合关系，主要体现在两者发展的时间维度和空间维度的相互影响以及协同等方面。"城"与"水"通过子系统相互作用，是相互影响和相互制约的耦合体系。"水"为核心，"城"为本质。

在宏观尺度，"城"代表着人工建成环境，"水"意味着水环境，包括洋、海、江、河、湖、渠等。"城"与"水"通过水资源集约利用、水灾害安全防控、水污染防治、水生态修复四个维度产生交互耦合。首先，"水"蒸发，通过大气层冷凝形成降雨或降雪作用于"城"。"城"与"水"以岸为边界，采用硬质工程和软质工程塑造其形态，两者对水灾害安全防控和水污染控制具有决定性作用。同时，"水"以资源的形态存在时，制约着"城"的发展，"城"在发展过程中带来对"水"的潜在负效应，二者以水体交流的形式打造着"城"与"水"的生态共轭格局。

在中观尺度，"城"与"水"通过子系统相互作用，形成相互影响和相互制约的耦合体系。"水"为核心，"城"为本质。城市的市政基础设施系统、水利基础设施系统、下垫面、地形与水资源集约利用和水灾害安全防控紧密相关，共同构成"城水耦合"的基础层；城市的人口、产业、用地与水污染治理和水生态修复紧密联系，共同构成"城水耦合"的活动层；城市的品质和宜居性与水文化、水景观、水经济相互作用，共同构成"城水耦合"的目标层。

通过提取水资源集约利用指标、水灾害安全防控指标、水污染治理与水生态修复指标、水气候适应指标和涉水空间品质优化指标，与城市建设指标进行规划设计交互，达到"城水耦合"的规划设计目标（图2-23）。

"城水耦合"目标下指标的交互					
水资源指标	水安全指标	水污染与水生态指标	水气候指标	涉水空间指标	城市建设指标
集约利用	**灾害防控**	**防治与修复**	**气候适应**	**空间优化**	**城市发展**
灾害防控	水面率	污水处理	热岛强度	水面率	用地功能与强度
用水强度	水系形态	水质指数	热岛比例指数	水景观覆盖率	产业结构
分质供水	水系网络连通	生态岸线	生态冷源面积比	见水距离	供水管网
退水处理	人工水体	河湖流量	冷岛降温范围	沿岸贯通率	竖向设计
雨水中水回用	海绵公园	水系形态与结构	通风潜力指数	活力测度	基础设施规划
汇水单元	汇水单元	生物多样性	人体舒适度	交通可达性	海绵城市

图 2-23 "城水耦合"目标下指标的交互

技术篇

第3章
"城水关系"发展规律与问题分析

本章对我国"城水关系"发展问题进行分析,对全国层面的水环境问题、我国"城水关系"发展的总体规律以及我国涉水空间规划的实施现状三大部分进行梳理及阐述,展现我国的城水问题以及传统涉水规划的实际情况,为后文的技术支持提供研究的基础背景。

3.1 全国层面水环境问题梳理

我国国土面积约960万平方千米,横跨多个气候带,涵盖着复杂的水环境关系。全国层面的水环境问题可以用五个字来概括,即"少、多、脏、浑、乱"。"少"指的是我国人均水资源量处于世界中下水平,人均水资源量的严重不足值得警惕;"多"则是指我国季节性降水不均导致的汛期多暴雨,这使瞬时地表径流量丰期提前,造成洪涝灾害继而引发系列水安全问题;"脏、浑"是指我国在快速城镇化与工业化过程中造成的严重水污染及水生态破坏现象,是较为严重的历史欠账;"乱"是指快速城镇化过程中追求效率而忽视质量的滨水空间建设状况,导致滨水空间景观无序,缺乏系统且合理的规划这一明显现象。

3.1.1 时空分布不均、用水低效等导致水资源短缺

全球视野下,我国是一个严重缺水的国家。虽然我国的淡水资源储备量高达28 000亿立方米,约占全球水资源的6%,在数值上仅次于巴西、俄罗斯和加拿大,位列世界第四,但人均水资源占比量却位列倒数。因此,本节通过展现我国各省传统与非传统水资源量多寡、用水量和水资源匹配情况,以及与国际上相关国家的水资源情况进行比较,对我国的水资源情况进行分析,总结我国水资源的现状问题并分析其影响因素。

3.1.1.1　水资源短缺情况概述

总体而言，我国水资源特征体现在"五多五少"，即南方多、北方少、东部多、西部少，山区多、平原少，夏秋多、冬春少，总量多、人均少。我国拥有世界 22% 的人口，人均淡水量却仅占世界总量的 8%；人均水资源占有量为 2200 立方米，仅为世界人均水资源量的 1/4。我国是全球 13 个人均水资源贫瘠的国家之一，水资源在时间与空间上的分布不均，以及人均水资源量短缺等问题不容乐观。

（1）全国水资源分布不均，人均水资源量短缺

我国水资源总量整体呈现季节分布不均与空间分布不均的特点，水资源季节分布不均是因为我国受到夏季风的影响，夏秋多雨而水资源充沛，冬春季节随着降雨量减少许多地方会出现干旱和缺水的情况，整体呈现季节变化大，夏秋多、冬春少的现象。空间分布不均则是由于我国辽阔的疆域横跨多个气候带，受海陆因素的影响，降水量从东南沿海到西北内陆递减。

（2）人均可再生水资源总量远低于世界平均水平

根据《中国水资源公报》（2018）我国水资源总量为 27 462.5 亿立方米，位列世界第 6，但人均可再生水资源总量仅为世界第 120 位，远低于世界平均值（图 3-1）。由此可见我国对于可再生水的重视程度不足，水资源的使用效率偏低。

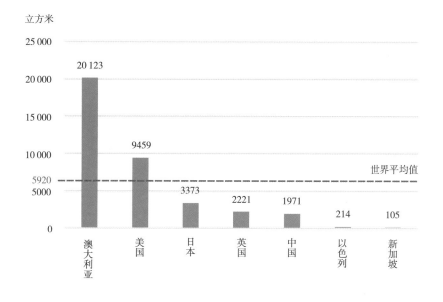

图 3-1　部分国家人均可再生水资源总量统计表（2017 年）

3.1.1.2 水资源短缺影响因素梳理

（1）国内水资源量与经济生产力布局不匹配

本小节参考国际缺水评价标准（表3-1），以省域（自治区、直辖市、特别行政区）为单元统计我国的人均水资源量情况，与国际缺水程度评价标准进行比对，并叠加各地域经济社会发展属性，以分析水资源利用与省域经济社会发展要素之间的平衡关系。综合考虑地域经济发展水平（人均GDP）、水资源情况（人均水资源量）以及用水效率（万元生产总值用水量），分别对各省域水资源可利用量与其经济社会发展进行比对并排序（表3-2）。从表中可见，天津、北京、上海等地虽然经济水平较高，但由于GDP与水资源匹配程度低而呈现经济性缺水的特征，同比广西、云南等地水资源量丰富但经济水平不足，也同样会呈现匹配程度低的情况。此类经济性缺水的现象建议通过建设跨流域、跨地区调水工程向经济性缺水地区调水，解决水资源空间格局与生产力布局不匹配的问题（图3-2）。

表3-1　国际缺水程度评价标准

人均水资源量（立方米/人）	缺水程度
2000～3000	轻度缺水
1000～2000	中度缺水
500～1000	重度缺水
<500	极度缺水

资料来源：IWF官网。

表3-2　全国人均水资源与人均GDP比对排名表

匹配度低到高	地区	人均水资源量（立方米/人）	人均GDP（万元/人）
1	天津市	83.4	11.91
2	北京市	137.2	12.90
3	上海市	140.6	12.67
4	山东省	226.1	7.26
5	宁夏回族自治区	159.2	5.05
6	河北省	184.5	4.52
7	江苏省	490.3	10.69

续上表

匹配度低到高	地区	人均水资源量（立方米/人）	人均GDP（万元/人）
8	辽宁省	426.0	5.36
9	山西省	352.7	4.19
10	河南省	443.2	4.66
11	浙江省	1592.1	9.15
12	内蒙古自治区	1227.5	6.36
13	广东省	1611.9	8.03
14	陕西省	1174.5	5.71
15	吉林省	1447.3	5.50
16	安徽省	1260.8	4.32
17	甘肃省	912.5	2.84
18	福建省	2711.9	8.23
19	重庆市	2142.9	6.32
20	湖北省	2118.9	6.01
21	黑龙江省	1957.1	4.20
22	湖南省	2795.5	4.94
23	四川省	2978.9	4.45
24	贵州省	2947.4	3.78
25	江西省	3592.5	4.33
26	海南省	4165.7	4.82
27	新疆维吾尔自治区	4206.4	4.45
28	广西壮族自治区	4912.1	3.79
29	云南省	4602.4	3.41
30	青海省	13 188.9	4.39
31	西藏自治区	142 311.3	3.89
32	香港特别行政区	—	—
33	澳门特别行政区	—	—
34	台湾省	—	—

资料来源：国家统计局，《中国统计年鉴（2017）》；中华人民共和国水利部，《中国水利统计年鉴（2017）》。

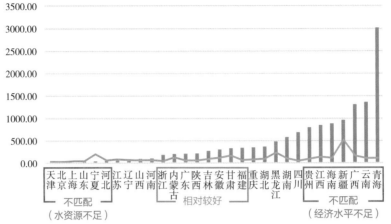

图 3-2 部分省份人均 GDP 与人均水资源量关系分布图及统计表（2018 年）

（注：西藏自治区人均水资源量非常丰富，远超其他省份，故不一同比较）

（2）国内用水量与水资源量不匹配情况较为严峻

为了直观体现国内水资源情况，本章节综合考虑人均用水量与人均水资源量两个指标，对我国用水量与水资源量不匹配的严重程度进行摸查并排序。排序越靠前，说明二者匹配情况越差，缺水问题越严重（表 3-3，图 3-3）。

匹配情况排名表表明我国西南与东南地区的匹配度相对较好，但华北地区水资源量不足，用水需求较大，用水量与水资源量之间出现严重不匹配的情况。建议通过不同空间尺度的节水措施以及针对不同产业类型的节流手段，适度控制人均用水量指标来缓解国内用水量与水资源量不匹配问题。

表 3-3　全国人均用水与水资源量匹配度排名表

匹配度 由低到高	地区	人均水资源量 （立方米/人）	人均用水量 （立方米/人）	匹配系数（人均用水 量/人均水资源量）
1	宁夏回族自治区	159.2	974.3	6.12
2	上海市	140.6	433.3	3.08
3	天津市	83.4	176.3	2.11
4	江苏省	490.3	737.8	1.50
5	北京市	137.2	181.9	1.33
6	河北省	184.5	242.3	1.31
7	山东省	226.1	210.0	0.93

续上表

匹配度 由低到高	地区	人均水资源量 （立方米/人）	人均用水量 （立方米/人）	匹配系数（人均用水 量/人均水资源量）
8	辽宁省	426.0	299.8	0.70
9	内蒙古自治区	1227.5	744.7	0.61
10	山西省	352.7	202.9	0.58
11	河南省	443.2	244.9	0.55
12	新疆维吾尔自治区	4206.4	2280.8	0.54
13	甘肃省	912.5	443.5	0.49
14	黑龙江省	1957.1	930.7	0.48
15	安徽省	1260.8	466.3	0.37
16	吉林省	1447.3	465.0	0.32
17	广东省	1611.9	391.1	0.24
18	湖北省	2118.9	492.6	0.23
19	陕西省	1174.5	243.2	0.21
20	浙江省	1592.1	319.2	0.20
21	福建省	2711.9	493.3	0.18
22	湖南省	2795.5	477.8	0.17
23	江西省	3592.5	538.3	0.15
24	广西壮族自治区	4912.1	586.0	0.12
25	海南省	4165.7	494.8	0.12
26	重庆市	2142.9	252.8	0.12
27	四川省	2978.9	324.1	0.11
28	贵州省	2947.4	290.1	0.10
29	云南省	4602.4	327.2	0.07
30	青海省	13 188.9	433.1	0.03
31	西藏自治区	142 311.3	940.8	0.01
32	香港特别行政区	—	—	—
33	澳门特别行政区	—	—	—
34	台湾省	—	—	—

数据来源：国家统计局，《中国统计年鉴（2017）》；中华人民共和国水利部，《水利统计年鉴（2017）》。

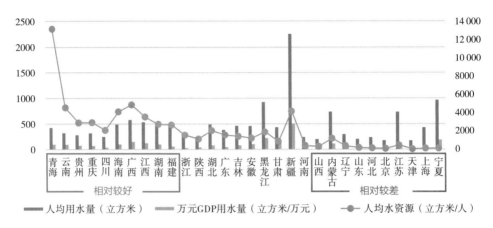

图 3-3　部分省份用水量与水资源量关系分布图及统计表（2018年）

（注：西藏自治区人均水资源量非常丰富，远超其他省份，故不一同比较）

（3）国内非传统水资源整体开发程度不高

非传统水资源的开发利用是水资源集约利用技术的重要环节，研究全国层面的非传统水资源利用情况可以有效指导水资源集约利用技术的规划控制应用。

将非地表水和地下水的供水总量作为非传统水资源的开发量，与总供水量进行比较，得出非传统水资源替代率的排序表（表3-4）。总体而言，我国非传统水资源的开发利用程度不高，大多数省份缺乏水资源再利用的规划控制及行动，尤其是针对非传统水资源的利用，不论是各层级各类规划还是实施过程都罕有提及，对于中水回用也尚未广泛普及，建议通过优化基础设施系统，扩大水源供给渠道，提高非常规水源替代率（图3-4）。

表 3-4　全国非传统水资源占总供水量排名表

排名由低到高	地区	非传统水资源替代率	其他供水量（亿立方米）	供水总量（亿立方米）
1	上海市	0	0	104.8
2	西藏自治区	0	0	31.4
3	湖南省	0	0.1	326.9
4	湖北省	0	0.1	290.3
5	重庆市	0	0.2	77.4
6	黑龙江省	0	1.0	353.1
7	新疆维吾尔自治区	0	1.6	552.3

排名由低到高	地区	非传统水资源替代率	其他供水量（亿立方米）	供水总量（亿立方米）
8	宁夏回族自治区	0	0.2	66.1
9	吉林省	0	0.4	126.7
10	福建省	0	0.7	192.0
11	海南省	0	0.2	45.6
12	广西壮族自治区	0	1.4	284.9
13	广东省	1%	2.3	433.5
14	贵州省	1%	0.6	103.5
15	四川省	1%	1.9	268.4
16	青海省	1%	0.2	25.8
17	江西省	1%	2.1	248.0
18	安徽省	1%	3.0	290.3
19	浙江省	1%	2.0	179.5
20	江苏省	1%	7.7	591.3
21	内蒙古自治区	2%	3.4	188.0
22	云南省	2%	3.1	156.6
23	河南省	2%	5.1	233.8
24	陕西省	2%	2.3	93.0
25	辽宁省	3%	4.2	131.1
26	甘肃省	3%	3.9	116.1
27	河北省	3%	6.2	181.6
28	山东省	4%	8.7	209.5
29	山西省	6%	4.2	74.9
30	天津市	14%	3.9	27.5
31	北京市	27%	10.5	39.5
32	香港特别行政区	—	—	—
33	澳门特别行政区	—	—	—
34	台湾省	—	—	—

数据来源：国家统计局，《中国统计年鉴（2017）》；中华人民共和国水利部，《水利统计年鉴（2017）》。

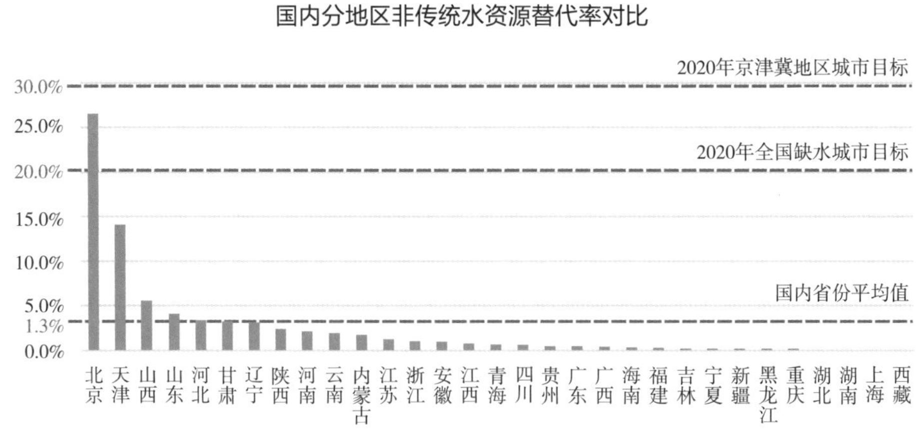

国内分地区非传统水资源替代率对比

图 3-4　部分省份非传统水资源利用情况图及统计表（2018 年）

（4）城市用水粗放式供给与低效使用，节水共识普遍较弱

我国城市供水系统长期按照生活饮用水标准进行供给，但城市居民家庭用水普遍只占城市供水量的 10%，其中居民家庭用水中用于直接饮用的部分不超过家庭水量的 10%。现有的城市供水结构为保障城市居民饮用水需求而统一提高供水质量，形成单一的供水模式，增加了社会经济成本，且因低效使用造成了大量优质水资源浪费的问题。许多城市用水一方面依赖外地调水，另一方面却又因低效用水致使水资源缺口愈发增大而引发恶性循环。许多城市缺少节水规划以及相应配套的分质供水系统规划，未重视再生水、雨水、海水等非传统水资源的回收利用。城市生活与生产用水的粗放使用以及水技术和设施的落后，导致全国水资源漏失率平均数在 30% 以上，输配水管网和用水器具漏失率在 20% 以上，每年水资源浪费更达 100 亿立方米以上。

3.1.2　极端气候影响、用地改变等引起水灾害频发

3.1.2.1　水灾害频发情况概述

（1）雨涝灾害

2018 年，全国有 83 座城市进水受淹或发生内涝，直接经济损失达 1615.47 亿元，占当年 GDP 的 0.18%。城市易积水点通常集中于城市建成区及城市中心区，"逢雨必涝"对城市发展和城市生活造成重大影响（图 3-5）。

图 3-5　2020 年典型城市内涝点空间分布情况图

（资料来源：2020 年 1 月百度地图数据）

（2）洪水灾害

根据水利部《2017 中国水旱灾害公报》发布的数据，本小节对 2007—2017 年洪涝灾害对全国造成的影响进行统计分析（图 3-6～图 3-9）。

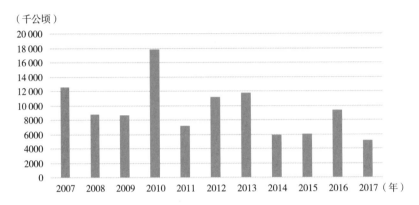

图 3-6　全国因洪涝农作物受灾面积统计图

（数据来源：《2017 中国水旱灾害公报》）

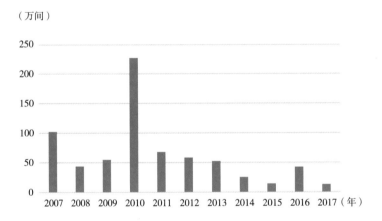

图 3-7　全国因洪涝倒塌房屋统计图

（数据来源：《2017 中国水旱灾害公报》）

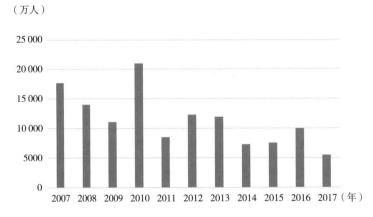

图 3-8　全国受洪涝灾害人口统计图

（数据来源：《2017 中国水旱灾害公报》）

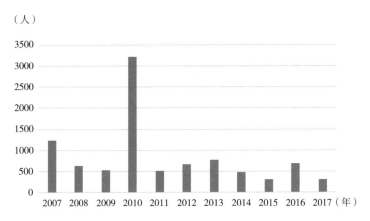

图 3-9   全国受洪涝灾害死亡人口统计图

（数据来源：《2017 中国水旱灾害公报》）

①农业受灾情况

根据水利部《2017 中国水旱灾害公报》发布的数据，全国农作物因洪涝受灾
5196.47 千公顷，其中成灾 2781.19 千公顷、绝收 755.45 千公顷，因灾粮食减产
299.68 亿公斤，经济作物损失 221.43 亿元，大牲畜死亡 41.71 万头，水产养殖损失
60.68 亿公斤，农林牧副渔直接经济损失 604.04 亿元。从空间维度来看，农作物受
灾程度相对严重的区域集中在长江流域，湖南省为 2017 年农作物受灾程度最严重
的省份（表 3-5）。从时间维度来看，农作物受灾面积大致呈现下降的趋势，可
推测农作物受灾程度会随着社会经济科技的发展而减轻。

表 3-5   2017 年全国和部分省（自治区、直辖市）因洪涝农作物受灾面积、成灾面积、

绝收面积及因灾粮食减产、经济作物损失统计表

地区	农作物受灾面积（千公顷）	农作物成灾面积（千公顷）	农作物绝收面积（千公顷）	因灾粮食减产（亿公顷）	经济作物损失（亿元）
全国	5196.47	2781.19	755.45	299.68	221.43
北京	1.09	0.05	—	—	—
天津	—	—	—	—	—
河北	58.10	22.98	3.28	4.60	0.69
山西	53.00	30.49	5.12	0.40	0.55
内蒙古	212.01	151.79	44.26	37.00	6.20
辽宁	124.05	66.87	20.70	2.78	5.69

续上表

地区	农作物受灾面积（千公顷）	农作物成灾面积（千公顷）	农作物绝收面积（千公顷）	因灾粮食减产（亿公顷）	经济作物损失（亿元）
吉林	370.91	253.20	80.67	—	27.11
黑龙江	379.41	211.99	41.29	5.90	7.45
上海	1.27	—	—	—	—
江苏	60.56	21.07	3.95	0.96	0.99
浙江	107.13	45.73	9.41	0.68	11.58
安徽	155.36	78.99	16.84	1.90	0.17
福建	51.03	18.22	4.82	0.90	4.01
江西	411.29	216.27	36.35	4.86	12.63
山东	114.08	37.20	6.05	1.59	2.37
河南	265.78	111.78	11.48	5.64	3.31
湖北	520.57	307.92	116.42	8.23	11.70
湖南	1074.93	601.99	203.62	30.78	62.43
广东	271.21	99.09	11.37	7.90	23.80
广西	241.48	118.16	30.88	107.15	17.45
海南	12.76	1.99	0.62	0.05	0.40
四川	151.31	72.87	20.63	4.13	5.32
重庆	48.42	33.12	5.94	0.06	0.03
贵州	161.88	87.20	21.50	0.36	1.86
云南	165.90	95.90	29.65	2.12	10.38
西藏	8.40	0.78	0.15	0.03	0.67
陕西	92.60	49.31	20.66	1.82	1.12
甘肃	47.25	30.31	1.31	0.35	1.60
青海	15.04	4.38	2.40	—	—
宁夏	7.04	4.83	2.25	0.26	0.09
新疆	12.61	6.71	3.83	69.23	1.74

数据来源：中华人民共和国水利部，《2017中国水旱灾害公报》。

②工业和交通运输业受灾情况

2017 年全国因洪涝灾害停产工矿企业 11 828 个，铁路中断 205 条次，公路中断 44 034 条次，机场、港口临时关停 243 个次，供电线路中断 15 228 条次，通信中断 19 530 条次。2017 年全国和部分省（自治区、直辖市）工业、交通运输业受灾统计见表 3-6。

表 3-6 2017 年全国和部分省（自治区、直辖市）工业、交通运输业受灾统计表

地区	停产工矿企业（个）	铁路中断（条次）	公路中断（条次）	机场、港口临时关停（个次）	供电线路中断（条次）	通信中断（条次）
全国	11 828	205	44 034	243	15 228	19 530
北京	—	—	—	—	—	—
天津	—	—	—	—	—	—
河北	—	—	28	—	4	3
山西	2	—	573	—	15	3
内蒙古	79	—	61	—	49	19
辽宁	163	—	805	—	148	333
吉林	177	10	540	—	208	8155
黑龙江	—	—	221	—	56	66
上海	—	—	—	—	—	—
江苏	141	—	5	—	2	—
浙江	654	1	798	—	180	32
安徽	46	—	68	—	61	21
福建	235	—	230	—	408	313
江西	282	6	1789	—	680	859
山东	164	—	268	—	83	15
河南	—	8	102	4	80	9
湖北	134	1	4434	—	571	208
湖南	2033	6	14 288	—	7569	5742
广东	7250	14	1183	42	2682	1910
广西	207	73	2256	—	730	329
海南	5	50	144	197	240	484

地区	停产工矿企业 （个）	铁路中断 （条次）	公路中断 （条次）	机场、港口临时 关停（个次）	供电线路中断 （条次）	通信中断 （条次）
四川	—	—	185	—	25	13
重庆	94	8	4466	—	639	295
贵州	39	2	1605	—	234	163
云南	77	24	5970	—	338	141
西藏	2	—	1043	—	33	238
陕西	29	1	1680	—	139	35
甘肃	14	1	1030	—	44	133
青海	—	—	133	—	5	8
宁夏	—	—	82	—	—	—
新疆	1	—	47	—	5	3

数据来源：中华人民共和国水利部，《2017中国水旱灾害公报》。

③水利设施受灾情况

2017年全国因洪涝损坏大中型水库23座、小型水库692座、堤防40 763处计7922.41千米，塘坝40 476座、护岸46 823处、水闸5853座、灌溉设施133 170处、水文测站485个、机电井13 787眼、机电泵站4849座、水电站532座，水利设施损失345.38亿元。2017年全国和部分省（自治区、直辖市）水利设施受灾统计见表3-7。

表3-7　2017年全国和部分省（自治区、直辖市）水利设施受灾统计表

地区	损坏水库（座）		损坏堤防		损坏水闸 （座）	水利设施损失 （亿元）
	大中型	小型	处数（处）	长度（千米）		
全国	23	692	40 763	7922.41	5853	345.38
北京	—	—	8	0.09	—	—
天津	—	—	—	—	—	—
河北	—	—	207	139.29	28	0.61
山西	—	1	432	76.37	—	1.11
内蒙古	—	13	159	96.25	20	1.79

续上表

地区	损坏水库（座）		损坏堤防		损坏水闸（座）	水利设施损失（亿元）
	大中型	小型	处数（处）	长度（千米）		
辽宁	3	9	2202	1226.07	90	10.53
吉林	3	26	1175	825.34	199	36.94
黑龙江	2	11	209	126.58	83	2.95
上海	—	—	—	—	—	—
江苏	—	—	13	0.90	56	0.45
浙江	—	—	4301	318.49	50	10.95
安徽	—	1	464	91.86	43	1.42
福建	—	1	439	22.03	71	6.75
江西	—	39	3119	232.36	393	35.75
山东	—	9	247	151.65	48	2.59
河南	1	15	163	299.43	90	1.51
湖北	1	35	3270	540.69	303	16.03
湖南	—	392	13 618	1068.61	3462	104.92
广东	4	36	1094	247.32	267	16.82
广西	4	4	2898	343.73	156	29.08
海南	1	12	83	5.17	80	2.35
四川	1	40	1322	213.73	32	13.69
重庆	—	24	272	29.34	15	2.83
贵州	1	3	746	192.41	51	7.43
云南	1	18	1970	857.42	38	8.59
西藏	—	—	713	244.28	12	4.45
陕西	—	—	718	127.72	4	13.22
甘肃	1	—	354	252.54	8	8.7
青海	—	—	99	11.49	—	0.67
宁夏	—	3	8	16	58	0.8
新疆	—	—	460	165.25	196	2.45

数据来源：中华人民共和国水利部，《2017 中国水旱灾害公报》。

（3）风暴潮灾害

统计分析表明，1949—2018 年的 70 年间，西北太平洋地区共生成台风 2299 个，其中登陆中国的有 627 个，占西北太平洋地区生成总数的 27.3%。平均每年生成台风 32.8 个，在中国登陆的就有 9 个。登陆数量年际差异明显，最多年份出现在 1952 年和 1961 年，有 15 个台风登陆；其次出现在 1967 年、1985 年、1989 年、1994 年，有 13 个台风登陆；最少登陆年份出现在 1982 年，仅有 4 个台风登陆。台风登陆频次略有减少的趋势，最少年份的登陆个数约是最多个数的四分之一（图 3-10）。除河北、天津、澳门以外，中国沿海各省均有台风直接（首次）登陆，主要登陆点集中在广东、海南、台湾地区，占登陆总数的 82%，其中广东最多，达 221 个，占登陆总数的 35.2%；福建和浙江居第四、第五位；广西最少，只有 2 个（图 3-11）。

据悉，在各类海洋灾害中，风暴潮居首。据自然资源部发布的《2018 年中国海洋灾害公报》显示：2018 年，我国海洋灾害以风暴潮、海浪、海冰和海岸侵蚀等灾害为主，各类海洋灾害共造成直接经济损失 47.77 亿元，死亡（含失踪）73 人[1]。其中，风暴潮位列灾害之首，2018 年我国沿海共发生风暴潮过程 16 次（统计范围为达到蓝色及以上预警级别的风暴潮过程），造成直接经济损失 44.56 亿元，占总直接经济损失的 93%。

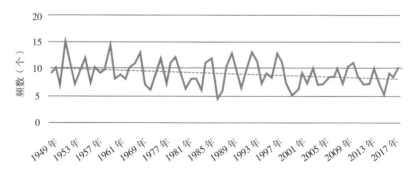

图 3-10　1949—2018 年登陆中国的台风频数年际变化

（图片来源：宿海良, 东高红, 王猛, 等.1949—2018 年登陆台风的主要特征及灾害成因分析研究 [J]. 环境科学与管理,2020,45(5):128–131.）

---

[1]中华人民共和国自然资源部.2018 年中国海洋灾害公报 [EB/OL].http://gi.mnr.gov.cn/201905/t20190510_2411 197.html.

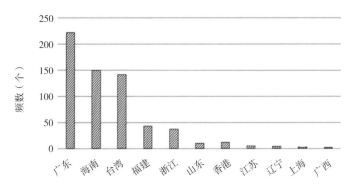

图 3-11　台风的登陆点分布

（图片来源：宿海良，东高红，王猛，等.1949—2018 年登陆台风的主要特征及灾害成因分析研究 [J].环境科学与
管理,2020,45(5):128-131.）

3.1.2.2　水灾害频发影响因素梳理

中国自古以来一直饱受水灾害的困扰，据有关书籍记载，从秦朝末年至中华人民共和国成立的 2155 年间，共发生洪水灾害 1029 次，几乎每两年就有一次。从某种意义上来说，中国的历史也是一部与水灾害作斗争的历史。

（1）洪水灾害发生的主要原因

造成城市洪涝灾害的主要原因有气候变化、城市化进程中土地利用变化、城市水管理部门管理不当等。城市洪涝风险中缺少合理水系组织与生态下垫面的"水平衡"更易导致"水灾害"。汤姆·卡希尔等学者最早引入了"水平衡"（一个流域中流入和流出的水量）的概念。在极端天气条件下，瞬时间内暴雨的流入（降雨）与流出（滞蓄 + 外排 + 蒸发）的不平衡会导致水灾害的发生。其中，硬质地面相较于生态地面，缺少合理水系组织与生态下垫面，渗透和蓄水不足，更易发生水灾害（图 3-12 ~ 图 3-13）。

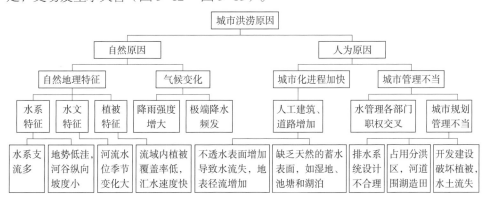

图 3-12　造成洪涝灾害的原因

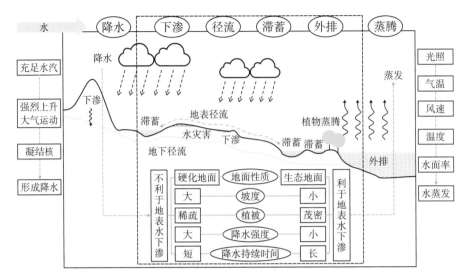

图 3-13 "水平衡"的破坏更易导致水灾害

（2）雨涝灾害

①孕灾环境

城市区域下垫面硬化、自然洼地等蓄滞水空间被侵占、水文循环系统遭到破坏、湖泊容量萎缩、水系结构简化、城市地面沉降的加重等现象都为水灾害的产生提供了潜在的孕灾环境条件。

②致灾因子

极端降雨天气频发的原因在于全球气候的快速变化，城市雨岛效应导致强降雨天气频发且降雨量增大，这使得致灾因子危险性增加。

③防灾减灾能力

老城区的排水系统仍然面临着排水设施更新缓慢且超负荷运行的问题；城市边缘区排水设施建设滞缓，排水管道蓄水能力较差，雨量较大时排水管网排水速度缓慢，易出现雨水漫溢等问题。决策者和管理者在城市规划建设中往往只注重经济方面的发展，忽略了城市地下排水设施的建设能否与城市的发展速度相匹配的问题。

在排水系统的规划设计标准中，重现期是规划中必须要考虑到的一个参数。重现期是指设计暴雨强度两次出现的统计时间间隔，是由汇水地区性质、地形特点、气候特征、经济发展水平以及灾害损失程度等多个因素决定的。就实际而言，很多城市的排水系统设计重现期只有 1 年左右，与发达国家相比差距甚大。城市排水系统排水不畅的另一个重要原因是排水设施长期疏于管理，分流合流并存、雨污合流的现象普遍存在（图 3-14）。

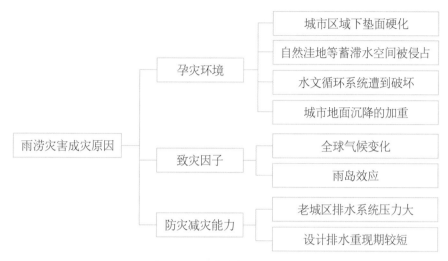

图 3-14　雨涝灾害形成的原因

（3）风暴潮灾害产生原因

①致灾因子

一是热带气旋引发风暴增水，导致相对海平面呈趋势性的变化，继而引发风暴潮灾害。二是由于气候变化和海平面上升引发极端性极值水位的变化，导致风暴潮灾害产生的后果更为严重。

②孕灾环境和承灾体

地形、地貌、地面沉降和海岸工程等自然和人文孕灾环境，对沿海地区海岸洪水致灾—成灾过程有着重要影响。为了抵御风暴潮灾害事件，中国沿海地区已建立了一系列防护措施来保护沿海的居民安全和经济活动，全国超过 60% 的海岸线已受到海堤保护。然而，人为因素导致的地面沉降使得相对海平面高度上升，增加了孕灾环境的危险性。同时，填海造陆、海岸湿地被破坏、土地利用类型的不断变化等人为因素，以及呈上升趋势的老龄化程度、沿海城市人口流动的季节性等社会变化情况，使得风暴潮灾害承灾体的脆弱性动态生长，风暴潮灾害所带来的风险逐渐增加。

3.1.3　水文循环受阻、工程导向等引发水环境污染及水生态退化

3.1.3.1　水污染、湖泊富营养化问题严重

中国是世界上水污染十分严重的国家之一，且水体富营养化问题显著。我国

2019 年全国地表水监测水质断面（点位）中，Ⅰ～Ⅲ类水质断面占 74.9%，Ⅴ类及劣 Ⅴ 类占 7.6%（图 3-15）；湖泊（水库）中度富营养化的占 5.6%，轻度富营养化的占 22.4%[①]。其中平原的污染水平较高，华北平原、东北平原、长江中下游和珠江三角洲的水质相对较差。长江以南的水质优于长江以北的水质。

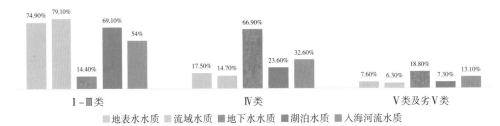

图 3-15　2019 年全国总体水质状况图

（数据来源：《2019 年中国生态环境状况公报》）

水质污染问题主要包含地表水、饮用水、地下水污染三个方面，其中以地下水污染问题最为严重。在地表水方面，在近年的水污染防治工作下，城市地表水水质已经整体上升，但非国家控制区域（低级支流和湖泊）水质通常不及国家控制区域；在饮用水方面，2018 年县级以上集中式饮用水水源的年水质达标率为 91.79%，仍存在部分饮用水源地的环境整治尚未完成；在地下水方面，地下水监测点数量的上升表明了政府的重视程度，但地下水质污染仍日趋严重。

造成水体污染的主要原因包含两个方面，一是城市建设带来的点源污染、面源污染使污染负荷增加；二是水量少、连通性差、水动力不足而造成的水体自净能力下降。

3.1.3.2　涵养水源的天然水面大规模缩减

在城市建设中，出于对建设用地规模、地块几何形态完整性的考虑，大量的湖泊、坑塘水体被填埋掩盖，原有的自然生态与水系网络遭到破坏，水面率减少。此外，低级河道受城市化影响更大，河网水系结构趋于主干化、单一化，河湖水质变差。

研究表明，在 1991—2016 年，黄河三角洲湿地总面积减少了约 91.39 平方千米。其中，2000—2010 年的面积变化最为剧烈，自然湿地面积以 30.21 平方千米 / 年

---

①中华人民共和国生态环境部 .2019 中国生态环境状况公报 [EB/OL].http://www.mee.gov.cn/hjzl/sthjzk/zghjzkgb/

202006/P020200602509464172096.pdf,2020-06-02.

的速度减少，虽然人工湿地以 32.77 平方千米／年的速度增加，但是人工湿地以养殖池和蓄水区为主，其生态价值远小于自然湿地。据《中国湿地保护行动计划》统计，全国围垦湖泊面积达 130 万平方千米以上，超过了我国现今五大淡水湖面积之和，由于湖泊围垦而失去的调蓄容积在 350 亿立方米以上，因围垦而消亡的天然湖泊近 1000 个[①]。

以顺德为例，从历史水面变化图可以发现，在城市发展过程中水系填埋现象明显，虽然永久性水面受影响较小，但季节性水面填埋严重（图 3-16）。

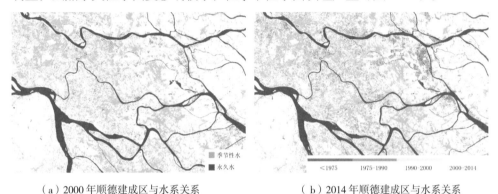

（a）2000 年顺德建成区与水系关系　　　（b）2014 年顺德建成区与水系关系

图 3-16　顺德历史水面变化图

（资料来源：https://resourcewatch.org/data/explore.）

3.1.4　下垫面硬质化、集中建设等忽视水气候效应

随着城市化进程的不断推进，我国城市建成区面积逐步加大，而城市耗电量、建成区面积与热岛效应关系密切。本节将中国的年耗电量和平均热岛强度与世界的数值进行比较，对比分析热岛强度靠前国家的人均耗电与碳排放量；识别国内热岛强度较高的城市并分析其成因，总结我国现有的水气候问题及其影响因素。

3.1.4.1　中国年耗电总量第一，热岛效应明显

热岛效应为如今大城市共有的微气候问题，本节采用了 NASA 官网公布的 2013 年全球城市夏季热岛强度以及世界银行的全球国家耗电量和碳排放量数据进行研究。从 2013 年全球夏季白天平均热岛强度（表 3-8）与耗电总量（表 3-9）可以看出，全球范围内耗电量大的国家主要分布在北美、欧洲和东亚地区，其次是在南美和亚洲北部。同时，年总耗电量大的国家城市的平均热岛强度较高、城

---

①国家林业局. 中国湿地保护行动计划[M]. 北京：中国林业出版社，2000：5-18.

市建成区面积较大。其中，中国的年总耗电量第一，2013年白天城市平均热岛强度为2.94℃，而全球热岛强度平均值为2.25℃，对比之下中国热岛效应更为明显。从2013年平均白天热岛强度前十国家的耗电、碳排统计表可以看出，热岛强度高的国家年人均耗电量大多数高于全球平均值，其中美国的年人均耗电量排第一，其2013年白天城市平均热岛强度为3.09℃。从碳排放量来看，热岛强度高的国家年人均碳排放量大多数也高于全球平均值，其中美国的年人均碳排放量排第一，其2013年人均碳排放量为16.30公吨／人（图3-17）。

表3-8 2013年全球夏季白天平均热岛强度（℃）

国家	平均热岛强度	国家	平均热岛强度	国家	平均热岛强度
阿鲁巴	5.32	几内亚	1.24	挪威	0.59
阿富汗	−1.39	瓜德罗普	1.59	尼泊尔	0.53
安哥拉	0.87	冈比亚	0.63	瑙鲁	0.32
安圭拉	2.45	几内亚比绍共和国	0.47	新西兰	1.58
阿尔巴尼亚	1.50	赤道几内亚	1.39	阿曼	0.53
安道尔共和国	−0.18	希腊	1.53	巴基斯坦	0.17
安提瓜和巴布达	5.64	格林纳达	1.55	巴拿马	0.88
阿拉伯联合酋长国	−0.76	格陵兰	2.32	秘鲁	0.63
阿根廷	0.36	危地马拉	1.85	菲律宾	0.94
亚美尼亚	1.75	法属圭亚那	0.37	帕劳	0.28
美属萨摩亚	1.15	关岛	1.56	巴布亚新几内亚	1.46
安提瓜和巴布达	−0.29	圭亚那	0.59	波兰	1.02
澳大利亚	0.31	中国香港特别行政区	1.12	波多黎各	0.84
奥地利	1.83	洪都拉斯	1.72	朝鲜民主主义人民共和国	1.74
阿塞拜疆	0.32	克罗地亚	1.00	葡萄牙	0.64
布隆迪	0.66	海地	0.60	巴拉圭	0.48
比利时	0.64	匈牙利	0.43	约旦河西岸和加沙	−0.19
贝宁	0.53	印度尼西亚	0.94	法属波利尼西亚	0.78
布基纳法索	0.22	马恩岛	0.68	卡塔尔	−0.15
孟加拉国	0.32	印度	0.30	留尼汪	1.72

国家	平均热岛强度	国家	平均热岛强度	国家	平均热岛强度
保加利亚	1.47	爱尔兰	0.55	罗马尼亚	0.79
巴林	4.35	伊朗伊斯兰共和国	−0.20	俄罗斯联邦	0.78
巴哈马	0.28	伊拉克	−0.99	卢旺达	1.20
波斯尼亚和黑塞哥维那	2.31	冰岛	−0.36	沙特阿拉伯	0.27
白俄罗斯	1.22	以色列	−0.54	蒙地尼格鲁	1.73
伯利兹	0.58	意大利	1.39	苏丹	0.19
百慕大	2.87	牙买加	1.09	塞内加尔	−0.05
玻利维亚	0.93	泽西岛	4.75	新加坡	1.91
巴西	1.05	约旦	0.50	斯瓦尔巴群岛和扬马延岛	2.39
巴巴多斯	3.93	日本	2.43	所罗门群岛	0.55
文莱达鲁萨兰国	0.60	哈萨克斯坦	−0.11	塞拉利昂	0.26
不丹	1.82	肯尼亚	0.11	萨尔瓦多	0.93
博茨瓦纳	0.31	吉尔吉斯斯坦	−0.23	圣马力诺	−0.37
中非共和国	1.24	柬埔寨	0.14	索马里	−1.20
加拿大	0.97	基里巴斯	0.65	圣皮埃尔和密克隆	−0.21
瑞士	2.29	圣基茨和尼维斯	0.46	圣多美和普林西比	1.55
智利	0.43	大韩民国	2.21	苏里南	0.58
中国	2.94	科威特	0.51	斯洛伐克共和国	1.82
科特迪瓦	1.06	老挝	0.67	斯洛文尼亚	2.01
喀麦隆	0.56	黎巴嫩	−0.17	瑞典	0.75
刚果（金）	0.84	利比里亚	0.75	斯威士兰	0.07
刚果（布）	0.74	利比亚	−0.32	塞舌尔	−0.16
库克群岛	0.95	圣卢西亚	1.48	阿拉伯叙利亚共和国	−0.29
哥伦比亚	1.11	列支敦士登	1.79	特克斯科斯群岛	4.34
科摩罗	1.66	斯里兰卡	0.41	乍得	0.11
佛得角	−0.78	莱索托	0.45	多哥	1.02
哥斯达黎加	1.16	立陶宛	0.57	泰国	1.01
古巴	1.34	卢森堡	0.55	塔吉克斯坦	−0.52

续上表

国家	平均热岛强度	国家	平均热岛强度	国家	平均热岛强度
开曼群岛	2.64	拉脱维亚	0.49	土库曼斯坦	−1.65
塞浦路斯	−0.23	中国澳门特别行政区	−0.75	东帝汶	0.96
捷克共和国	1.34	摩洛哥	−0.37	汤加	1.54
德国	1.24	摩纳哥	0.90	特立尼达和多巴哥	1.92
吉布提	−1.73	摩尔多瓦	0.29	突尼斯	0.04
多米尼克	0.95	马达加斯加	0.33	土耳其	1.03
丹麦	0.80	墨西哥	1.08	图瓦卢	4.10
多米尼加共和国	1.66	马绍尔群岛	0.51	坦桑尼亚	1.09
阿尔及利亚	0.08	北马其顿	2.71	乌干达	1.12
厄瓜多尔	2.32	马里	0.20	乌克兰	0.46
阿拉伯埃及共和国	0.14	马耳他	7.07	乌拉圭	0.22
厄立特里亚	0.45	缅甸	−0.30	美国	3.09
西班牙	0.65	蒙古	0.95	乌兹别克斯坦	−1.29
爱沙尼亚	0.56	北马里亚纳群岛	1.75	梵蒂冈	−1.97
埃塞俄比亚	0.14	莫桑比克	0.75	圣文森特和格林纳丁斯	1.38
芬兰	0.54	毛里塔尼亚	0.19	委内瑞拉玻利瓦尔共和国	1.11
斐济	0.98	马提尼克	−0.07	英属维尔京群岛	0.42
马尔维纳斯群岛（福克兰）	0.97	毛里求斯	1.86	美属维京群岛	1.28
法国	1.50	马拉维	0.98	越南	0.57
法罗群岛	2.60	马来西亚	1.09	瓦努阿图	1.90
密克罗尼西亚联邦	0.10	马约特	0.26	瓦利斯和富图纳	0.93
加蓬	0.82	纳米比亚	0.10	萨摩亚	2.09
英国	1.32	新喀里多尼亚	1.84	也门共和国	−0.44
格鲁吉亚	2.31	尼日尔	0.15	南非	0.28
根西岛	5.69	尼日利亚	1.06	赞比亚	1.49
加纳	0.52	尼加拉瓜	1.41	津巴布韦	0.91
直布罗陀	−4.20	荷兰	1.47	—	—

注：资料来源于NASA官网，包含了绝大多数国家和地区。

表 3-9   2013 年全球夏季耗电量

国家	2013总耗电（百亿千瓦时）	2013人均耗电量（100千瓦时）	国家	2013总耗电（百亿千瓦时）	2013人均耗电量（100千瓦时）	国家	2013总耗电（百亿千瓦时）	2013人均耗电量（100千瓦时）
阿鲁巴	0.00	0.00	几内亚	0.00	0.00	荷兰	114 839 999 919.00	6833.91
阿富汗	0.00	0.00	冈比亚	0.00	0.00	挪威	120 929 999 588.00	23 806.88
安哥拉	7 289 999 981.54	280.21	几内亚比绍共和国	0.00	0.00	尼泊尔	3 677 999 984.04	136.64
阿尔巴尼亚	7 333 999 973.16	2533.25	赤道几内亚	0.00	0.00	瑙鲁	0.00	0.00
安道尔共和国	0.00	0.00	希腊	55 143 999 955.50	5029.00	新西兰	40 376 999 980.30	9089.62
阿拉伯联合酋长国	98 642 999 591.90	10 724.50	格林纳达	0.00	0.00	阿曼	23 368 999 998.70	6207.23
阿根廷	125 231 999 660.00	2967.38	格陵兰	0.00	0.00	巴基斯坦	87 562 999 982.20	457.81
亚美尼亚	5 595 999 984.91	1931.26	危地马拉	8 708 999 990.94	558.42	巴拿马	7 741 999 992.97	2018.54
美属萨摩亚	0.00	0.00	关岛	0.00	0.00	秘鲁	38 744 999 744.60	1301.30
安提瓜和巴布达	0.00	0.00	圭亚那	0.00	0.00	菲律宾	67 524 999 951.40	682.96
澳大利亚	236 389 999 969.00	10 220.89	中国香港特别行政区	42 650 999 985.00	5941.16	帕劳	0.00	0.00
奥地利	72 159 999 997.20	8509.61	洪都拉斯	5 658 999 997.48	643.18	巴布亚新几内亚	0.00	0.00
阿塞拜疆	19 704 999 994.10	2092.54	克罗地亚	15 976 999 967.10	3754.27	波兰	149 811 999 706.00	3938.26
布隆迪	0.00	0.00	海地	455 999 999.19	43.84	波多黎各	0.00	0.00
比利时	89 159 999 970.60	7989.67	匈牙利	38 504 999 987.40	3892.11	朝鲜民主主义人民共和国	15 432 999 989.30	619.07
贝宁	967 999 999.73	96.76	印度尼西亚	194 894 999 762.00	773.99	葡萄牙	48 992 999 925.60	4685.05
布基纳法索	0.00	0.00	马恩岛	0.00	0.00	巴拉圭	9 523 999 945.37	1462.92

续上表

国家	2013总耗电（百亿千瓦时）	2013人均耗电量（100千瓦时）	国家	2013总耗电（百亿千瓦时）	2013人均耗电量（100千瓦时）	国家	2013总耗电（百亿千瓦时）	2013人均耗电量（100千瓦时）
孟加拉国	46 128 99 9 994.10	301.96	印度	97 882 09 9 231.90	764.20	约旦河西岸和加沙	0.00	0.00
保加利亚	33 707 99 9 981.00	4639.71	爱尔兰	26 349 99 9 958.90	5698.76	法属波利尼西亚	0.00	0.00
巴林	24 581 99 9 897.60	18 693.12	伊朗伊斯兰共和国	216 505 9 99 733.00	2830.81	卡塔尔	32 508 99 9 869.60	13 913.11
巴哈马	0.00	0.00	伊拉克	47 338 99 9 673.00	1427.72	罗马尼亚	49 849 99 9 835.50	2494.53
波斯尼亚和黑塞哥维那	12 307 99 9 998.90	3474.28	冰岛	17 741 99 9 997.60	54 799.17	俄罗斯联邦	938 421 9 99 689.00	6539.21
白俄罗斯	34 534 99 9 995.40	3648.32	以色列	54 079 99 9 933.40	6710.09	卢旺达	0.00	0.00
伯利兹	0.00	0.00	意大利	310 757 9 99 697.00	5159.18	沙特阿拉伯	263 999 9 99 959.00	8784.62
百慕大	0.00	0.00	牙买加	2 895 999 972.71	1013.04	苏丹	5 881 881 439.44	158.66
玻利维亚	7 336 999 996.53	695.95	约旦	15 796 99 9 948.60	1854.02	塞内加尔	2 967 999 988.13	215.35
巴西	516 426 9 98 393.00	2568.83	日本	1 018 104 9 99 940.00	7988.58	新加坡	46 867 99 9 995.90	8680.61
巴巴多斯	0.00	0.00	哈萨克斯坦	91 062 99 9 993.70	5345.47	所罗门群岛	0.00	0.00
文莱达鲁萨兰国	3 992 999 996.75	9873.37	肯尼亚	7 327 999 984.71	160.98	塞拉利昂	0.00	0.00
不丹	0.00	0.00	吉尔吉斯斯坦	10 792 99 9 992.40	1887.02	萨尔瓦多	6 008 999 998.01	958.97
博茨瓦纳	4 385 999 984.92	2126.51	柬埔寨	3 328 999 992.64	221.54	圣马力诺	0.00	0.00
中非共和国	0.00	0.00	基里巴斯	0.00	0.00	索马里	0.00	0.00
加拿大	552 584 9 98 825.00	15 750.81	圣基茨和尼维斯	0.00	0.00	圣多美和普林西比	0.00	0.00
瑞士	63 153 99 9 956.40	7807.06	大韩民国	523 684 9 96 726.00	10 384.62	苏里南	1 986 999 996.90	3630.61
智利	68 174 99 9 976.20	3879.86	科威特	53 583 99 9 943.20	15 195.19	斯洛伐克共和国	28 162 99 9 956.30	5202.47

续上表

国家	2013总耗电（百亿千瓦时）	2013人均耗电量（100千瓦时）	国家	2013总耗电（百亿千瓦时）	2013人均耗电量（100千瓦时）	国家	2013总耗电（百亿千瓦时）	2013人均耗电量（100千瓦时）
中国	512 194 499 470.00	3773.41	老挝	0.00	0.00	斯洛文尼亚	13 964 999 986.60	6779.28
科特迪瓦	5 149 999 994.16	233.16	黎巴嫩	16 357 999 991.30	2765.69	瑞典	133 160 999 918.00	13 870.39
喀麦隆	5 567 999 996.78	252.20	利比里亚	0.00	0.00	斯威士兰	0.00	0.00
刚果（金）	8 350 999 944.60	117.03	利比亚	14 666 999 940.40	2320.60	塞舌尔	0.00	0.00
刚果（布）	984 999 996.06	213.08	圣卢西亚	0.00	0.00	阿拉伯叙利亚共和国	20 926 999 831.00	1068.56
哥伦比亚	60 939 999 780.10	1310.61	列支敦士登	0.00	0.00	特克斯科斯群岛	0.00	0.00
科摩罗	0.00	0.00	斯里兰卡	10 821 999 988.60	525.72	乍得	0.00	0.00
佛得角	0.00	0.00	莱索托	0.00	0.00	多哥	1 003 999 999.29	144.36
哥斯达黎加	9 198 999 974.49	1939.86	立陶宛	10 835 999 978.30	3663.67	泰国	171 366 999 916.00	2514.76
古巴	16 196 999 973.20	1435.56	卢森堡	7 711 999 981.82	14 193.17	塔吉克斯坦	13 642 999 964.30	1692.73
开曼群岛	0.00	0.00	拉脱维亚	6 988 999 990.83	3472.54	土库曼斯坦	13 634 999 957.50	2540.82
塞浦路斯	4 103 999 999.36	3587.83	中国澳门特别行政区	0.00	0.00	东帝汶	0.00	0.00
捷克共和国	66 079 999 934.30	6284.79	摩洛哥	29 717 999 983.40	881.43	汤加	0.00	0.00
德国	582 061 999 262.00	7217.53	摩纳哥	0.00	0.00	特立尼达和多巴哥	9 270 999 988.12	6848.64
吉布提	0.00	0.00	摩尔多瓦	4 813 999 972.13	1352.79	突尼斯	15 617 999 907.30	1425.92
多米尼克	0.00	0.00	马达加斯加	0.00	0.00	土耳其	209 221 999 390.00	2755.51
丹麦	33 910 999 998.60	6039.43	马尔代夫	0.00	0.00	图瓦卢	0.00	0.00

续上表

国家	2013总耗电（百亿千瓦时）	2013人均耗电量（100千瓦时）	国家	2013总耗电（百亿千瓦时）	2013人均耗电量（100千瓦时）	国家	2013总耗电（百亿千瓦时）	2013人均耗电量（100千瓦时）
多米尼加共和国	15 591 999 9 900.10	1551.72	墨西哥	254 775 9 99 295.00	2144.09	坦桑尼亚	4 859 999 984.99	100.24
阿尔及利亚	48 777 99 9 884.40	1278.92	马绍尔群岛	0.00	0.00	乌干达	0.00	0.00
厄瓜多尔	20 880 99 9 945.10	1329.37	北马其顿	7 370 999 982.49	3550.46	乌克兰	163 772 9 99 863.00	3600.23
阿拉伯埃及共和国	148 953 9 99 894.00	1684.91	马里	0.00	0.00	乌拉圭	10 172 99 9 984.50	3001.38
厄立特里亚	0.00	—	马耳他	2 093 999 997.93	4915.87	美国	4 110 050 9 96 940.00	13 004.11
西班牙	252 186 9 99 628.00	5409.41	缅甸	9 611 999 961.67	185.37	乌兹别克斯坦	49 513 99 9 795.10	1637.19
爱沙尼亚	8 783 999 988.10	6664.66	蒙古	5 457 999 986.67	1893.96	圣文森特和格林纳丁斯	0.00	0.00
埃塞俄比亚	6 109 999 994.65	64.06	北马里亚纳群岛	0.00	0.00	委内瑞拉玻利瓦尔共和国	98 247 99 9 968.30	3298.73
芬兰	84 362 99 9 981.10	15 510.84	莫桑比克	11 528 99 9 991.20	451.04	英属维京群岛	0.00	0.00
斐济	0.00	0.00	毛里塔尼亚	0.00	0.00	美属维京群岛	0.00	0.00
法国	486 267 9 99 661.00	7367.84	毛里求斯	2 703 999 998.23	2148.33	越南	115 877 9 99 884.00	1276.84
法罗群岛	0.00	0.00	马拉维	0.00	0.00	瓦努阿图	0.00	0.00
密克罗尼西亚联邦	0.00	0.00	马来西亚	133 209 9 99 819.00	4520.36	萨摩亚	0.00	0.00
加蓬	1961999 983.33	1079.76	纳米比亚	3 779 999 984.94	1692.40	也门共和国	6 310 999 976.42	250.96
英国	346 909 9 99 585.00	5409.63	新喀里多尼亚	0.00	0.00	南非	230 083 9 99 985.00	4285.48
格鲁吉亚	9 287 999 972.30	2498.34	尼日尔	892 999 9 98.87	48.26	赞比亚	11 150 99 9 989.10	747.06
加纳	10 002 99 9 993.80	375.94	尼日利亚	24 515 99 9 900.30	142.73	津巴布韦	8 393 999 995.33	628.75
直布罗陀	182 999 9 99.91	5431.56	尼加拉瓜	3 555 999 996.12	586.56	—	—	—

注：资料来源于 NASA 官网、世界银行官网，包含了绝大多数国家和地区。

图 3-17   2013 年平均热岛强度前九名国家的人均耗电、碳排放情况

（资料来源：Center for International Earth Science Information Network；Worldbank）

3.1.4.2   热岛强度高的城市主要分布在沿海耗电量高的省份

我国城市形成高热岛强度的主要原因包括两方面：一是源头释放量大。从 2013 年全国夏季白天平均热岛强度（表 3-10）与耗电总量（表 3-11）分布可以看出，东部沿海地区年总耗电量较高的省份相应地夏季白天平均热岛强度更高，如浙江、广东等省。二是下垫面硬质化使热岛强度加剧。国内的大城市群主要分布于东部沿海地区，包括珠三角、长三角、环渤海等城市群，这些地区具有城市发展较快、城市化程度高、不透水面面积较大且连绵成片的特点，城市下垫面的硬质化严重，使城市的升温速度加快，进一步加剧城市热岛效应。

表 3-10   2013 年全国夏季白天平均热岛强度（℃）

省/自治区/直辖市	平均热岛强度	省/自治区/直辖市	平均热岛强度
安徽省	0.4599	内蒙古自治区	0.2976
北京市	1.3541	宁夏回族自治区	0.1660
福建省	1.6981	青海省	0.9653
甘肃省	0.3779	澳门特别行政区	0.0000
广东省	1.3372	山东省	0.3820
广西壮族自治区	0.7490	山西省	0.9601

续上表

省/自治区/直辖市	平均热岛强度	省/自治区/直辖市	平均热岛强度
贵州省	0.7876	陕西省	0.8863
海南省	0.8482	上海市	5.0194
河北省	0.5138	四川省	0.6898
河南省	0.5641	台湾省	4.2723
黑龙江省	0.7379	天津市	1.0883
湖北省	1.0141	西藏自治区	1.8138
湖南省	0.6953	香港特别行政区	1.5528
吉林省	0.9966	新疆维吾尔自治区	0.2331
江苏省	0.5861	云南省	1.2283
江西省	1.0386	浙江省	2.0235
辽宁省	0.8431	重庆市	0.3381

资料来源：Center for International Earth Science Information Network、国家统计局。

表 3-11　2013 年全国夏季白天耗电总量

名称	2013年电力消耗量（亿千瓦时）	2013年人均电量（千瓦时）
浙江省	3453.05	6280.56
云南省	1459.81	3114.59
新疆维吾尔自治区	1539.75	6801.02
香港特别行政区	0	0
西藏自治区	30.65	982.37
台湾省	0	0
四川省	1948.95	2404.03
陕西省	1152.22	3061.16
山西省	1832.35	5047.80
山东省	4083.12	4195.13
青海省	676.29	11 700.52
宁夏回族自治区	811.18	12403.36

续上表

名称	2013年电力消耗量（亿千瓦时）	2013年人均电量（千瓦时）
内蒙古自治区	2181.90	8734.59
辽宁省	2008.46	4575.08
江西省	947.11	2094.45
吉林省	653.85	2376.77
湖南省	1423.09	2126.87
湖北省	1629.75	2810.40
黑龙江省	845.20	2203.91
河南省	2899.18	3079.97
北京市	913.11	4317.30
天津市	774.49	5261.48
河北省	3251.19	4433.64
海南省	232.02	2592.40
贵州省	1126.27	3216.08
广西壮族自治区	1237.74	2622.89
广东省	4830.13	4537.89
甘肃省	1073.25	4156.66
福建省	1700.73	4506.44
澳门特别行政区	232.02	0
安徽省	1528.07	2534.11
上海市	1410.60	5840.99
重庆市	813.26	2738.25
江苏省	4956.62	6243.38

资料来源：Center for International Earth Science Information Network、国家统计局。

3.1.5 滨水空间占用、功能退化等导致涉水空间品质下降

自 19 世纪中叶起，城市滨水区规划与建设经历了"简单利用—过度填埋开发—衰败—环境整治—空间整理—综合再开发"的阶段，目前存在着功能退化、景观混乱、文化失落等问题，导致我国城市涉水空间品质下降。因此，本节通过

梳理城市滨水区规划与建设的历史进程，总结滨水区开发存在的误区及不利倾向，与国内近年来大中城市滨水区规划与开发的典型思路进行比较，归纳我国现有的滨水空间景观规划与建设趋势。

3.1.5.1 城市滨水区规划与建设的现状问题概述

（1）防洪、航运等功能退化

随着城市的开发建设向滨水区拓展，滨水区的硬质化倾向严重，雨洪调蓄能力减退。只靠防洪设计标准的提高来缓解城市防洪减灾压力，将会使建设投资的负担过重，同时工程本身的风险也会增加，遭遇超标准洪水时的灾害损失也越大。此外，经过裁弯取直后河道的糙率和渗透性减小，使汇流速度加快，地表水与地下水的交换减少，下游的防洪压力加重，造成"水涨堤高、堤高水涨"的态势，对流域内自然生态环境的负面影响增大。另一方面，对城市水域的过度开发和污染排放的叠加影响，也将导致河道堵塞、水量锐减、水域航运等功能的退化。

（2）空间景观混乱

城市发展的不均衡和滨水区的开发差异使我国目前城市滨水区的空间景观混杂，既有穿越现代城市中心区的水域和功能高度复合的滨水区，也有尚未进入城市开发视野的荒置地段，还有被工业仓储等占据的城市生活岸线等，这些岸线或繁华，或荒芜，或现代，或传统，造成空间景观混乱。

（3）水文化的失落

水文化是城市文化中最具浪漫气质、最具人文精神的文化组成，水与漂泊、水与归家、水与失意、水与心境的文化联想，使水体获得了一种独特的精神价值。城市滨水区是城市水文化的物质承载，在旧时是集中体现城市历史文化积蕴和物质文明的特色之所。然而，随着水运功能的衰退，滨水区逐渐衰落，观水、近水、亲水、傍水而居的城市生活越来越少，关注水的社会文化意识也离城市的精神生活越来越远，城市滨水区也因为文化内涵的消失而渐渐失去了魅力。

3.1.5.2 城市滨水区规划与建设的历史进程梳理

我国现代城市建设历程中，城市滨水区的建设大致经历了六个阶段（表3-12）。从表中可以发现，滨水区开发存在以下误区及不利倾向：①过度依赖房地产项目的拉动，导致城市滨水区景观快速改变。本应为城市共有共享的滨水道路，被楼盘分割，城市的滨水空间刚刚摆脱了各单位的占据，又被各楼盘占为私有滨水空间。由于缺少公共开放空间，城市水岸并没有为广大城市市民的使用提供支持，反而离城市生活更远了。另一方面，城市滨水区鳞次栉比的高层住宅，对塑造城市的滨水轮廓线缺乏帮助，也会增加市内河道的风压，破坏滨水小气候环境。②多以欧美国家建设模式为蓝本，缺少自身的特色和创新。值得注意的是，国内与国外滨水区的衰败程度不同，中国现在正在进行再开发的滨水区，很多还没有达到严重衰退的程度，在某些滨水地带还存在正在迅速发展的工业产业等，再开发的动因并非来自产业转型，主要在于通过改善滨水空间的物质空间环境，营造城市新形象，推进产业和经济的发展。

表 3-12　城市滨水区规划与建设历程梳理

阶段	特征	典例
20世纪60年代前的简单利用	城市水域和滨水区因其便捷的水上交通、便利的生活条件而成为城市的交通节点、生活中心，形态与环境都尚处于自然状态	19世纪中叶以来，上海的黄浦江、苏州河，广州的珠江都得益于便利的水运，沿岸金融贸易业、港口运输业、工业、居住等功能兴盛
20世纪60年代至80年代的过度开发	城市滨水区开始转变为城市建设用地，工业生产、仓储货运大量占据城市生活岸线，高消耗、低产出，依赖滨水区资源过度开发，生态环境、景观、文化开始受到破坏	20世纪70年代前，浙江宁波、温州、台州等地中心城区河网密布，之后随着城市的发展建设，城市滨水区被中小工业厂房和仓储占据，河水污染严重，填占河道现象普遍
20世纪80年代起的衰败	城市产业结构转型及水运由盛转衰，大量重工业退出滨水区，港口工业与仓储业外移荒置，岸线功能价值减弱	重庆长江、嘉陵江畔等地空间结构产生变迁，滨水区人口减少、建筑老化，逐步衰退
20世纪80年代中期至90年代初的环境整治	环境保护运动迭起，引发滨水区整治挽救的建设行动，重点关注滨水区的生态环境保育等	哈尔滨松花江江滨重建、昆明盘龙江江滨改造、太原汾河治理、合肥结合古城墙遗址建设环城滨河公园、南京市的"十里秦淮"风光带城市滨水区整治项目、成都府南河综合整治
20世纪90年代中期开始的空间整理	城市滨水区在整治环境、改造破败面貌的基础上，开始公共活动空间和景观环境的建设	成都以展示水体净化的过程和意义的府河活水公园；北京综合性河湖水系治理："水清、岸绿、流畅、通航"再现古都风貌；上海苏州河整治与更新：搬迁棚户区，改善基础设施，保护历史文化建筑

阶段	特征	典例
21世纪初开始的综合再开发	滨水区的建设活动开始结合城市整体空间结构向宏观的规划、开发层面扩展，从内部功能重组与外向扩张开展滨水区的综合再开发	上海黄浦江两岸综合再开发、北外滩开发建设、黄浦江世博园段，桂林市两江（漓江、桃花江）四湖（桂湖、榕湖、杉湖、木龙湖）整治工程，成都沙河流域全程综合治理和中心城区水环境综合整治，天津市海河两岸综合开发，苏州工业园区金鸡湖景观工程、西湖南线整合工程等形成"十里环湖景观带"

资料来源：《中国城市发展报告（案例篇）——中国大中城市滨水区规划与建设》，2007。

3.2 我国"城水关系"发展的总体规律

3.2.1 我国城水发展的阶段性特征

本节以我国春秋战国、秦汉、三国至隋唐五代、宋元明清和民国至今五个时期中的典型城市为例，以城市为主线，分析不同城市的城水发展在时间维度上的变化，并总结不同阶段"城水关系"的总体规律。

3.2.1.1 春秋战国时期

本小节选取几座较为典型的城市，对春秋战国时期的城水发展阶段性特征进行讨论。

经考古发现，偃师商城南邻洛河、东南有古湖泊"鸿池"、东北和城西各有一条古河道，因其周边水源充沛，满足城市用水所需，且有水系自西向东、自北向南流经其中，为城市的发展与扩张打下基础。商城城市形态分为小城和大城格局两个阶段。在小城格局阶段，自然地势和天然水系的位置影响着城市布局，从而使城市在功能分区和用水系统等方面都表现出差异，但水系间相互分离，并没有形成串联的网络。在大城格局阶段，城市扩张方向受水系的限制，作为边界的城墙顺湖而建，因而改变了城市形态，且用人工水系与天然水系相连形成了完整的框架，但城市功能分区未有明显的变化。

齐国临淄因临近淄水而得名，由大城、小城两部分组成，且各有独立的排水系统。此时已开始重视城市水系的构建，大小城内存有三条排水道，城东侧为淄河、西侧为系水、南北两侧为人工挖筑的环城壕，与城内完善的排水系统相互连接、相互沟通，形成了健全的排水网络，使得城市能够承载更大规模、更多人口带来的压力，同时为城市的扩张留有余地。

鲁曲阜城为内城外郭的都城格局，水体的组成要素与齐国临淄相似，由城壕、水道、宫囿泮池和宫殿区的排水管道组成，其中西、北两侧直接以洙水为城壕，而东侧则是城壕与洙水相连。在城东北角的"洙水源"为城壕水的源头，而泉水一分为二向西、南两个方位流去。由于城址四面均为城壕，所以城垣基本与之平行，水系的形态决定了城市的形态。同时，城市功能布局受自然地势和水系分布的影响，形成了各自不同的分区，包含等级分明的宫殿区、居住区、作坊区和平民区。因此，鲁城的格局不仅是基于生产生活的需求而形成的，也体现出当时的统治者对礼制和等级的追求，而水系环境在其中起到了至关重要的作用——决定城市生产生活功能区的选择和位置，继而明确人口的分布形态，确保城市各功能区的可达性。

燕下都东镶河北平原、西倚太行山脉、南接中易水、北邻北易水，由一条贯穿南北的古河道分为东、西二城，而城市功能分区则以墙垣、隔墙、水道作为主要边界。东城周匝建墙为城，城垣外有人工濠渠为御敌屏障；西城在"运粮河"的西侧，在南、北、西均有城垣，因此根据考古遗迹推测西城的作用是增加东城的防御性。在东西二城中，自然水系与人工水系共同组成了循环体，保证城市的基本运转，起到保障生产和生活的用途。与此同时，水系在其中还有以下作用：一是功能分区的主要依据，越重要的区域水道则越为密集，体现出了不同等级间的差异，城市功能以水定之；二是除了日常功用，更是基于军事考量而特意将城壕与水道进行恰当分区；三是解决城市用水、排水、防灾等使用问题。

楚纪南城周围水系发达、水路交通便捷，东接江汉平原、西靠鄂西山地、南为长江、北通中原，城东外属湖泊地带，总体位于水源充沛的长江流域，因此城市的用水观念与黄河流域有着较大的差异。城内的河道形成完整的排水体系，在起到给排水作用的同时也守护着城市，且纪南城的城市规划、建设与水利设施已达相当高的水准。类似于燕下都，纪南城以水为界区分不同内容的功能分区，越为重要的区域水道形成的区域面积越小，城市功能依用水量布局。而纪南城不同于其他都城的地方体现在：水道除了保障城市给排水，更兼具了交通功能，从而设置了水门、码头，形成军事和经济运转的重要通道；为满足不同纯净度水的要求，在内城河道两侧密集开凿深度不一的水井；为防盗贼盗墓，城外的墓葬盛行渗水充满墓穴，后世称为"水墓"。

总结春秋战国时期的城市特征与"城水关系"，我们可以发现"水"是城市从产生到消亡的过程中不可缺少的要素，水系与城市的变化往往具有同期性。其中，城市格局脱胎于城市生产生活的需求，自然水系和地理环境决定了城市的产业布局和功能分区，而人工水系则改造了城内外的水系环境，使其更适应城市格局。水对城市格局的影响可以归纳为：

①以水为界划功能分区。水道同道路一般，将城市划为几部分或成为功能区的分界线。

②水系分布影响着城市不同阶级人群生活居住的功能分区。宫殿区地势高，水道绕行；作坊临近水道池沼水井；平民区地势较低。

③水系功能完善。水系统既提供生产生活用水，满足城市运转的基本需求，又起到军事防御、防火和景观作用；此外，城内外水渠巨大的储水量使之与自然水系丰枯相济，从而稳定了城市的发展。

3.2.1.2 秦汉时期

本小节选取几座较为典型的城市对秦汉时期城水发展阶段性特征进行讨论。

秦咸阳位于渭河中下游分界处，渭河东西部均有大河或河川阻断，通行不顺，因而咸阳选址于渭河河道较为平缓顺畅的部分，即连通关中东西两侧的重要水陆交通枢纽。咸阳随着城市范围的扩大，城市用地、用水逐渐紧张，又因其城址周围除泾渭二河之外并无其他河流，城市用地扩张受到河流环绕的限制，咸阳城便向渭水以南的方向扩张。水系作用方面，渭河早在春秋时期就是秦国运送物资的重要航道，故而在秦代的渭水依旧起航运作用。与此同时，沣河接入渭河的路线发生了改变，泾河水也不再清澈，故而当时引入泾水不仅用作灌溉，还利用泾河水中携带的泥沙来改善渭北平原农业生产地区的盐碱地。

汉长安北邻泾河、渭河，东依灞河、浐河，南靠潏水、涝河，西近沣河、滈河，位于潏水、浐水、灞水之间最为开阔的地段，可谓"荡荡乎八川分流，相背异态"，除此之外汉长安周围具有大量陂池湖泊，这些水系都为汉长安城提供了良好的用水条件。长安的城市建设受到周围水系的影响和约束，其北面与西面的城墙因顺应渭河和潏水的走势而略有变化。在这一历史阶段中，城市水系首先提供了城市数十万人口的生产生活用水需求；而漕渠作为当时的交通运输渠道，还促进了漕运行业的飞速发展；城壕和城池则是作为军事防御和军事操练基地，并起到了城市防火防灾的作用；自然水系中的各类湖泊池塘都有调蓄洪水的功能，还与人工水系共同起到园林绿化、水上娱乐和改善城市生态的作用。

总结秦汉时期的城市特征与 "城水关系" 可知，城市选址于地势较高且开阔的土地，临近河道湖泊，满足城市所需水资源的同时，帮助城市利用自然水体打造完善的城市水系。这一阶段的水系对城市发展起到以下作用：

①满足基本的生产生活和交通需求。水系既作为航运的重要渠道，又为农业生产提供灌溉水源，为水产养殖提供场地，更能够保障城中人口的用水需求。

②改善土壤环境。河水中携带的泥沙对于低劣土地有着调节与改善作用。

③起到防御防火作用。城壕的建设对军事防御起到了重要的作用，而水体对火源的切割作用毋庸置疑。

④起到园林绿化和生态娱乐作用。城市水系为造园绿化和水上娱乐活动提供了良好的基础，使得城外苑囿林木茂盛、繁花竞开，城内也是嘉木树庭、芳草如积。

3.2.1.3　三国至隋唐五代时期

本小节选取几座较为典型的城市对三国至隋唐五代的城水发展阶段性特征进行讨论。

汉魏洛阳城是在周代成周城基础上扩建起来的，是东汉、曹魏、西晋、北魏四朝的都城，其选址位于洛水北边，但与洛水又保持一段距离。城市水系中，千金渠由城西北角汇入护城河，又绕城四面在城东进入阳渠，护城河分为三条水道分别从北、西和南穿越城市，城外备有湖池以供泄洪。水系在其中起到了溉田灌圃、水产养殖、造园绿化、水上娱乐、改善城市环境等多种功用。

隋唐长安吸取了秦汉时期城市土地盐碱化的经验，选址于龙首原高地，东接浐、灞二水，西依平原，南对终南山，北邻渭河，城东西各有两条支流流经城内。由于是平地新建的都城，选址时就已考虑到城市水系的水质问题，城市水系主要提供给居民饮用，同时城内外修建的渠道承担了运输功能。

总结三国至隋唐五代时期的城市特征与 "城水关系"，发现在这一时期城市水系建设有以下特点：

①水体调蓄能力下降，水灾频发。城水关系劣于先前的齐临淄、楚纪南和汉长安，并未建设完善的城市排水防洪系统，造成水体调蓄能力下降，从而导致城市更易受水患灾害的攻击。

②园林绿化功能突出。水系作用与上文中的古城相似，但在园林绿化方面显得更为突出。

3.2.1.4 宋元明清时期

本小节选取几座较为典型的城市对宋元明清时期的城水发展阶段性特征进行讨论。

北宋东京在隋唐时代位于大运河和黄河的相交之处，漕运在此转运使得其发展成为工商业交通的地点，而唐中叶后开封为保卫漕运成为军事重镇。后周世宗柴荣对开封进行了改造，形成具有皇城—里城—外城的三套方城，而三重城墙外都有宽阔的城壕，既为护城河，又起到了园林绿化和军事防御的作用。东京城城内与四周为汴河、蔡河、五丈河与金水河，正所谓"四水贯都"。城市水系可分别作为运输粮食的主要交通路线、水清质优的城市水源、防洪排涝的关键因素、影响城市发展与商旅繁荣的活力源泉和用于园林绿化的市政用水。

元大都城选址于永定河冲积扇脊骨的最佳位置，同时考虑到城市供水和运输的需求，由莲花池水系转移到高梁河水系，加上与昌平白浮泉水、西山泉水和瓮山泊的连接，元大都拥有了充沛的水源。元大都的水系既满足日常饮用的需求，又能够通航行船，利于商旅发展，并且与绿化结合，丰富了城市景观，最后组成了完善的排水系统保证城市运转。

明清北京改建自元大都，故而沿袭了元大都的城市水系，在明代将内外护城河相连，建设了大量的河网水系和排水明沟，对防洪防灾起到了巨大的作用，而在清代则进行了一系列的园林建设，维护了大量的河湖湿地。因此，明清北京城内的城市水系有着非常丰富的构成，有洼地、池塘、湖泊、水渠、护城河和自然水系，这一完整的水网结构不仅满足了漕运的需求，更为生活娱乐提供了充足的水源，同时在雨洪调蓄、防洪排涝上起到了巨大的作用。此时的皇家贵族也利用这些水系优势建造了大量的园林水景，清代皇家园林群更是水系治理和人居环境建设的重要典范。

总结元明清时期的城市特征与"城水关系"，发现这一阶段的水系发展呈以下特征：

①开发全面，功能丰富。这一时期人们对水系的开发利用已经非常全面，水系同时承担了生活供水、交通运输、景观绿化、防洪排涝、雨洪调蓄等功能。

②与近现代水系的功能差异较小。这一时期城市水系的功能已与近代差别较小。

3.2.1.5 民国至今

本小节选取几座较为典型的城市对民国至今的城水发展阶段性特征进行讨论。

近代广州出于建设防洪堤的需要,将珠江岸线南移且对珠江进行了裁弯取直,1923 年将广州海关到东壕口凹入的岸线拉平,1929 年市政府提出"沿河堤岸,亟应建筑,以便交通"。与此同时,随着人口密度增加以及城市用地紧张,部分渠道淤堵、被占用,加上陆运交通网络逐渐完善,取代了以往河涌水系的水运交通,河涌的航运功能减弱甚至消失。面对这一情况,国民政府对淤塞的渠道进行了多次清浚和整理,将其改造为马路渠。中华人民共和国成立时,百废待兴,作为市政基础设施的河渠也被加入了改造之列,整治臭水涌、开辟人工湖公园、兴建截污工程等一系列改造工程如火如荼地展开。1997 年,以"大坦沙污水处理系统二期"和"猎德污水处理系统一期"为序幕,广州开始了大规模、长周期的污水治理工程。

银川在改革开放后快速发展,早期的城市扩张为节约成本未涉及河湖水系,因此河湖水系得以完整保留。但随着城市化进程的加快,城市开始占用水系湿地进行建设,到了 20 世纪末期银川湖泊面积大量减少,又因为排水系统的完整建设,许多浅水湖泊也被疏干,到了 2007 年,银川市内的湖泊几乎消失,原先的城市空间格局被完全改变。为恢复湖城景象和构建生态城市,银川在其 2001—2020 年的总体规划中规划湿地水系恢复和湖泊连通工程,试图复原先前的自然河流湿地生态系统,构建新的网络化城市水系。

西安在中华人民共和国成立后大力兴建水利事业,重点应对河流的防洪抗寒和水源建设,兴建水利、引水灌溉。20 世纪 90 年代,由于西安城市发展速度过快,城市水问题日益凸显,西安开始转向资源型、生态型水利建设。到了 21 世纪,西安进行了一系列的蓄水调水工程、河道综合整治工程、水系环境改善工程等,重视生态环境的保护与修复,以改善生态环境,从源头保障城市水系改善建设。

总结民国至今的城水发展特征,发现这一阶段的水系发展呈以下几个特征:

①航运功能逐渐减弱。由于发展用地紧张,城市水系逐渐被淤堵和占用,河道的航运交通也逐渐被完善的陆运交通所取代。

②更加注重生态保护和修复。城市水系建设逐渐转向清淤工程和污染治理,更加重视生态环境的保护和修复。

3.2.1.6 近年来大中城市滨水区规划与开发的典型思路

本小节选取典型案例,总结近年来我国大中城市滨水区规划和开发的思路如下:

（1）修复生态环境的滨水区再开发

以修复生态环境为出发点的滨水区建设，遵循生态城市思想、景观生态理论的指导统筹岸域陆域，结合自然和艺术，探索滨水区再开发的生态途径。

以广州市为例，自2007年2月起，广州全面实施《生态广州——面向2010年的"青山绿水、蓝天碧水"建设行动计划》，进行河涌整治，完成北部水库、人工湖建设，在全面截污治污的基础上，配合生物修复和生态复育，提出"水清、岸绿、自然、生态、水活"的目标。

（2）塑造城市景观形象的滨水区再开发

以景观环境建设为出发点的滨水区建设思路，不仅是表现滨水区自身的景观特征，还关心如何以滨水区的景观建设为契机，整合与带动城市整体景观形象的塑造。

以上海市为例，自2006年10月起，上海开始在黄浦江两岸增加建设生态、文化、景观、休闲、娱乐、旅游等综合功能空间。两岸的江堤按照集水安全、水生态、水景观、水文化等功能建设为一体的城市防汛体系目标，全力打造多功能的、具有都市繁华特征的滨江景观带。目前，上海市区黄浦江两岸景观特色堤防连成片，黄浦江及苏州河景观走廊已见雏形，滨水空间序列和绿化步行带的组织强调自然特征和亲水特点，从而塑造东方水都的城市新形象。

（3）复兴城市水文化的滨水区综合再开发

城市滨水区记录了一个城市在水滨生长变化的过程，滨水区的场所意义也就在于它与城市发展紧密相关的记忆。随着滨水区再开发的深入，拯救渐远渐淡的城市水文化成为滨水区再开发的新热点。

以无锡市为例，自2006年9月起，无锡启动古运河整治工程，通过功能重组、空间塑造，再次实现"两岸人家尽枕河"的因水而荣的水乡风貌。在中心商务区，以古运河串联山水风景与城市风貌，分别形成特色鲜明的米市船码头段、都市风光段、文化长廊段、运河人家段，等等。

3.2.1.7　小结

总结我国各时期城水发展的阶段性特征，可以发现城市水系对于城市形态的生成、发展和演变有着巨大的影响。

（1）水系把握城市发展命脉

人类生存与水息息相关，城市水系提供城市发展所必需的生存水源和生产土地，把握着城市发展命脉，因而我国的历代古都，例如西安、洛阳、开封、杭州、南京等，多临水而建，这是古代城市选址最重要的原则之一。在城市形态演变方面，受到当时城市建设技术的束缚，城市形态或城市边界往往与水有着密不可分的关系——水系即为城市扩张的边界；大部分城市在建成之初尚不会形成地域中心，虽有沿河发展的趋势但轴向发展不强，一般城市仍是以聚合度高、紧凑度强和布局形态规整为其主要特征。在城市功能方面，水系往往决定着城市功能分区，并且是各功能区的界线。

（2）水系成为城市演化动力

随着时间的推移，水系作为交通手段成为城市演化的主要动力，是城市各组成部分交互和联系的媒介。城市的手工业、商贸等区域往往顺应主要水系的走向而延伸发展。随着城市用地迅速扩张，地域分化逐渐明显，城市水体作为发展轴决定着城市的整体形态，在城市发展中起到的作用也逐渐复杂。水系也开始承担越来越多的航运功能，在市政方面的作用也越来越重要。

（3）逐渐注重城市与水系协调发展

到了当代，由于城市空间和经济的快速发展，水体往往成为城市进步的牺牲品，水量、水质日益下降，城市病逐渐凸显。直到此时，人们才逐渐意识到城水共同发展、协调发展的重要性和必要性，也开始在规划中提升水系保护的优先级别。

3.2.2　我国"城进水退"的发展进程

本节以"城依水生""城扩水固""城进水退"三大发展阶段的典型水系为例，以水系为主线，叙述不同发展阶段中水系与城市在空间维度上的变化，并总结不同空间关系中"城水关系"的总体规律。

3.2.2.1　"城依水生"的发展阶段

（1）渭河水系

西安地区位处渭河盆地中部，此地四面环山、河网密集，故而形成众多肥沃的土地，成为人类早期开辟城址的绝佳选择。早期渭河水系周边的聚落分布于河流两岸的平缓阶地上，呈圆形、方形或近似二者的规整形态，且水系影响着城市的功能分布，河流对城市的结构形态具有明显的导向性。

（2）长江、汉江水系

长江与汉江共同孕育了富饶的江汉平原，据考古资料可知，在洪荒时代由于生产力低下，人们往往自由迁徙、居留不定；到了夏商周时期，由于江河交汇、湖泊密布、地势开阔、土地肥沃等优势，此处诞生了商朝最早也最大的军事据点——盘龙城；而后，武昌、汉阳、汉口三镇逐渐形成，并由于两江的隔离形成了"三镇鼎立"的格局。此时两江水系周边的城市聚落尚处于静态发展的阶段，城市活动和城市扩张较为缓慢。

（3）黄河水系

银川发源于黄河冲积形成的宁夏平原，水资源丰富，土地肥沃，由于人类早期生产力水平有限，银川一带的城镇均依靠黄河兴建及发展。到了明清，为解决灌溉和排水问题，人们对黄河进行了部分开凿，开挖灌溉渠，引黄灌溉，带动了许多城镇的形成和发展。

（4）海河水系

今天的海河流域曾属黄河下游地区，黄河的不断改道带来入海口的变化，而这为海河水系的形成创造了客观条件。早期由于大面积水的存在，人口在周边开始聚集，并以捕鱼和煮盐为生，形成了最早的聚落。

（5）松花江水系

"吉林"是"吉林乌拉"的满语简称，而这个词在满语中的意思为靠近松花江，故而可以看出吉林自1673年建城伊始便是依水而来、依水而生的。古城三面城墙一面依水的布局是因为松花江为城市提供了天然、安全的屏障，且古城布局呈现出向松花江扩张的趋势，在南面扩大城内与松花江水运交通的接触面，为城市交通网络构建打下良好基础。城市重要机构也依据松花江的地理位置进行布局，便于控制、监督与管理，而城市的主要功能、路网结构同样围绕松花江展开。

3.2.2.2 "城扩水固"的发展阶段

（1）渭河水系

在这一发展阶段，城市逐步扩张，不局限于一个规整的聚集体而形成双城格局，虽仍旧临近水系，但开始出现城市隔水相望的景象。在这一时期，城市的不断发展和人口的不断增加带来了城市土地扩张的需求，但由于临水而建的旧城受水系限制无法扩建。同时，河流水系另一侧地势开阔、土地肥沃，为都城发展提供了回旋的余地，因此城市跨水而建，此时水系用地尚未被城市侵占。

（2）长江、汉江水系

鸦片战争后，城市的经济、社会、文化受到强烈冲击，城市功能与结构发生根本性变化，武汉在太平天国运动期间遭到了极大的破坏，而汉口的开埠为武汉重建提供了契机。汉口开始由沿汉江发展转为沿长江发展，城市商业不断发展，城市用地不断扩张。在此期间，水运的发展使得汉口得以沿长江、汉江水系进行连续性地扩张，为解决水患问题而修筑的城市堤防也为城市的进一步扩张提供了空间。

（3）黄河水系

改革开放后，银川城市开始高速发展，城市继续扩张。初期为考虑建设成本，城市扩张绕开河湖水系进行建设，因而水系得到较好的保留。

（4）海河水系

天津城依靠海河的漕运功能实现了经济的快速发展和文化的多元交融，伴随这一变化，天津人口大幅增长，城镇规模扩张，聚落形态发生了演变，居住组团增多。鸦片战争后，侵略者占领海河航道并开辟租界，并将租界与老城在空间上联系起来，使得城市空间形态以海河水系为轴线向东南拉长。进入 20 世纪，老城区的发展已到了尽头，逐渐开始衰落，而租界地区正处于上升阶段，因此在海河北岸新建了"北洋新城"，以平衡城市发展，逐渐形成旧城、租界区、北洋新城"一水连三城"的城市格局。在这一发展阶段，城市依旧以海河水系为依托，不断进行扩张，但尊重水系形态，人工干预较少。

（5）松花江水系

开埠通商为城市沿松花江的带状扩展奠定了基础，城市开始以古城为中心，沿松花江向东西两侧发展，同时由于铁路成本较低，城市开始沿着铁路向腹地生长。松花江在这一时期的功能转变是布局变化的重要原因，水运、水上军事功能的弱化和消失，一方面使得城市布局沿铁路向腹地延伸，一方面城市以一种自发的模式沿松花江扩张，城市布局呈带状扩张，水系形态变动较少。

3.2.2.3 "城进水退"的发展阶段

（1）渭河水系

这一时期，渭河水系航运的功能逐渐消失，而作为城市水源的其他功能同样不够显著，可以认为此时渭河水系对城市空间形态的直接影响不再明显，而对城市规划、城市建设则有所制约，并开始间接地对城市空间结构和发展方向产生影响。此时城市用地较上一时期更为紧张，且可拓展的用地不足，城市建设者便将目光转向水系用地，导致水系用地逐渐减少。除去空间建设导致的水系后退，城市污染、水利设施的修建、居民生态意识薄弱等也导致水系流量下降、动力不足，水体逐渐干涸，水系后退。

（2）长江、汉江水系

1889年，张之洞督鄂，武汉城市空间形态开始发生极大转变，兴办工业、重视教育，城垣开始被打破，城市用地逼近水系，江边出现了明显的工业带，工厂均布局于汉阳沿汉水水岸、武昌沿江区域。一百年后，世界格局发生了巨大变化，中国的改革开放也进入了深度发展阶段，武汉城市建设迎来了新一轮的高潮，而城市外部空间逐渐开放和过度膨胀。此时，自然水体资源被大量侵占，湖泊、水塘被过度消耗，水域面积近乎减半。

（3）黄河水系

随着城市化的不断推进，城市水系在城市发展中变得不再重要，城市化建设同样破坏了水系的水文径流路径与过程，使得水系支流干涸、消失，城市的水文格局遭到破坏。黄河本身又是一条水少沙多的特殊水系，且银川的气温随着全球气候变暖不断升高，降水量减少。因此，自1996年以来，黄河出现径流量锐减、河流断流时间增多和输水河道变窄的现象。

（4）海河水系

中华人民共和国成立后，城市规模随着工业和经济的发展而不断扩大，同时影响城市宏观形态的因素不断增多，水系不再占主导地位。但随着城市经济的发展、上游的开发建设和气候的不断变化，城市水量不足、河道干涸淤堵，海口严重堵塞、海水倒灌，最终导致海河水系水体面积减少。

3.2.2.4 小结

总结我国各流域水系的空间发展规律，可以发现城市与水系的关系逐渐从依赖到利用再到占领发展。

（1）城市依赖水系而发展

水系最早是城市形成最重要的基本条件，中国最早的城市都临水而建，在这一阶段的城市近乎完全受制于水系，加上生产力低下，极少有城市可以跨越水系建设，较多城市为避免洪涝灾害的影响，选址于地势更高的临水地段。

（2）城市扩张而水系稳定

城市发展到一定程度后，人类对水系的掌控逐渐增强，并开始对水系进行人工改造，修建灌溉渠、建设水路运输的设施，等等。因此，水系从被城市依赖逐渐过渡到被城市利用，但这一阶段城市空间的扩张仍以水系为轴线，沿水扩张或跨水扩张。究其根本是城市周边用地尚未完全开发，且由于这一阶段城市发展对水系的负面影响尚未显现，故虽然城市空间不断扩张，水系空间形态仍保持相对稳定。

（3）城市侵占水系空间

然而随着时间的推移，城市化对水系带来的负面影响逐渐显现，如水量下降、水体干涸、水系后退等，水系无论是质量还是形态均遭到了破坏。同时，在上一发展阶段，城市的空间边界已经扩张到了一定极限，但不断增长的人口和对经济的持续追求使得城市仍在寻求空间上的扩展，故而水系空间开始被占领，越来越多的河道水系被人工填埋或裁弯取直，最终造成"城进水退"的空间格局。

3.3 我国涉水空间规划与技术实施现状

传统涉水规划在规划体系中的表现形式大多以专项规划为主，主要运用用地布局、控制指标、具体措施、运维机制构建等方式对涉水空间进行干预，其所涉及的管理部门主要在规划、水利与环境部门。整体呈现治水部门多元、规划形式多样繁杂，规划内容重复或缺项等主要特征。

3.3.1 涉水部门多元，职能交错

传统涉水部门除了规划部门外，还有管理水体本身防洪排涝的水利部门、水质生态的环境环保部门以及城市综合水设施建设的住建部门等，多类部门均有涉水事务，但难以进行统筹和协调工作，这便导致传统"九龙治水"的情况出现。

3.3.2 涉水规划内容与技术冗杂重复、缺乏全局统筹

此外，涉水规划的类别和内容在不同部门编制规划时存在重复现象，如《城市供水规划》与《城市水资源综合规划》中皆有对水资源供需平衡的分析测算；涉及水灾害的规划便有《城市防洪排涝专项规划》《城市市政基础设施专项规划》《海绵城市专项规划》等多部门、多导向、多目标的各项规划，在实际管控与实施中往往过于繁琐复杂导致难以综合推进（表3-13）。

表 3-13　传统涉水规划内容与技术汇总表

传统规划名称	编制部门	涉水内容、技术、指标	涉及方向
城市总体规划	规划部门	内容：面向用途引导，通过编制土地利用总体规划，划定土地用途区域，确定土地使用限制条件。综合协调并确定城市供水、排水、防洪等设施的发展目标和总体布局；确定城市河湖水系的治理目标和总体布局，分配沿海、沿江岸线；确定城市园林绿地系统的发展目标及总体布局；确定城市环境保护目标，提出防治污染措施；根据城市防灾要求，提出人防建设、抗震防灾规划目标和总体布局。 分项技术：区域水源联动及水资源应急机制、多元补水机制、地下水应急备用、供水系统综合利用、分质供水技术、工业与绿地布局设计、排水工程、防洪措施、城市防洪标准、防洪堤走向。 指标：市域供水指标、城市生活污水处理指标、城镇污水处理设施再生水利用指标等	水资源、水安全、水污染、水生态、水气候、水景观
城市控制性详细规划	规划部门	内容：面向用途引导，通过编制土地利用总体规划，划定土地用途区域，确定土地使用限制条件。面向滨水区的开发量引导；面向美学、感知等方面的体量引导，体现为城市意象的建立过程；面向服务需求，确定基础设施、公共服务设施、公共安全设施的用地规模、范围及具体控制要求。 分项技术：给水与排水工程规划、城市蓝线划定（断面形式与护坡建设控制要求）、污水工程与雨水工程（排水体制、污水量、管线、设施）、利于周边建筑环境微气候及空气质量的绿地设置、建筑底层架空利于通风。 指标：再生水需水量、配水管渠管径、水量测算、城市用水量预测、供水水压指数、污水量、绿地率、千人指标、公共设施服务半径、容积率、建筑高度、建筑密度、绿地率、日照间距等	水资源、水安全、水污染、水生态、水气候、水景观
城市水系专项规划	水利部门、住建部门	内容：城市水系布局和水面规划、水系综合利用规划、防洪排涝规划、水资源利用与保护规划、水系保护与整治规划、城市水景观和水文化、城市水系管理。 技术：河道蓝线绿线划定技术、水系分类与等级划分技术、防洪排涝区划划分与标准制定技术。 指标：水面率、水系连通等	水资源、水安全、水污染、水生态、水气候、水景观
城市水资源综合规划	水利部门	内容：需水预测、水资源开发利用情况调查、水功能区规划、水资源配置规划。 技术：城市水资源供需平衡分析技术、水资源承载力评估技术。 指标：水质情况指标、水资源总量、可供水量、需水量、节水指标	水资源

传统规划名称	编制部门	涉水内容、技术、指标	涉及方向
城市供水规划	住建部门	内容：供水管网规划、供水需求测算。 技术：城市水资源供需平衡分析技术	水资源
城市再生水系统规划	水利部门	内容：再生水厂布置、再生水管网规划。 技术：水资源配置测算技术	水资源
跨流域调水规划	水利部门	内容：跨流域引水规划。 技术：区域水量平衡测算技术	水资源
城市水功能区规划	水利部门	内容：基于水资源的水功能区划定。 技术：水资源承载力评估技术	水资源、水污染、水生态
水污染防治规划	环保部门、发改委、水利部	内容：工业污染防治、城镇生活污染防治、农业农村污染防治、流域水生态保护、饮用水水源环境安全保障。 指标：达到或优于Ⅲ类断面占比、劣Ⅴ类断面占比、地表水及饮用水水源地达标占比等	水污染
水环境综合治理规划	发改委、自然资源部等	内容：水环境问题、规划目标与水域功能区划分、水环境容量计算、允许排污量的分配方案、供水安全保障、水污染综合防治、控源截污、内源治理、生态修复等。 指标：城市公共供水普及率、集中式供水工程饮用水水源地水质达标率、农村自来水普及率、公共供水管网漏损率、城市污水处理率、污泥无害化处理处置率、森林覆盖率、湿地保护率	水污染、水生态
环境保护规划	生态环境局	内容：大气、水、土壤污染防治，划定陆域控制单元，重点流域水污染防治规划，饮用水水源全过程监管，地下水污染综合防治，整治城市黑臭水体，改善河口和近岸海域生态环境质量等。 技术：生态保护红线划定、绿色生态廊道。 指标：地表水质量达到或好于Ⅲ类水体比例、地表水质量劣Ⅴ类水体比例、森林覆盖率、重要江河湖泊水功能区水质达标率（%）、地下水质量极差比例（%）、全国自然岸线保有率（%）、新增水土流失治理面积、近岸海域水质优良（一、二类）比例、湿地保有量、新增沙化土地治理面积等	水污染、水生态
城市排水专项规划	水利部门	内容：城市排水体制、雨水工程规划、污水工程规划、分质供水系统规划。 技术：雨水分区和系统布局技术、城市内河水系规划技术。 指标：涵闸面积及规划流量、汇水面积	水资源、水污染、水安全

传统规划名称	编制部门	涉水内容、技术、指标	涉及方向
城市防洪排涝专项规划	水利部门	内容：城市概况、城市防洪和治涝工程现状和问题、地形和地质、防洪和治涝水文分析计算、城市防洪规划、城市治涝规划、工程管理规划、环境影响评价、投资和年运行费、效益和经济评价。 技术：洪水调节技术、洪水演进技术。 指标：防洪排涝标准、防洪工程等级和设施标准	水安全
城市市政基础设施专项规划	住建部门	内容：综合管廊布局、排水防涝设施、海绵城市。 指标：排水管网密度、雨量径流系数	水安全
海绵城市专项规划	住建部门	内容：水安全主要问题分析、海绵系统建设格局、水环境综合治理策略。 技术：低影响开发雨水系统构建技术。 指标：排水防涝标准、城市防洪标准	水安全
流域防洪规划	水利部门	内容：流域概况、流域防洪和治涝工程现状和问题、地形和地质、防洪和治涝水文分析计算、流域防洪规划、流域治涝规划、工程管理规划、环境影响评价、投资和年运行费、效益和经济评价。 技术：洪水调节技术、洪水演进技术。 指标：防洪排涝标准、防洪工程等级和设施标准	水安全
流域防风暴潮规划	水利部门	内容：堤顶高程、断面形式、消浪形式。 技术：防风暴潮设施规划布局技术。 指标：防风暴潮标准和设施	水安全
城市通风廊道规划	自然资源与规划部门	内容：城市高度控制，以城市绿色廊道及城市路网体系为载体进行的通风设计。 指标：建筑高度、道路夹角、道路高宽比、邻水建筑最大连续展开面宽投影、建筑排列方式、建筑迎风面积比、建筑底层通风架空率	水气候

3.3.3　国土空间规划下的技术整合与优化

基于国土空间规划"五级三类"的纵向层级传导体系，传统的涉水规划可按照水资源集约利用、水灾害防治、水生态修复、水气候改善、水景观提升等子项归类汇总相关专项规划，提高规划的可实施性（图3-18）。根据不同的尺度整合优化传统规划技术，并将水利科学、气象气候等相关技术运用到规划学科，形成针对国土空间规划的水科学技术产品，指导空间规划，对水进行合理而有效的干预，既坚持生态保护优先的底线原则，亦追求良性的"城水关系"互动，实现人与自然和谐共处的终极目标。

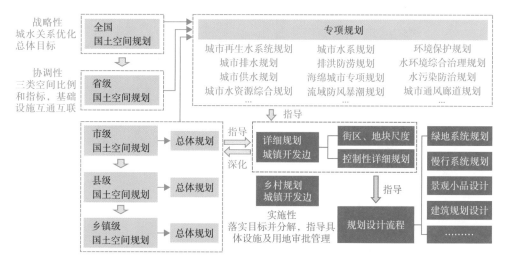

图 3-18　国土空间规划的层级传导

第4章

"城水耦合"治水理念与技术迭代

本章对"城水耦合"现有的技术与管理实践案例及技术迭代进行归纳总结，包括国外与国内先进的水管理理念与工程应用实践。通过对领跑的水技术进行深度解析和学习，拓宽治水理水的规划思路，形成水环境管理与技术工具箱以指导规划实践探索。

4.1 国外水管理理念梳理与实践应用

4.1.1 先进水管理理念梳理

4.1.1.1 基于水资源集约利用的国际先进案例

本节讲述新加坡"四大水喉"再生水战略，以及以色列污水再生利用规划中两大国际领先的全流程水资源规划与其管理流程。通过对两大案例进行经验总结，可知水资源利用的闭环构建与非传统水资源再利用的重要性，通过合适的水资源全流程与全生命周期管理提高水资源的使用效率，达到节约用水的良好成效。

1）新加坡"四大水喉"战略

新加坡虽然降雨量充足，但由于土地面积有限，难以储蓄雨水，因此水资源长期缺乏。由于严重缺水，新加坡被迫高度依赖马来西亚的淡水资源。由于两国长期供水协议终将到期，新加坡政府意识到潜在用水危机的到来，为了建立多样化及可持续的供水系统，新加坡于2002年起正式推出"四大水喉"供水战略，即淡化海水、新生水（NEWater）、来自国内集水区的水源和外来进口水。为了确保水资源正常供给，新加坡将"四大水喉"战略落实到城市水资源循环系统中，在不断地回收和再利用污水的同时，进行海水淡化和雨水收集，以此补充自然水资源的不足，实现城市健康水循环（图4-1）。到2011年，淡化海水和新生水的水量达到新加坡日用水量的10%到30%，这对我国国家层面的水资源战略规划极具启发意义。

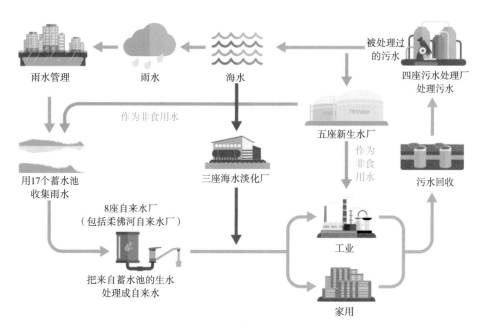

图 4-1　新加坡"四大水喉"战略与城市水资源循环系统

（图片来源：https://www.pub.gov.sg）

（1）淡化海水

新加坡规划建设了世界上规模最大的应用反渗透膜工艺的海水淡化厂。通过反渗透膜处理技术，日供水量约能达到 13.6 万立方米，可以对当地 10% 的需水量进行供给。其"膜"技术是当前最为先进的海水淡化技术，淡化后的海水安全可靠，符合世界卫生组织与公用事业局的饮用水安全标准。同时海水淡化的成本仅为向外购水成本的 70%，更为经济集约（图 4-2）。

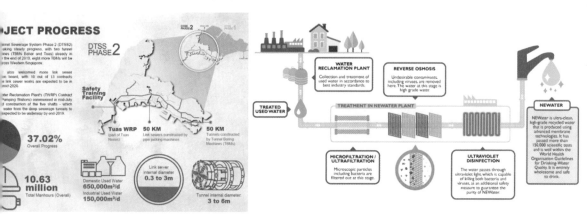

图 4-2　新加坡海水淡化措施

（图片来源：https://www.pub.gov.sg）

（2）新生水项目（NEWater）

NEWater 项目采用先进薄膜技术将被处理过的污水再进一步处理成高品质的再生水，可以有效缓解干旱少雨月份的缺水问题，是新加坡"四大水喉"战略的重要一环，主要用于工业用途，同时也可以灌入蓄水池内，确保水资源供应充足。新加坡当前的 5 座新生水厂可满足 40% 的用水需求，预计 2060 年能满足 55% 的用水需求。其中所涉及的先进技术有深隧排污系统（deep tunnel sewerage system，DTSS），通过大型的深隧道来连接城市道路、生活区、工业区的污水管和中央污水回收站，提高了污水导入回收站的效率，节约了地上设施面积，缓解了新加坡土地资源紧张的问题。

（3）国内集水区

新加坡在国内建立了"源头—路径—去向"全过程水资源管控与收集利用流程，利用建筑单体、道路、绿地等空间构建水输送和储存路径，收集雨洪时期的多余水资源。为了实现雨水的高效收集利用及缓解暴雨引发的城市洪涝问题，新加坡采用明确的雨污分流制，并建立了完善的雨水收集系统。目前，雨水收集管道长达 6500 千米，集水区面积占土地面积的 50%，收集到的雨水通过雨水管道注入蓄水池，再输送到水厂进行处理后进入供水管网系统。新加坡的雨洪管理措施采用的是"源头"解决法，由规划师、建筑师、景观设计师等工程师团队在城市化区域设置集中式雨水滞留罐、雨水花园，在建筑上增加屋顶绿化和垂直绿化，在城市道路上结合生物滞留洼地，或者建造人工湿地等多种手段在降雨时暂时滞留雨水，减少雨洪径流的峰值。同时滞留的雨水流经场地植被的自然生态系统后过滤了部分污染物，水质得到改善净化。

为有效控制废污排放，新加坡在世界上首次推行两种水沟并行系统，可以分开收集雨水和用后的废水，从源头上进行水资源管控与回收再利用（图 4-3）。

（4）外来供水

新加坡除了与马来西亚签订传统的购买水资源协议外，正在和印度尼西亚合作开发印尼廖内省的淡水资源，印尼通过海底管道将部分淡水供给新加坡。

（5）启示——实现城市水资源利用的循环闭合

新加坡的"四大水喉"战略实现了水资源利用的闭合循环，我国也可参考新加坡制定相关水政策、构建闭合城市水循环系统（图 4-4）。

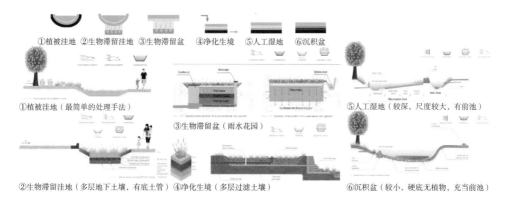

①植被洼地　②生物滞留洼地　③生物滞留盆　④净化生境　⑤人工湿地　⑥沉积盆

①植被洼地（最简单的处理手法）

③生物滞留盆（雨水花园）

⑤人工湿地（较深，尺度较大，有前池）

②生物滞留洼地（多层地下土壤，有底土管）　④净化生境（多层过滤土壤）

⑥沉积盆（较小，硬底无植物，充当前池）

图 4-3　新加坡集水措施

（图片来源：Harvard Kennedy School，*ABC Waters Design Guidelines*）

支撑 ≫ 水资源管理 ≫ 规划设计启示

1.机构层面：事权集中
由公共事业局负责供水及供水系统管理、污水及污水处理系统管理、公共教育和宣传等多个方面

1."四大水喉"供水计划（开源）
外购水/本地雨洪水/再生水/淡化海水

2.网络监测（用水）
流域雨洪管理/水网络实时监测/水能平衡

3.智能管理（排水）
深邃排污系统/工业用水处理

1.流域层面
划定主要水道及集水区

2.城市/片区层面
建立地上地下一体的雨洪管理体系

3.组团/街区层面
雨水收集及节水器具的普及

图 4-4　新加坡水措施启示

2）以色列污水再生利用

以色列水资源非常匮乏，是世界上少数严重缺水的地区之一。尤其是在南部，最少年降水量只有 31 毫米，因此以色列对水资源的集约利用极为重视，通过闭环式的水循环提高水资源利用率，经过国家水网的构建、中水回用、高效灌溉系统、海水淡化等系列工程获得举世瞩目的成就。

（1）国家水网工程

以色列的国家散装水输送系统将国内 95% 的饮用水资源（地表水、地下水、淡化水）输送给最终用户（家庭、工业、农业供水的地区供应商）。这一输水基础设施连接了几乎整个国家（埃拉特除外），使以色列能够根据水文条件调节自然水资源的使用，将剩余的水从一个地区输送到另一个地区中储存，以满足不同地区的需求。国家水系统提供的运行灵活性对基于海水淡化和再利用与天然水资源的可持续开采的战略组合是必不可少的。以色列将地下含水层作为重要的战略水库，含水层已逐渐从过度开采的资源转变为主要的储水库，因此，含水层在减少蒸发损失的同时，也充当了摆动的供应者（即缓冲层）。在干旱年份从当地含水层过度抽水或在较湿润年份进行人工补给，优化区域水资源。

以色列国家水网工程有以下特点：①深埋地下。将加利利湖水通过地下管道输送到南部，减少蒸发漏损，避免战争及恐怖主义破坏。②系统开放。需要时可随时从管道接口连接支线，将水送到需要的地方。③系统可拓展。通过管道系统的建立，实现污水的回收处理及再利用，同时可对其他水源进行收纳。

（2）中水回用工程

以色列是世界上少数几个城市水循环几乎完全封闭的国家之一。全国共120 座污水处理厂，再生废水逐渐成为农业的主要水源，满足了全国 40% 以上的灌溉需要，100% 的生活污水和 72% 的城市污水得到回用。

中水回用与农业灌溉是以色列的一大特色，87% 以上的废水被回用，满足了全国 40% 以上的灌溉需要。法律规定以色列的大部分废水必须通过一种被称为土壤含水层处理的创新含水层补给方法进行三级处理，根据地理和水文特征以及对废水不同用途的预测，将国家划分为多个区域，每个子区域适用不同的再利用标准。无限制灌溉的废水价格为每立方米 0.3 美元，限制灌溉的废水价格为每立方米 0.25 美元，低于农业淡水价格（每立方米 0.66 美元）的一半。污水回用水优惠的价格政策使农民有强烈的动力使用处理后的再生废水进行灌溉，减少了淡水的使用。

（3）海水淡化工程

以色列在过去的 15 年里在地中海沿岸建造了 5 座基于海水反渗透（SWRO）的大型海水淡化厂，总容量为 5.85 亿立方米 / 年，其中 4 座是通过公私合作伙伴关系与私营特许公司在建设—经营—转让（BOT）和建设—经营—自有（BOO）计划下开发的。淡化后的海水价格较低，其原因如下：①海水淡化厂的数量限制在几个大的工厂，产生规模效益；②采用 BOT 方式进行大规模海水淡化，提升私营部门积极性；③控制能源成本，能源成本通常占海水淡化价格的一半到三分之二；④BOT 模式可以实现招标—设计—建造的快速周转。

（4）高效滴灌技术

以色列是 20 世纪 50 年代早期高效低流量灌溉技术开发的先驱，创造了如滴灌等高效节水技术，并发明了对湿度敏感的自动滴水器、自动排水沟和洒水器、低流量喷雾器、微型洒水器和计算机控制的补偿滴水器等节水灌溉设备。这些技术使适当的水量和适当浓度的肥料能够供应到作物的根部，并与控制系统相结合，以确保这些系统可以在最佳的时机有效地处理各种类型的水资源，包括处理废水，并在不同的环境区域内包括在低压下运行系统，每个滴头每小时只供应几升滴灌，使农业用水效率达到90%（喷灌效率为75%，地面灌溉效率低于60%）。低消耗灌溉技术的成功使以色列灌溉业得以蓬勃发展，该国约80%的灌溉设备也用于出口。

（5）启示——提高非传统水资源利用程度

以色列因地理原因处在极度缺水的区域，但是由于其对非传统水资源利用效率的提高，使其水资源能最大程度被利用（图 4-5）。

图 4-5　以色列水措施启示

4.1.1.2 基于水灾害安全防控的国际先进案例

（1）荷兰"还河流以空间"计划

全球变暖等气候变化引发海平面上升的现象愈演愈烈，三角洲城市及滨水区所面临的洪水风险日益增加，给城市的雨洪管理带来了巨大的压力。荷兰位于欧洲西部，是典型的人口稠密的河流三角洲地区，超过四分之一的国土处于海平面以下，几乎三分之一的地区面临河流泛滥的危险。荷兰西侧濒临北海，西欧的三大河流——莱茵河、马斯河、斯海尔德河均由荷兰入海，其境内河网纵横，水域率高达 18.4%，在冬季和春季，莱茵河和默兹河需要排放比其他季节更多的冰雪融水和雨水，导致荷兰更容易受到高水位的影响。独特的地理环境使荷兰在面对严峻的雨洪危机的同时，也积累了丰富的水管理经验。"还河流以空间"（ room for river）是荷兰典型的水环境管理项目，于 2018 年完工，通过预留河流空间的方式来管理城市高水位。该项目在全国选择了 30 多个地区作为试点，采取相应的措施为试点的河流提供一个安全泛滥的空间。此外，这些设计也提高了周围环境的质量。

20 世纪中期至今，荷兰还提出了"三角洲计划"等一系列尝试，水管理思维也从"单一目标"转变为"多目标协同"。将洪水防御和空间协调同时纳入水管理体系中，最后实现防洪与城市发展的双重目的。

从三角洲港区到荷兰内陆通过实施"还河流以空间"项目，提高了河道应对雨洪风险的韧性缓冲能力，形成了一个有序的韧性区域——河道系统，以达到整体预防灾害的效果。"还河流以空间"项目的核心在于"空间"二字，"如何还河流以空间"和"还河流以怎样的空间"是探讨该计划实质内涵的关键。总体而言，"还河流以空间"计划是在保证水安全的前提下，根据现实洪涝状况及区域发展的差异，制定相应的优化空间质量的策略，实现"安全的、具有吸引力的河流区域"的目标，扩展防御性物理空间的同时提高空间质量，协调空间质量与洪水防御的功能。其中扩展防御性物理空间的方式包括：①堤坝迁移；②建设高水位渠；③降低防波堤；④拆除防洪工程；⑤降低滞洪区高程；⑥拆除圩田；⑦水体储存；⑧加深夏季河床；⑨加固堤坝（图 4-6）。表 4-1 综合分析了六大试点工程的现状问题、空间策略、具体措施、项目最终影响与结果，明显且直接地体现扩展防御性滨水空间的洪水防御效果。

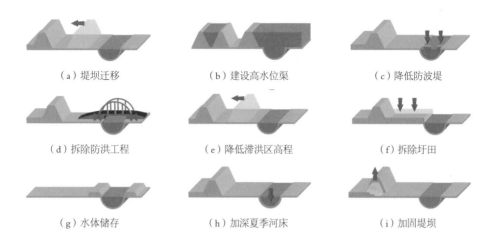

（a）堤坝迁移　　　　　（b）建设高水位渠　　　　　（c）降低防波堤

（d）拆除防洪工程　　　　（e）降低滞洪区高程　　　　（f）拆除圩田

（g）水体储存　　　　　（h）加深夏季河床　　　　　（i）加固堤坝

图 4-6　"还河流以空间"扩展防御性物理空间九种方式

（资料来源：www.ruimtevoorderivier.nl/english/）

表 4-1　"还河流以空间"试点项目空间策略

序号	试点名称	空间策略	现状问题	具体措施	结果及影响
1	Overdiep	堤坝迁移	普遍性洪水灾害	堤坝迁移后，农田迁到沿新堤重建的人造土丘上	使 Maas 河水位降低了 27 厘米
2	Waal 河防波堤降低项目	降低防波堤	防波堤提高了洪水位，防波堤全年裸露，影响河道观感	全长 75 千米的河道上 750 个防波堤均下调；Pannerdensch 运河与 Gorinchem 河之间的防波堤平均下调 1 米	极端水位会降低 6~12 厘米；防波堤三分之二的时间在 Waal 河面以下，使河道更显宽阔
3	Volkerak-zoommeer 湖储水项目	水体储存	风暴潮屏障关闭与极端水位同时出现时，区域水位十分高	将河水暂时储存于 Volkerak-zoommeer 湖中	限制 Hollanddsch Diep 和 Haringvliet 的水位，确保降低特殊高水位区域的洪水风险
4	Lent 堤坝外迁项目	堤坝迁移开挖分洪河道	河湾狭窄导致水位极高	搬迁堤坝，拓展河洪泛区，开辟一条 150~200 米宽、约 3 千米长的辅助河道，并在河道中央预留部分用地，形成中心岛	Waal 河该区段水位降低了 35 厘米，防洪能力得到提升；推动北岸扩张计划，带动区域发展

续上表

序号	试点名称	空间策略	现状问题	具体措施	结果及影响
5	Noordwaard圩田拆除项目	拆除圩田建设绿色防洪堤	区域未达到防洪要求，鹿特丹以东40千米地区的水位需要减少30厘米	将Noordwaard圩田转变为水可以流过的区域，利用部分降低的堤坝为水流创造出入口，分担了Nieuwe Merwede上游的水量	部分农田和居民搬迁，Noordwaard圩田成为季节性过水区域，这使该区域可以适应百年一遇甚至千年一遇的洪水灾害
6	Hondsbroeksche Plejj项目	堤坝迁移、拓宽河道 / 建设高水位渠	易受到上游极端排水的影响	将堤坝向内移动250米后在其侧建设高水位渠	高水位渠确保了高水位和极端水位的排放能力，调节莱茵河与伊泽尔河之间的水分配，使极高的水位降低40厘米

（2）《纽约适应性计划》

2007年纽约规划——"一个更加绿色，更加强大的纽约"（PlaNYC 2030）中开始考虑气候变化对城市发展的影响，并提出减低城市碳排放量的目标，规划中所提出的127项具体计划都是对气候变化所做出的回应。PlaNYC 2030在2011年的规划修订中再次强调应采取应对气候变化的措施。2012年10月29日，飓风桑迪袭击纽约，造成巨大的破坏，正是这一极端天气事件直接促使了《纽约适应性计划》（以下简称《计划》）的产生。该计划也成为纽约城市规划的一部分，以此表示纽约市应对气候变化的决心。

该计划在应对和解决气候变化所带来的问题的同时，强调增加城市韧性。《计划》中所提出的措施均以此为出发点，其对"韧性"一词的含义解释是：一是能够从变化和不利情况中恢复的能力，二是对于困难情景的预备、准备、响应及快速恢复的能力。《计划》旨在全面提升气候风险的韧性。

《计划》包括五大部分，分别是简介、气候分析、城市基础设施及人居环境、社区重建及韧性规划、资金与实施。针对气候变化影响城市安全问题提出257条措施，并基于措施给出相应的行动计划。《计划》涉及不同灾害的应对措施，重视洪水对城市的威胁，并对洪灾风险进行全方位的评估，再分别从岸线、建筑、重点设施三方面提出抵御洪水的相关措施（表4-2）。

气候适应性规划是城市应对气候变化所采取的重要举措之一，以城市规划的方式能够更好地抵御自然灾害、适应气候变化、提高城市应对自然灾害的能力，以提升城市的韧性。纽约适应性规划整体可以分为五个阶段：①区域现状；②气候变化风险预测与地区脆弱性评估；③适应性措施；④实施适应性措施；⑤实施情况的动态监测（表4-3）。

表4-2 《纽约适应性计划》雨洪韧性提升策略

目标	面临的风险	适应性措施	
岸线	岸线保护	纽约岸线面临的最大威胁是飓风，精心的城市设计措施无法抵御巨大的自然力量	提高岸线边缘高度
			减少高处的浪区
			抵御风暴潮
			提升岸线的设计与管理
建筑	建筑	根据洪水风险地图显示，在未来的十年，越来越多的建筑将处于百年一遇的洪水淹没区	对有危险性的房屋进行翻新和加固
			提高建筑的设计标准
重点基础设施	保险	投保可以使整个城市获益，越来越高的保险损失与越来越频繁发生的自然灾害和人口的逐渐集中有着直接的关系	为低收入投保人提供可支付的投保项目
			明确现有建筑的韧性标准
			在保险认证中加入韧性标准
			为投保人提供多种选择
			提高居民投保的意识
	公共服务设施	停水停电、交通瘫痪、天然气终端等问题严重扰乱了居民的正常生活。飓风给城市经济与生活带来了无法估计的损失。在未来，频繁的飓风与热浪将给城市基础设施带来新的问题	提高设备的冗余性来应对可能的供电、供水等的中断，改装老旧的管网设施
	能源	液体燃料的供应链出现中断，对城市交通的正常运作造成很大的影响	加固供应能源的基础设施
			提高供应链应对中断的能力
			提高城市应对中断的能力
	医疗	城市内部医院、疗养院、康复中心在飓风中受到不同程度的影响而无法运转，飓风来临时患者不能及时获得有效治疗	采取措施减少紧急事件后的就医障碍
			通过保护措施确保主要的医院能够正常运转

目标	面临的风险		适应性措施
重点基础设施	交通	纽约"无眠"的交通系统在桑迪飓风中出现了中断，洪水淹没了通道、地铁站、道路与机场等，交通瘫痪直接影响了城市的正常生活	保护交通资产以保障系统的正常运转
			准备应急预案确保极端天气事件之后恢复正常运行的能力
			拓展服务以增加系统的韧性
	公园	大树被拔起、沙滩被淹没、社区公园遭到毁灭。然而飓风也使人们意识到公园绿地在抵御飓风中的作用：大多数公园仅受到了轻微的影响，公园作为第一道防线降低了飓风对城市的破坏	提升公园及绿色基础设施的保护能力
			翻新或加固公园设备以提高应对极端天气的能力
			保护湿地、自然地区以及城市森林
			寻找提高气候适应性计划的科学性的方法
	水资源	飓风暴雨使城市污水溢出，并使城市生活用水受到污染	保护污水处理系统不受飓风的影响
			提高并增加排水管道系统
			提高韧性以确保连续的高质量的水供应

资料来源：根据《纽约适应性计划》绘制。

表4-3 纽约适应性计划的内容

适应性计划的阶段划分	主要内容
区域现状	明确区域的地理位置、历史、人口以及经济发展等现状条件，评估地区在飓风中所受到的影响以及损失，并分析原因
气候变化风险预测与地区脆弱性评估	对未来气候变化可能带来的风险进行预测，结合地区现状对不同地区的脆弱性进行评估，明确未来可能面临的威胁
适应性措施	在评估的基础之上，针对岸线、建筑、重点基础设施等规划目标提出相应的适应性策略
实施适应性措施	建立完善的实施机制与管理系统，确保计划的顺利实施
实施情况的动态监测	建立长期的监测与评估体系，每四年一次，对计划进行实时的调整评估

资料来源：《纽约适应性计划》，2013。

（3）英国可持续城市排水系统

英国环保局将 SuDS 解释为包括了 "所有可持续的地表排水管理方式"：①源头控制措施，包括雨水排放及循环；②使水能够渗透地表的渗透设备，包括独立的渗水坑和公共设施；③过滤带和洼地，模仿自然排水模式让水向下坡流，并蓄水；④过滤下水道与多孔路面，可以让雨水和径流渗入地下的可透性材料，需要时提供储水空间；⑤盆地和池塘，储存雨后多余雨水，控制排水，避免洪灾。根据《可持续地表水管理：可持续排水系统（SuDS）手册》，SuDS 不应被认为是一个独立的组件（比如过滤带、水坑或是滞洪池），而应该是一个互相关联的系统，旨在管理、处理并最佳地利用地表水，涉及范围应从降雨处开始直到某一范围之外的排放处（表 4-4）。

在单一系统中运用多种组件是 SuDS 开发管理的核心设计理念，《可持续地表水管理：可持续排水系统（SuDS）手册》将其称为 "一系列组件的运用共同提供了控制径流频率、流通率及流量的必要过程，还可以把污染物浓度降至可接受的水平"。

SuDS 旨在实现多重目标，包括从源头移除城市径流的污染物，确保新发展的项目不会增加下游的洪灾风险，控制径流，将水管理与绿化用地进行结合，以增加城市居民生活的舒适度、娱乐性以及自然生物多样性（图 4-7）。

表 4-4　SuDS 部件功能

SuDS 部件	功能
雨水收集系统	收集雨水，帮助雨水在建筑内或当地环境中使用
可渗透表面系统	水可以渗透入建筑结构面，从而减少输送入排水系统的径流量，比如屋顶绿化、透水铺装等。很多这样的系统还包括了地下储存和处理设备
渗透系统	有助于水渗入地面，通常包括临时储存区域，容纳缓慢渗入土壤中的径流量
输送系统	输送流向下游储存系统的水流，在一些可能的地方，如洼地，输送系统还能控制水流与流量，并进行处理
储存系统	通过储水放水来控制水流，控制被排出的径流量。还能进一步处理径流量，如池塘、湿地和滞洪区
处理系统	移除径流现有污染物或促进其降解

（a）绿色屋顶　　　（b）生态滞洪区、生态洼地　　　（c）雨水花园　　　（d）"活墙"系统

图 4-7　SuDS 实践项目示意[①]

（资料来源：http://www.civilcn.com/shuili/lunwen/fxkh/1474685474287186.html）

4.1.1.3　基于水污染与水生态的国际先进案例

（1）水敏城市设计

水敏城市设计理念主要针对城市中的雨水管理问题，其设计贯穿区域、城市、片区与地块尺度，强调雨水的全过程管理，同时将水敏性城市设计作为城市规划设计的首选准则，以水为基础建立了系统的管理机制。

水敏性城市设计（WSUD）概念起源于 20 世纪 90 年代的澳大利亚，旨在应对长期干旱情况下，城市日益突出的雨水管理问题。这一概念可通过跨专业手段解决以下问题：保护城市的自然水系，改善城市的排水水质，整合城市的雨水管理、野生生物栖息、公共休闲和视觉景观等不同功能用地，降低城市的雨水径流量和高峰径流量，将城市排水设施建设成本减至最小，使用雨水代替自来水。主要举措是源头减排、过程控制、系统治理、政策支撑与多元参与。

①源头减排——减轻区域流域防洪压力

就地解决水量水质问题，避免给流域下游增加防洪和环保压力。主要措施是建设生态排水草沟、泥沙沉蓄池、生态渗水池（槽）及人工湿地和湖塘等，主要设施是房顶雨水储集罐、泥沙过滤装置、排水管道入口污染物捕捉器。

②过程控制——设置层次分明的管控要求

进行暴雨管理，使暴雨径流经过建筑、场地、道路、公共开放空间等各个层次上的雨水滞留、渗透、处理和再利用，再排入到城市干线排水管道之中。

③系统治理——建立自然连通的水系生态网络

为缓解洪水与内涝，构建由蓝色绿色走廊和绿色开放空间组成的生态网络和公共空间网络体系，其作为城市排水的绿色基础设施的同时也是极端降雨环境下

---

①图 a 位于荷兰内梅亨大学，图 b 位于美国威斯康星州格林戴尔格兰齐大道中段，图 c 位于瑞典马尔默维斯特拉汉能社区，图 d 为欧洲环境署哥本哈根办公室。

的安全行洪通道。

④政策支撑——建立系统的管理制度框架

墨尔本城市委员会将 WSUD 指定为城市规划设计的首选准则，并修改了相应的技术标准和规划审批程序。

⑤多元参与——建立有效的协作体制机制

WSUD 的评估、决策和实施过程以跨学科、多专业的协作为基础，涉及城市规划、建筑、景观专业和与水处理相关的工程设计人员。同时，澳大利亚各地方规划管理部门注重社区的组织和管理作用，通过公众参与的方式，广泛讨论社区实施 WSUD 的可行性，为规划决策提供依据。

（2）美国绿色基础设施

绿色基础设施的概念主要针对灰色基础设施提出，以解决城市地表径流污染、整合城市绿色生态网络为主导思想，并通过规划控制、建设许可、补贴激励等手段落实绿色基础设施，对绿色城市规划设计与实施管理有重要借鉴意义，主要适用于区域与城市尺度。

美国早期建设城市区域采用的是合流制排水系统，在极端天气下暴雨径流超标带来的排水系统溢流成为城市地表水体的首要污染源，这也是美国绿色基础设施应对的主要问题。该问题最早由美国保护基金会和农林部林务局提出，自 1987年，雨水径流排放纳入清洁水法案，推动地方政府建立相应的雨洪管理制度。

绿色基础设施包含水系、湿地、林地、野生动物栖息地及其他自然区，绿色通道、公园以及其他自然保护区，农场、牧场和森林，荒野和其他支持本土物种生存的空间等众多要素。规划实施中主要通过规划控制（土地利用规划）与建设许可（满足绿色基础设施相关标准才能获得建造许可）、专项收费（向存在雨水外排的业主收费）、补贴激励等措施进行管控，其中建设许可中的标准包括雨洪排放标准（不透水面积、初期雨水利用量）、绿色空间指数（场地内绿地、植被、雨水花园、垂直绿化指标下限）等。

4.1.1.4　基于水气候适应的国际先进案例

本节水气候适应案例选取的是澳大利亚颁布的《城市冷却战略指南2017》，这份文件旨在改善城市微气候，运用冷铺技术，通过不同材质的铺面提高反光率，降低地表温度；运用蒸发喷雾冷却系统，降低环境相对湿度、提高热舒适度。在未来的规划设计中，可参考此案例，改变城市铺地的材质、增加冷却系统，以实

现缓解城市热岛效应、改善城市微气候
的目的。

　　澳大利亚的《城市冷却战略指南
2017》（图4-8）以调节城市微气候，
减轻澳大利亚各主要城市中心地区的城
市热岛效应为目标，基本涵盖与布里斯
班、悉尼、巴拉马塔、堪培拉、墨尔
本、霍巴特、阿德莱德、珀斯、达尔文
和凯恩斯有关的城市热缓解战略。城市
类型包括密集的内城、中环和近郊。设
计干预的重点包括街景、广场和购物中
心。城市表面性质、植被覆盖、遮阴是
关键变量。干预措施既包括主动系统
（如雾霾系统和可操作的遮阳篷），也
包括被动系统（街道树木、绿色屋顶或
墙壁、水体、凉爽屋顶和外墙）。

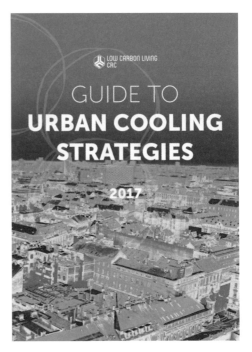

　　（1）冷铺技术（表4-5）

　　铺面在城市空间中随处可见。铺路覆盖了典型城市环境的 25%～50%。 建筑
环境中的铺路材料通常不透水、坚硬、厚实。沥青、混凝土和复合路面这些传统
产品就是典型的例子。沥青具有 5%～20% 的低太阳反射率，在炎热的夏季最高表
面温度可以达到 48～67℃。与传统产品相比，冷铺路面材料储存的热量较少，增
加反射率、发射率和渗透性是冷铺的基本特征。在沥青、混凝土和其他砌块摊铺
机中使用较轻的颜料和骨料，可以将其反射率提高到 30%， 在表面覆盖一层薄的
反射层，这是另一种提高反射率的常用方法。冷沥青混合物的反射率为 45%， 而
传统沥青的反射率为 5% 至 20%。 然而，在城市公共空间中运用反光效果，需要
注意光污染的二次产生。最近的研究发现新一代的材料和表面涂层在红外和近红
外波长下具有反射性（即反射热量），但在可见光谱中却显示较暗的颜色。

表 4-5　十一种常用的冷铺技术

冷铺面类型	技术	城市气候影响	要考虑的问题	目标用途
高反照率沥青	沥青路面用高反照率材料改性或在安装后进行处理以提高反照率	·与传统沥青相比,可将太阳反射率提高多达20%。 ·全天候降低地表温度	·沥青的太阳反射率随时间增加。 ·混凝土的日光反射率会随着时间而降低。 ·混凝土反射的辐射可能会被其他表面吸收,降温效果不明显。 ·较低的表面温度与较低的空气温度间没有直接联系。	在道路和停车场等较大的裸露区域铺路
芯片密封,微堆焊和白色屋顶	将塑料基骨料应用于重铺沥青			
高反照率混凝土	混合硅酸盐水泥与水和轻骨料	·提高太阳反射率至40%~70%。 ·全天候降低地表温度	·阳光反射率随时间增加。 ·需要仔细考虑相应的城市空间形态	
彩色沥青	上色时或在维护期间涂上有色颜料或密封	·提高太阳反射率至20%~70%。 ·全天候降低地表温度	问题同上,另外: ·随着时间的推移人行道会变暗。 ·表面可能会磨损	人流量少的区域,例如人行道、车道和停车场
彩色混凝土	上色时或在维护期间使用彩色黏合剂或骨料			
树脂基混凝土	使用天然的有色树状树脂代替水泥来粘结骨料	·反照率主要由骨料的颜色决定。 ·全天候降低地表温度		包括大面积暴露区域,例如道路和停车场,以及人流少的区域,例如人行道和车道
渗透型沥青	使用橡胶或露天集料在沥青中提供更多的空隙来排水	当该表面或该表面下有水分时,可通过昼夜蒸发冷却降低表面温度	·冷却机制在很大程度上取决于可用的水分。 ·干燥后,每日表面温度可能会高于常规表面,但这不会影响夜间表面温度。 ·长期使用后空隙会充满灰尘。 ·最佳使用条件为湿度充足的夏季	
渗透型混凝土	使用泡沫或露天集料在混凝土中提供更多的空隙空间以排水			—
砌块路面	充满岩石、砾石或土壤的黏土或混凝土砌块			人流量少的区域,例如人行道、车道和停车场

续上表

冷铺面类型	技术	城市气候影响	要考虑的问题	目标用途
植被路面	以黏土、塑料或混凝土砌块充满土壤，并覆盖草或其他植被	当该表面或该表面下有水分时，可通过昼夜蒸发冷却降低表面温度	·冷却机制在很大程度上取决于可用的水分。 ·植被的可持续性可能会因当地气候条件和可用水分而异	人流量少的区域，例如人行道、车道和停车场

资料来源：Osmond P，Sharifi E，*GUIDE TO URBAN COOLING STRATEGIES 2017.*

（2）蒸发喷雾冷却系统（图4-9）

在夏季气候干燥的城市，如珀斯或阿德莱德，被动蒸发冷却是一种有效的冷却策略，其可以通过使用喷泉或建筑设计干预措施来实现，如蒸发式降风冷却系统。在潮湿的气候中含有水的水体可能会增加相对湿度，从而导致不舒服的微气候，因此被动蒸发冷却高度依赖于干燥空气和空气运动，当相对湿度小于50%时，可使环境温度降低3~8℃。蒸发喷雾冷却系统在1992年塞维利亚博览会上得到了广泛使用并取得一定成效，在博览会上所有主要路径和广场都放置了大型喷泉和水池，增加了沿线的热舒适度。该方法适用于夏季炎热且较为干旱的地区，炎热干旱地区的水分蒸发，在静止空气中可使环境温度降低10℃左右，而在强迫对流作用下则可使温度下降15℃。

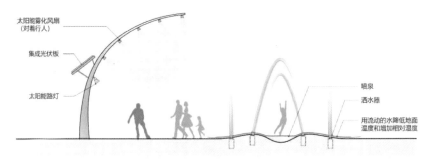

图4-9　蒸发喷雾冷却系统

（资料来源：Osmond P，Sharifi E，*GUIDE TO URBAN COOLING STRATEGIES 2017*）

4.1.2　水管理实践应用

4.1.2.1　基于水资源集约利用的工程应用

（1）新加坡碧山—宏茂桥公园及加冷河景观复兴工程

新加坡公共事业局于2006年发起"活力　美丽　清洁"水计划项目（即

"ABC 水计划"），在满足城市给排水需求的同时，最大限度提升河流水系两岸的土地景观价值，创造更具活力的社区娱乐休闲空间。通过采用"源头—路径—去向"一体化管控的雨洪管理措施，将城市中的基础设施、建筑、道路、广场以及水体等视为设计要素，按照净化、滞留、减缓径流、输送、渗透等不同功能提出不同的处理手法，通过组合形成城市绿色基础设施的网络。

其中碧山宏茂桥公园是建于碧山和宏茂桥新镇之间的开放绿地，周边被高密度的组屋环绕，公园一侧有长 2.7 千米的加冷河混凝土河道。该工程的建设是为了在宏茂桥区与碧山居住区之间创造一条绿色缓冲带，并为城市居民提供休闲娱乐空间。然而，混凝土排水河道作为灰色基础设施，对城市风貌的破坏以及社区活动的影响是巨大的。

新加坡公共事业局将现存的混凝土水道改造为 3.2 千米自然化的水道，并结合水道周边的绿化和娱乐设施将土地重新改造成高质量的亲水休闲地块。方案以河漫滩作为设计概念：水量小时，裸露的开阔河岸可以作为人们休闲娱乐的亲水空间；暴雨期水量上涨时，河道周边的公园可容纳河水，从而既创造足够的公园用地以提供活动空间，又提供了更多的水资源调蓄空间。规划后的水道断面使洪水通过的最大宽度大幅提升，从过去的 17~24 米拓宽到近 100 米，同时其输水能力提升了近 40%。改造后的河道在新加坡城市环境中创造了一种新型高质量的公共空间，也创造了多样化的生物栖息地，更是为城市整体水资源管理提供了调蓄空间（图 4-10）。

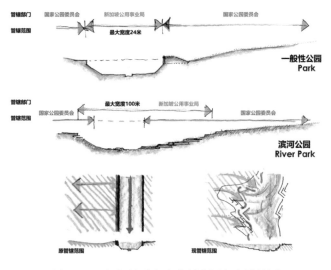

图 4-10 新加坡碧山宏茂桥公园竖向设计图

（资料来源：https://www.gooood.cn/2016-asla-bishan-ang-mo-kio-park-by-ramboll-studio-dreiseitl.htm）

在工程项目运作方面，采取公共和私人部门以及市民多方参与的模式，由公共事业局进行统筹，与建屋发展局、国家公园局合作，鼓励社区居民自主参与，形成利于项目推进与落实的工作模式。

碧山宏茂桥公园作为 ABC 水计划的代表项目，是公园与水资源、洪水管控、生物多样化、休闲娱乐的巧妙结合，与此同时增进了人与水的情感联系，增加了公民对水资源的责任感，打破了土地功能局限性，形成土地、基础设施与蓝绿空间的整体规划。

（2）新加坡榜鹅水路山脊住宅区

榜鹅水路山脊住宅区同样是 ABC 水计划的代表项目，更是公共事业局与建屋发展局合作推出的首个整合 ABC 水计划设计理念的公共组屋住宅区项目。整个项目通过整合蓝色和绿色基础设施来创造多功能空间，提高环境和人居生活质量，创造更具亲和力的滨水社区。

整个工程项目通过融入 ABC 水计划的水域设计功能，充分利用水资源的自然净化功能（如雨水花园、生物滞留草坪和植被覆盖的排水系统）来作为整个社区的蓝绿网络核心，并将这些功能无缝集成在住宅景观设计中。这些功能将输送、滞留和净化雨水径流，以减轻城市化对水文和水质的影响，增强审美和生物多样性，并发挥作为社区节点或作为其他功能空间的双重功能。

住区的屋顶、道路、游乐场和绿地内设置的雨水花园、生物滞留盆地和植被洼地，让水在从地表流入排水道前先在花园和草地里形成沿水景观，收集的滞留雨水也在流经植被的过程中，将所含的沉积物、营养物质以及其他杂质加以过滤，净化后的雨水将通过附近的榜鹅水道汇入水库。通过应用 ABC 水计划设计方法，这一区域内 70% 的雨水径流得到滞留和净化，并具备了应对 10 年一遇洪水的能力。除了增强该地区的生物多样性，草坪式的生物滞留盆地还可以满足不下雨的时期市民的娱乐休闲需求。

项目的主要技术特点有：①利用植被洼地取代混凝土排水沟，促进雨水的滞留、渗透和清洁；②生物滞留盆地系统是该区自然排水系统的重要组成部分，通过增加峰值流量前的滞留时间和降低开发中的峰值流量，允许水道有更多的时间对降雨事件作出反应；③区域内草坪型的雨水花园在不下雨的时期作为休闲空间，为市民提供娱乐场所，在降雨期则变成集水区，暂时储存雨水径流并将雨水通过盆地过滤后汇入附近的水库；④通过将雨水储存在地面和砾石层中，然后慢慢释放到水道中来控制排向水道的径流量，可以应对开发前 10 年一遇的暴雨期间的径流峰值流量。

4.1.2.2　基于水灾害安全防控的工程应用

（1）孟加拉国达卡市水涝灾害应对

达卡市是世界上人口稠密的大城市之一。加速的城市化浪潮和快速的人口增长正在残酷地改变其城市结构。达卡的水网曾经作为经线和纬线融入城市的肌理，对城市的排水能力做出了很大贡献。但是由于无计划的人口增长和对水体的侵蚀，水体正在迅速消失，不透水表面正在增加，绿地减少，这导致了水灾害等各种灾害频发。因此，达卡市提出以下措施来应对水涝灾害：

①保护开放空间

保护开放空间不仅有助于公民身心健康，其中的绿地还能将水渗入地下，解决积水问题。公园、湿地、开阔的田野都可以作为滞留池，应当被保护和设计。

②保护河道及滨水空间

达卡市要求运河和湖泊的河岸须加宽到 23 米，并有人行道、绿化带。水体周围的人行步道将保护河岸免受侵蚀，人行道应用可渗透材料建造，如可渗透表面砖、瓷砖。

③布设雨水收集设施

在社区或建筑单体层面建设屋顶园艺、水广场、雨水花园、草地洼地等设施，以缓解积水问题。

（2）荷兰格罗宁根省的多样化洪水管理措施

格罗宁根省在空间规划编制前期，通过绘制该地区海平面上升风险图和能源发展地图，将该区域水资源、农业资源、能源资源、海岸线保护、生态发展和城市发展等内容在空间规划中整合，生成格罗宁根省气候适应地图，并基于此地图提出韧性空间战略干预策略。

具体的空间规划策略包括：利用北岸前面瓦登岛形成新的防护层，充分利用其自然条件提供新的安全区域；将代尔夫宰尔海闸定位在城外，创造更安全的环境并提供向海洋发展的机会；将生活区渐移至南面更安全的高海拔区域；在盐碱度升高的北岸地区发展盐土农业和水产养殖试验区；加高洛维斯湖的封闭坝使该地区能够在冬季储存更多雨水，将区域地势最低的地区作为水存储区，并创建健康的生态链接，利用现有的运河系统传输到农业生产地；在紧邻的勃土区拓展现有的农业，充分利用新的水系和生态湿地改善后的皮特殖民地地区，并将其建设成大规模农业区。

4.1.2.3 基于水污染控制与水生态修复的工程应用

（1）日本多自然河川治理技术

"多自然型河川"是日本于 1990 年提出的治水思路，并于 1990—2006 年快速发展，围绕生态系统的修复与构建出现了各种新的工法。其关键技术包括河滩湿地的修复与公园化利用（即利用季节性洪水特征进行生态修复、生态构建以及景观建设），护坡的自然化与多样化建设，柳枝工、蛇笼等传统治水工法的恢复使用，水岸线的自然化及还弯去直（如钏路川整治工程），湾部、浅滩、深渊等人工栖息地的建造，河畔林的恢复等。

2006 年，日本国土交通省在"多自然型河川"的基础上提出了"多自然河川"工程模式，指出水利工程不仅要考虑生物的栖息、生育、繁殖环境保护，还要与当地的生活、历史、文化、管理相结合，其建设不应局限于示范工程、区间工程与统一的形式方法。"多自然河川"工程模式实现了工程模式的脱"型"转变。

（2）澳大利亚墨尔本水敏性规划项目

①林布鲁克地产项目增加新开发用地污染物去除率

该项目示范区共 55 公顷，共 271 个居住单位。通过建筑、道路、公共空间三级处理，运用雨水滞留反应器、雨水处理型人工湿地（监测设计参数和污染物去除率）、雨水处理树箱、道路中间带、高级水生态过滤等关键技术，使污水中氮含量减少了 60%（标准 45%）、磷含量减少了 80%（标准 45%）、悬浮物减少了 90%（标准 80%），安装成本比平常的普通绿地和排水管网投资仅高 0.5%。

②爱丁堡公园滞留雨水径流就地回收利用

爱丁堡公园通过储藏的雨水过滤介质和各种植被实现自然化净化，再通过分流管分流给需要的区域。爱丁堡公园每年可吸收 16 000 千克的固体悬浮颗粒，过滤地下存水达 200 吨，每年可提供公园所需灌溉水的 60%。

（3）瑞士图尔河去直取弯再自然化

图尔河是瑞士东北部的主要河流，有着极大的季节性流量差异。图尔河早期的治水与防洪观念过于依赖水利和工程技术，通过防洪建堤、改弯取直和拦河筑坝等措施使洪水快速通向下游，致使洪水最高水位时段的洪峰流量提升、湿地消失，最终生物被迫迁徙或灭绝。自 20 世纪 80 年代起，政府意识到治洪的方法需从局部洪水防范转变为对整体流域进行综合治理，因此开始分阶段推进图尔河全流域的防洪与自然修复工作，进行了去直取弯的工作，提升了水安全级别与水生态质量。

（4）法国巴黎地下管网综合管廊规划与技术

地下管网综合管廊主要解决巴黎早期水质污染、环境卫生、疾病传播等问题。最初以排放雨水和污水的重力流管道系统、蓄水池为主，直接连接建筑与污水处理厂，后通过在管网中铺设水管、煤气管、通信电缆和光缆，进一步提高了综合管廊的工作效率。如今巴黎地下管网系统长达 2300 多千米，位于地面以下 50 米，可参观，便于维修。

（5）中国南京市内秦淮河引水冲污

内秦淮河直接从长江引水，分别引至上元门水厂及大桥水厂，在经过初步去污处理后，通过暗管流入玄武湖，在湖内进行水体交换，而后通过武庙闸出水内秦淮河东、北、南、中端均经珍珠河冲洗，最后通过铁窗棂泵站、西水关闸将水排入外秦淮河下游，完成内秦淮河水系部分范围河道的冲洗。引水冲污工程可输送及降解水系污染物，稀释污染物浓度，置换水体，增加河道水体流量，在综合考虑环境效益与经济投资成本的情况下有利于水污染防治。

（6）中国成都活水公园人工湿地处理污水系统

成都活水公园地处成都市中心府南河畔，占地面积约 24 000 平方米，是一个极具国际知名度的环境治理成功案例。该系统主要通过厌氧及兼氧沉淀生态系统沉淀、分解部分有机污染物。植物塘及植物床系统则是处理污水的核心部分，污水在该系统中实际成为维持生物群落正常生长所必需的营养成分，促进植物生长的同时净化自己。养鱼塘系统则主要养殖以藻类和微生物为饲料的观赏鱼类及水草，其排出的鱼粪等有机污染物又能在一定程度上促进藻类植物的生长，由此起到生物监测作用，保证系统中的生态平衡。

4.1.2.4　基于水气候适应的工程应用

巴黎冷却网络（Climatespace）是欧洲最大的地区冷却网络，在巴黎的一个特许模式下运作，称为气候空间。其他的冷却网络包括位于巴黎西部的大型商业区拉德芳斯的两个区域供热网络，由 IDEX 和 Dalkia 运营。区域供冷网络极具创新性，是欧洲第一个供冷网络，如今已成为最大的供冷网络。该网络通过在城市周围抽冷水来代替许多办公室、商店和酒店以及巴黎一些著名建筑（例如卢浮宫）的空调和冷水机。Climespace 使用现有建筑物的地下室和屋顶以及通向塞纳河的地下连接通道，并通过该城市的污水系统运行 60% 的网络，降低网络开发成本和对城市的影响。

Climespace 的区域冷却网络长 71 千米，其中大部分网络位于城市中心，而巴黎东北和西南部则存在两个单独的较小网络（图 4-11）。巴黎区域供热网络较多利用现有的污水处理系统，在诸如巴黎这样人口稠密的城市中，采用这种方式则避免了为扩展网络而频繁开挖道路，大大降低了成本并降低了网络开发中断的可能性。当必须在巴黎开挖道路时，城市当局有责任协调和减少这种干扰，并且应该与其他公用事业公司（例如 ErDF）进行协调，以确保可以同时进行道路工程。该网络使冷水流经通常位于建筑物地下室的能量转换站，转换站里包含一个热交换器，用于冷却建筑物内部的集中式冷却系统。这些能量转换站具有不同的容量，具体取决于建筑物的最大需求量，与建筑物以前的电制冷机和冷却塔相比，它们仅占用少量空间（20 平方米）。

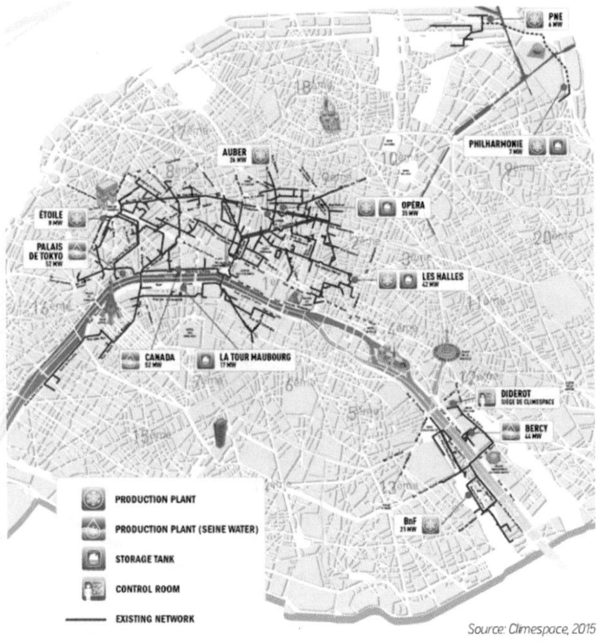

● THE CLIMESPACE NETWORK

Climespace's district cooling network is over 71 km long with the majority of the network in the centre of the city and two, separate smaller networks exist in the North East and South West of Paris as shown in Figure 4. The scale, and rapid growth, of the district cooling network in Paris has been achieved, in part, by running 60% of the network through the existing sewage system. In a dense city such as Paris this significantly lowers the costs and disruption of network development as roads do not always have to be dug up in order to expand the network. When roads do have to be dug up in Paris it is the responsibility of the city authorities to coordinate and reduce this disruption and the city may coordinate with other utilities such as ErDF to ensure that roadworks can occur at the same time. The network is expanded based on new demand with a large consumer identified and the network expanded to meet this consumer and to connect other consumers along the new pipe's route.

The network flows cold water through energy transfer stations that often sit in the basement of buildings and contain a heat exchanger to cool the building's internal centralised cooling system. These energy transfer stations have different capacities dependent on the estimated maximum demand of the building and take up only a small amount of space (20 square-meters) compared to the building's previous electric chillers and cooling towers.

FIGURE 4:   Network map of Climespace showing extent of network and production sites

Source: Climespace, 2015

图 4-11   巴黎冷却网络分布图

（资料来源：https://www.districtenergy.org/HigherLogic/System/DownloadDocumentFile.ashx?DocumentFile Key=b7d8029e-fb30-d023-a362-50f251a39458&forceDialog=1）

目前 Climespace 拥有 9 个冷水生产站点，其冷容量为 330 兆瓦，每年可提供41 200 千瓦时的制冷量。区域供冷网络中的 3 个生产站点从塞纳河抽取冷水来对电制冷机进行预冷却。这样，电制冷机的耗电量就大大降低了，从而提高了能效，

减少了 CO_2 排放量。区域供冷网络的控制室致力于最大限度地利用这种"免费供冷",并将这 3 个生产站点用作网络的基本负荷供应处,在一年中满足 Climespace 75% 的供冷需求,从而使区域制冷网络的能耗比建筑物中的常规集中制冷少 35%。Climespace 上的其他生产站点有助于满足高峰期的制冷需求,并且使用的是带有冷却塔的高效电制冷机。Climespace 使能耗效率提高 50%,碳排放降低 50%,化学产品减少 50%,耗水量减少 65%,用电量减少 35%,城市热岛强度降低 1~2℃。

4.1.2.5　基于涉水空间优化的规划设计实践

（1）德国汉堡海港城滨水城市公共空间

该案例是"与水共生"的典型案例,通过动态、灵活的干预使得空间高程的设计能够在涨落的潮汐和市民之间创造合适的距离,实现大部分安全时间内市民的亲水愿望,对我国城市滨水空间韧性与亲水性的提高具有启发意义。

海港城西部在历史上一直承担着港口和工业用途,拥有港口低地的典型特征。该地区每日潮汐水位变化显著,每年面临一两次的高水位问题。为防范滨水地区的风暴潮,传统的设计策略往往采用修高坝把水挡在外面的方式,但坝体造价高,并且阻断人的滨水体验。因此,海港城中心城市如居住、工作、商业、文化和休闲等新型混合功能地区中的建筑,建造在比原先标高高出约 3 米的地方（图 4-12）。

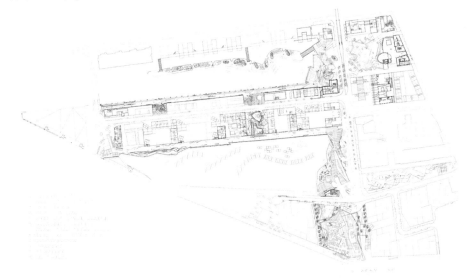

图 4-12　改造后的港口区域平面

（资料来源：https://www.gooood.cn/public-spaces-hafencity-miralles-tagliabue-embt.htm）

功能区在竖向设计上有一条分界线，分界线下为可能被淹没的区域，底层建筑为车库或咖啡厅，洪水期间密封的大门保护建筑内部，外部公共空间淹没。在滨水空间设计上，可以清晰地看到那条分界线，宽度适宜的滨水空间，层次分明，变化丰富，一层层从建筑延伸到水边（图4-13）。具体而言，功能区在竖向分为三个等级：水平面高度（0.00米）主要是大的浮动平台，为小型船只、快艇和渡船提供停靠的区域，同时形成了滨水休闲空间；滨水走廊高度（4.50米）主要为行人设计，使得市民可以从临街小型咖啡馆俯瞰滨水走廊，这个高度的设施只有在非常恶劣的天气下才会被淹没，大约每年两三次；街道（7.50米）则成为城市相对安全的区域。

图4-13　竖向设计分界线及滨水空间
（资料来源：澎湃市政厅公众号）

从适应性上而言，该案例为我国滨水城市的空间韧性以及堤岸分层复合化提供启示，通过动态、灵活的设计换取在绝大多数安全时间内的滨水亲水性，实现从"治水防水"到"与水共生"的理念转变。

（2）澳大利亚珀斯伊丽莎白码头（Elizabeth Quay）

该案例是国外"引水入城"的典型案例，通过将部分城市土地开挖归还水体，实现引水入城和城市中心形象塑造。在对江岸进行改造的过程中，内挖部分城市用地，将水引入并分割出江中浮岛，通过层次分明的景观规划、复合多元的活动安排等工作，改善大江大河的亲水性（图4-14），这为我国城市中心区滨水城市设计在江岸改造方面提供了一种新的思路。

该码头在设计策略方面有以下特点：①城市土地开挖，引入水体；②对土地进行混合性利用，分层分段，综合利用；③营造品质高的滨水绿化带与广场等开放空间，形成丰富的空间组合；④步行环境、过境交通外移实现人车分流；⑤加强腹地与滨水地区的步行、活动、视觉联系，提升滨水空间可达性；⑥考虑人工岛的植物配置。在开发模式方面，体现滨水公共性，并且保证长期持续的投入，有节奏地打造引擎项目。

从适应性上而言，该案例为我国滨水城市中心引水入城，吸引高端要素集聚，提升滨水空间活力提供启示，但面临着土地开挖为水体所关联的经济平衡，以及新开挖水体的流动性等挑战。

图 4-14　伊丽莎白码头实景

（资料来源：https://www.gooood.cn/elizabeth-quay-by-tcl-arm-architecture.htm）

（3）美国圣安东尼奥滨河步道（River Walk）

该案例是国外中小尺度滨水空间改造的典型案例，通过将下沉式泄洪渠改造为滨水立体休闲商业步道，实现滨水空间活化和社区场所感营造，符合"以水兴城"的理念。将下沉式泄洪渠改造为滨水立体商业，利用原泄洪设施高差实现人车立体分流，注重在地建造及河流自然特征，精心组织混合功能，传承历史水文化，解决了大 U 形河道易涝难题，改善城市微气候，实现滨水空间活化（图 4-15）。我国老城区保护规划在改造与生活街区交织的中小尺度河道方面也可以考虑揭盖复涌、立体改造等手段激活地区活力。

该步道在设计策略方面有以下特点：①结合人车立体分流，巧妙处理泄洪设施高差；②精心组织腹地的混合功能，包括商业及文化服务、酒店与办公、居住等；③注重在地建造，维护河流自然特征；④通过垂直于河道的公共步道提升滨水空间可达性；⑤传承历史文化，安排水上功能，凸显"西班牙殖民复兴"风格。在环境绩效方面，该规划设计实践首先解决了汛期易涝的问题，其次改善了周边的微气候，同时净化水质，涵养水源。在开发模式方面，采用了政府机构、民间团体、营利组织、设计师、工程师多方协作的模式。

从适应性上而言，该案例为我国城市老城区内常与生活街区交织的中小尺度河道改造提供了启示，但国内老城区内用地紧张，揭盖复涌压力大，且南方丰水地区汛期水位变化大，借鉴需要因地制宜。

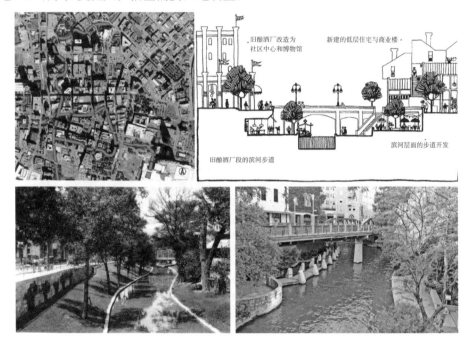

图 4-15　圣安东尼奥滨河步道实景

（资料来源：陈泳，吴昊 . 让河流融于城市生活——圣安东尼奥滨河步道的发展历程及启示 [J].

国际城市规划，2020: 1-16.）

4.2　国内治水理念梳理与实践应用

4.2.1　先进治水理念梳理

4.2.1.1　"治水政策"指导治水行动

1）我国治水政策发展概述

近年来，我国多次出台治水政策及行动，从 2015 年国务院发布的《水污染防治行动计划》（简称"水十条"），到 2016 年 10 月国家发改委印发的《全民节水行动计划》以及 2016 年 12 月中央全面深化改革领导小组通过的《关于全面推行河长制的意见》，展示了我国治水工作在各具体领域的探索，既体现了我国对治水理念与技术认知的进步，也反映了党中央和人民政府全面实施水体污染治理战略的决心。

2）我国重要治水政策的内容梳理

（1）"水十条"：水体污染治理部署的动员计划

国务院于 2015 年 4 月发布了《水污染防治行动计划》（简称"水十条"），开展了全国水体污染治理的战略部署。它明确"大力推进生态文明建设，以改善水环境质量为核心"，以"节水优先、空间均衡、系统治理、两手发力"为原则，贯彻"安全、清洁、健康"方针，实施科学治理，系统地推进水污染防治总要求。同时该计划还提出到 2020 年全国水环境质量得到阶段性改善，到 2030 年力争全国水环境质量总体改善，到 21 世纪中叶生态环境质量全面改善，生态系统实现良性循环的治理目标。该计划提出十条具体措施：①全面控制污染物排放；②推动经济结构转型升级；③着力节约保护水资源；④强化科技支撑；⑤充分发挥市场机制作用；⑥严格环境执法监管；⑦切实加强水环境管理；⑧全力保障水生态环境安全；⑨明确和落实各方责任；⑩强化公众参与和社会监督等。

（2）全民节水计划：建设节水型社会的行动指南

为贯彻落实"十三五"关于实施全民节水行动计划的要求，推进各行业、各领域节水，在全社会形成节水理念和节水氛围，全面建设节水型社会，国家发改委于 2016 年 10 月印发《全民节水行动计划》[①]，在农业节水增产、工业节水增效、城镇节水降损、缺水地区节水率先行动、产业园区节水减污行动、节水产品推广普及行动、节水产业培育行动、公共机构节水行动、节水监管提升行动、全民节水宣传行动等十个方面提出了具体的要求。

（3）"河长制"：实现河湖水综合管理的制度保障

2016 年 12 月 11 日，中央全面深化改革领导小组第二十八次会议通过《关于全面推行河长制的意见》，决定在全国推行河长制，并要求在 2018 年底全面落实河长制。

"河长制"于 2007 年首创，应用于无锡市以解决太湖污染情况，取得了很好

---

①中华人民共和国水利部. 全民节水行动计划[EB/OL].http://www.mwr.gov.cn/zw/tzgg/tzgs/201702/t20170213_858892.html.

的效果。此后，河长制推行到江苏、浙江等省份。2014年水利部开始在全国推广试点河长制。2018年6月底，全国已有31个省（自治区、直辖市）建立河长制，明确省、市、县、乡四级河长一共30多万名。

河长制的核心是对河湖水管理的首长负责制。其组织形式是：党委或政府主要负责人担任各省（自治区、直辖市）的总河长，省级负责人担任各省（自治区、直辖市）行政区域内主要河湖的河长，市、县、乡负责人分级分段担任同级区域内的主要河湖。另外，县级及以上河长设有相应的河长制办公室。

3）我国治水政策的意义及启示

"水十条"实行"政府统领、企业施治、市场驱动、公众参与"的社会共治模式，动员政府、市场、企业、公众全民参与水体污染治理，各司其职，各施所长，协同配合。我国治水政策的实施腾出了环境容量，实现了水环境保护，拓展了生态空间，促进我国的生态文明建设，为国土空间规划奠定了基础；以生态保护反向推动我国经济结构调整，对我国经济社会发展方式的转变产生了重要的影响。

《全民节水行动计划》提倡全员参与、自觉行动，以增产、增效、降损、减污等为目标，覆盖各领域、各层面、各环节，旨在提升水资源利用率，促进可持续发展。

河长制制度体系和组织体系的建立，推动了我国河湖专项整治行动的深入开展，解决了过去的河湖管理难题，实现了河湖"有人管""统一管""管得好"的愿景。同时还实现了对上下游、左右岸、水上和岸上的系统统筹和治理，为推进流域水污染防治提供了制度保障，促进了流域水环境质量的全面改善。

"水十条"和"河长制"均以"节水优先、空间均衡、系统治理、两手发力"为原则，均将"保护水资源、防治水污染、改善水环境、修复水生态"作为主要任务，强调了水资源、水环境和水生态三者间的紧密联系，两者均是改善流域水环境质量的重要抓手。精准施策是"河长制"的关键，要根据不同河湖存在的主要问题编制"一河（湖）一策"，结合实际合理地设置和协调其下的管理部门，实行差异化绩效评价、考核。此外，把"河长制"的落实情况纳入中央环保督察，切实推动各地切实落实环境保护的责任，实现依法治污、科学治污。

4.2.1.2 "城市双修"推进生态修复

在建设生态文明的背景下，国家对水环境问题的重视程度逐渐提升，城市土地开发也由增量发展向存量发展转变，提出包含"生态修复"与"城市修补"的"城市双修"概念。其中，"生态修复"是指对被破坏的城市自然山体、河流、植被等生态系统的恢复与重建，其重点任务为恢复地区的生态环境、涵养水源并为生物提供栖息环境；"城市修补"则针对城市公共服务质量与市政基础设施条件改善，发掘和保护城市历史文脉和社会网络，塑造城市特色，提升城市活力，其重点任务是协调生态地区保护与城市发展，实现棕地再生、规模控制及经济重振。

2015 年 6 月，三亚首先开展了"城市双修"的试点工作；2016 年 11 月，住房和城乡建设部在《关于加强城市修补生态修复工作的指导意见（征求意见稿）》中明确了"生态修复"理念在城市开发建设中的重要指导地位，发展至今我国已有 58 个"城市双修"试点城市。

城市双修中的先进治水实践主要包括：开展水污染治理工作，全面实施控源截污，强化排污口、截污管和检查井的系统治理，进行水体清淤，全面实施城市黑臭水体整治工作。避免城市开发对水环境的进一步破坏，加强对城市水体自然形态的保护，避免盲目裁弯取直，禁止明河改暗渠、填湖造地、违法取砂等行为。在此基础上，系统开展江河、湖泊、湿地等水体生态修复，在保障水生态安全的同时，恢复和保持河湖水系的自然连通和流动性[①]，构建良性循环的城市水系统；因地制宜改造渠化河道，重塑自然岸线和滩涂，恢复滨水植被群落，增加水生动植物、底栖生物的生物多样性，增强水体自净能力。

4.2.1.3 "海绵城市"实现低影响开发

本小节以北京市顺义区某住宅区低影响开发雨水系统建设项目为例，展现海绵城市低影响开发的理念，该案例在居住区开发中统筹雨水系统和管网，通过低影响开发的雨水系统完善人居环境，改善区域水环境。

（1）项目概况

东方太阳城老年住宅区位于北京市顺义区潮白河的西岸，占地面积 234 公顷，其中景观湖占地 18 公顷，集中绿地和高尔夫球场占地面积 70 公顷。项目定位为自然生态住宅区，且场地空间布局适合低影响开发雨水系统建设。项目所在地原为河滩淹没区，地势较低洼，建设期间周边无配套市政雨水、污水管线，内涝风险高。同时，在一期建设初步完成时，作为重要亮点的中心景观水体因自净能力差，出现水体富营养化、发臭、耗水量高等多重问题。

---

①2017 年 3 月 6 日中华人民共和国住房和城乡建设部发布《关于加强生态修复城市修补工作的指导意见》。

（2）设计方案

项目利用多功能调蓄水体（景观湖）、雨水湿地、植草沟、雨水花园、初期雨水弃流设施等低影响开发设施进行径流雨水渗透、储存、转输与截污净化，实现径流总量减排、内涝防治、径流污染、雨水资源化利用等多重目标，并通过生态堤岸、人工土壤渗滤与中水湿地循环净化等保障了景观水体水质（图4-16）。

此外，该项目未建设雨水管渠系统，而是通过有效的场地竖向设计实现地表雨水的有组织排放，同时道路、绿地可作为超标雨水径流排放通道。

该项目投资合理、效果显著，便于运行管理，二期、三期同样采纳了低影响开发雨水系统的设计，并经受住了北京 2011 年"6·23"、2012 年"7·21"等暴雨事件的考验。

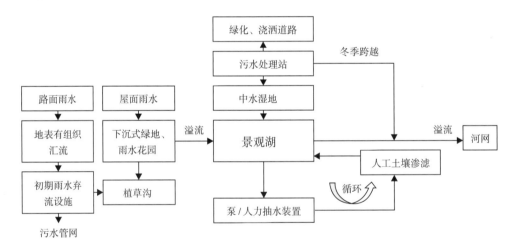

图 4-16　东方太阳城低影响开发雨水系统与水环境设计方案

（资料来源：中华人民共和国住房和城乡建设部. 海绵城市建设技术指南——低影响开发雨水系统构建（试行）

（建城函〔2014〕275 号）[Z]. 2014-10-22.）

（3）综合效益

项目利用低影响开发设施替代管渠系统，投资成本与传统开发模式持平，大大提高了小区内涝防治能力。其综合效益主要体现在以下几个方面：

①每年利用雨水资源近 70 万立方米，年径流总量控制率约 85%。

②通过低影响开发设施有效控制径流污染，入湖径流雨水水质大大改善；人工土壤渗滤和湿地循环净化系统使湖水水质得到明显改善。

③自然、生态设施的建设改善水体景观效果，为水生植物、动物提供了良好的栖息地。

4.2.2 治水实践应用

4.2.2.1 综合性治水实践

1）广东省万里碧道建设

广东水网密布、河湖众多，水资源丰富，社会经济和人民生活与河湖水系关系密切。2018 年 10 月习近平总书记视察广东时指出，广东水污染问题比较突出，要下决心治理好，要全面消除城市黑臭水体，给老百姓营造水清岸绿、鱼翔浅底的自然生态。为贯彻落实习近平生态文明思想以及习近平总书记对广东重要讲话和重要指示精神，提升广东生态环境治理能力，加快建设美丽广东，广东省委、省政府决定，坚持以人民为中心，高质量规划建设万里碧道。

本小节通过介绍广东省万里碧道的建设内容，为今后城市建设中的水系修复治理、岸边带景观设计、城市亲水发展提供借鉴，并且以碧道为例，示范多部门协同合作，向全国乃至世界提交广东的治水建水答卷。

广东万里碧道是以水为纽带，以江河湖库及河口岸边带为载体，统筹生态、安全、文化、景观和休闲功能建立的复合型廊道。通过共建共治共享的系统思维，优化廊道的生态、生活、生产空间格局，形成碧水畅流、江河安澜的安全行洪通道和水清岸绿、鱼翔浅底的自然生态廊道，留住乡愁、共享健康的文化休闲漫道和高质量发展的生态活力滨水经济带。碧道建设结合各相关部门原有的水资源、水安全、水环境等有关工作，采用系统治理、多元复合、部门协同的新理念进行整合、优化、提升，同步推进水生态保护和修复及水岸景观与游憩系统建设，提升碧道的生态、文化和公共服务功能，推动岸上产业结构转型，建设生态活力滨水经济带，实现沿线地区协同发展。

碧道建设集生态工程、民生工程、经济工程于一体。全省各地碧道设计应在碧道理念指导下，结合地域的自然生态特征、历史文化特征和城乡建设特征，处理好保护与开发的关系，坚持节约优先、保护优先、自然恢复为主的方针，综合考虑地区近远期发展需求，加强各部门、各专业间协作，实现生态、社会、经济综合效益。为规范和指导全省碧道设计和运行维护，特制定了以下技术指引。

碧道的设计内容包含以下几点：

（1）水资源保障

确定碧道所在河湖生态流量控制断面并按照河湖水资源条件和生态保护需求，确定河湖生态流量目标。

应注重水资源保障建设，促进水资源的优水优用以及再生水利用，促进水资源的良性循环积蓄和良性运作，对不满足生态流量的河湖，可因地制宜采用工程与非工程措施提升生态流量保障程度，非工程措施包括水利工程调度、污水处理厂尾水提标回用、雨水资源化利用等。

（2）水安全提升

提升水安全应先开展现状防洪、排涝能力等水安全现状调研与评估，调查经济社会发展情况，分析防洪排涝标准是否满足规划设防标准，重点调查江河海堤不达标、险工险段、过洪能力不足、堤身结构不安全、病险水闸泵站、水浸黑点、河道管理范围划定、防汛抢险通道等情况，分析碧道建设范围内水安全"短板"。

同时结合广东省大江大河堤防加固达标、中小河流治理、海堤建设等相关规划实施内容提升堤防安全。堤防建设应与已颁布的行洪控制线衔接，河道治理措施应与已有的治导线①规划成果协调。

注重水陆交界面生态连续性的营造与维护也是必不可少的。在有条件的地区，水安全工程对营造有利于生物群落的生存与恢复的生境界面有所帮助。闸坝、陂头、泵站等水利建筑物与河道岸坡的连接界面应平顺自然。

需要注意的是，提升的前提是不影响社会稳定、防汛抢险和日常管理维护，不应降低防洪（潮）标准，宜结合碧道建设改善河道行洪条件，提升行洪能力。对于已达标堤段，按照相关规定落实河道管理范围线划定要求及制定防汛抢险和日常管理维护方案。对于未达标堤段，可采取必要的工程措施，如实施险工险段整治、拓浚、控导、筑堤、生态护岸、海岸带防护工程等工程措施，以提升河道的安全韧性。

（3）水环境改善

开展水质状况调查是改善水环境的第一步，可采用入河排污口整治、面源和内源污染治理等措施改善河道水环境。

水质状况调查包括水体质量调查、沉积物污染状况调查和污染源调查，无资料地区应开展必要的补充监测。在水质调查的基础上，进行水质评价，评价标准应符合现行国家标准的相关规定。

对碧道所在河段水质不达标的，应巩固提升水污染防治攻坚战成效，设计水

---

① 治导线指河道整治后在设计流量下的平面轮廓线。

质提升工程，提升水环境容量，提升水质，消灭黑臭水体。在发展成熟阶段，水质应达到生态环境部门考核要求且满足相应水功能区水质目标。

（4）水生态保护与修复

碧道水生态保护与修复包括水生态现状调查与评估、河流生态缓冲带划定、河流自然形态保护和修复、生物栖息地营造和多样性保护等方面。工程重点区域包括生态敏感区、饮用水水源保护区、水产种质资源保护区、岸线保护区、鱼类"四场一通道"和重要湿地等。对于现状生态良好的碧道以保护为主，对于现状生态较差的碧道应设计相应的修复工程，逐渐完成生态系统恢复。同时碧道所在的河道新建护岸在保证防洪安全前提下宜采用生态护岸，对于现有的硬质化护岸，可因地制宜进行生态化改造，营造更适宜生物栖息的环境。在生物多样性的保护方面，碧道建设应确保其只增不减，鱼类、植物的配置应充分论证，防止外来物种入侵。同时，碧道设计范围涉及自然保护区内的，应严格遵守相关法律法规。

（5）景观与游憩系统构建

系统的构建第一步需要做的就是现状资源调查。应在现有资料的基础上，结合碧道建设需求，对自然资源和人文资源两方面补充调查。

在碧道的主题功能策划方面应注重整体性和系统性，有效整合区域各类资源要素，统筹考虑城乡发展，衔接发展改革、自然资源、生态环境、住房城乡建设、交通运输、水利、农业农村、文化和旅游等相关部门在碧道所在滨水地区的相关规划，实现碧道体验自然、品味文化、畅享健康等多样化功能。同时，充分挖掘现存的历史文化遗产，做好历史文化遗产的保护与利用工作。结合城乡建设的需求，以体验式、互动式和观赏式等多种形式彰显地域水文化特色。

在碧道的景观与游憩系统的构建方面，应包括水陆游径系统建设、景观绿化设计、服务设施布局、标识系统设置、节点设计和水文化要素设计等内容。景观与游憩系统的相关设施应优先满足安全要求，位于设计洪水位以下的应考虑水流作用下的安全问题。

2）浙江省"幸福河"建设

该项目是浙江省治水成果从"五水共治"到"美丽河湖"再到"幸福河湖"的巩固和迭代升级。"五水共治"重在治理，分别是：治污水、防洪水、排涝水、保供水、抓节水。"美丽河湖"重在功能、形态改善以及发展助推，而"幸福河湖"以人的满足感、幸福感为中心。其内涵要义的核心是"九龙护水，九水泽民"，围绕水安全、水资源、水环境、水生态、水景观、水产业、水文化、水保护、水管理等九要素，聚焦流域高质量发展与民生福祉提升。

在分阶段建设目标上，项目提出2020年摸排调查河湖现状，建立幸福河指标体系，完成幸福河建设总体规划，启动行动计划和流域规划编制；2022年基本完成五大流域幸福河建设；2025年基本完成美丽河湖风景线连线成片；2035年全面织成一张彰显浙江特色的幸福大水网，幸福指数达到国际一流。在空间布局上，包括了八大流域幸福河、五大平原幸福水网、百个市县幸福水域、千条幸福河流的建设。在评价指标体系方面，对应平安之河、健康之河、宜居之河、文化之河、富民之河、和谐之河六方面，已初步提出18个一级指标、30个二级指标（表4-6）。

表4-6　浙江省新时代河湖幸福指数评价指标体系初步建议

目标层	一级指标	序号	二级指标	权重
平安之河	防洪排涝安全	1	防洪排涝工程达标率	
		2	监测预报预警能力	
	洪水安全	3	供水安全系数	
		4	饮用水源地水质达标率	
		5	废污水达标处理率	
		6	水土保持率	
健康之河	水域环境质量	7	水环境功能区达标率	
		8	生态流量（水位）保证率	
	生物环境质量	9	自然岸线保有率	
		10	水生生物多样性指数	
		11	植被覆盖率	
	河湖健康程度	12	河湖健康等级	
宜居之河	水岸环境优美性	13	水体、岸线整洁性	
		14	河岸绿化率	
		15	河岸景观优美性	
	亲水便民设施完备性	16	滨水廊道亲水乐水岸线比例	
		17	沿河滨水廊道公共服务配套设施设置合理性	

续上表

目标层	一级指标	序号	二级指标	权重
文化之河	文化资源条件	18	河流人文资源、水利遗产保护程度	
	文化内涵展示	19	水文化传播水平	
	文化活动宣传	20	水文化宣传活动开展数量及公众参与度	
和谐之河	河（湖）长制	21	河湖管理保护制度完善性	
	水域岸线管理保护成效	22	水域岸线基础工作良好性	
		23	岸线利用空间布局和谐性	
		24	河湖保护成效良好	
		25	公众保护意识与参与性	
	河湖管理现代化	26	河湖管理现代化	
富民之河	水旅融合产品	27	水旅融合产品对GDP与人均收入贡献率	
	产业结构优化	28	沿河绿色产业结构优化提升率	
	经济实力水平	29	流域城乡居民人均可支配收入与全省平均水平的比率	
	公众满意	30	公众满意度	

资料来源：https://mp.weixin.qq.com/s/UzonmFIOu056vs59mrlX9w。

浙江省幸福河湖建设是以水利部门牵头的中国大江大河治理的先行示范，体现了国内涉水空间规划理念从"主要重视安全保障"向"全面构建复合功能"转变，统筹范围由"水域本体"向"水陆统筹"转变，设计思路由"水利工程设计"向"整体空间设计"转变的趋势。

3）上海市"一江一河"建设

上海市"一江一河"的建设规划范围为：黄浦江自闵浦二桥至吴淞口，长度61千米，总面积约201平方千米；苏州河上海市域段，长度50千米，总面积约139平方千米。根据上海市规划和自然资源局公布的《黄浦江沿岸地区建设规划（2018—2035）》和《苏州河沿岸地区建设规划（2018—2035）》，黄浦江沿岸的定位为国际大都市发展能级的集中展示区，苏州河沿岸的定位为特大城市宜居生活的典型示范区。此项规划导则中提到"黄浦江沿岸地区将成为全球城市核心功能的空间载体，具有全球影响力的金融贸易、文化创意、科创研发功能的汇聚地以及人文内涵丰富的城市公共客厅，体现高等级文化影响力、高活力公共空间、景观特色鲜明的标志性展示窗口"。上海"一江一河"建设规划结合黄浦江流域水资源、水生态、水景观、水经济等要素对水域及岸域空间进行综合规划治理，是我国较为全面深入地一次综合治水实践探索，也充分地体现了城水耦合作用下以水兴城的规划思想。

（1）黄浦江沿岸规划

①规划范围

黄浦江自闵浦二桥至吴淞口，长度 61 千米，进深约 2~5 千米，总面积约201 平方千米。

②规划策略

《黄浦江沿岸地区建设规划（ 2018—2035 ）》根据全球城市核心功能发展需求以及沿江各区段发展态势，在黄浦江沿岸形成"三段两中心"的功能结构。杨浦大桥至徐浦大桥为核心段，集中承载全球城市金融、文化、创新、游憩等核心功能。徐浦大桥至闵浦二桥为上游段，以生态为基本功能，注重宜居生活功能的融合，依托科创园区培育创新功能。吴淞口至杨浦大桥为下游段，基于港区转型升级，大力发展创新功能，并强化生态与公共功能的融合。以外滩—陆家嘴—北外滩地区、世博—前滩—徐汇滨江地区为核心，进一步集聚金融、贸易、航运、创新、创意、文化和总部商务等全球城市功能。此种将河流或一定水域范围进行不同功能组团划分的规划方法有利于丰富河流沿岸水景观的多样性，也根据不同区域段的自身发展情况有效地促进了水经济的价值提升。

为打造具有全球示范性的高品质人居滨水空间，《黄浦江沿岸地区建设规划（ 2018—2035 ）》中提出了以下规划路径：

a. 构建世界级的滨水复合功能带：以创新引领产业转型与能级提升，带动重点功能区发展，培育若干特色创新集聚区。塑造黄浦江滨水文化带，高密度布局高等级文化设施，丰富文化设施层级。

b. 塑造开放有活力的公共活动体系：因地制宜延伸滨江公共空间，增设垂江慢行通道，提升滨水公共空间的环境品质；打造上海旅游经典品牌，形成水陆联动、多元体验的游憩空间。

c. 营造体现历史积淀的人文水岸：推动历史遗产深度挖掘，注重历史肌理和环境的协同保护；强化历史遗产活化利用，植入新功能。核心段组织各具特色的文化探访线路。

d. 建设韧性平衡的滨水绿色廊道：完善滨江绿地规划，纵向加强楔形绿廊布局，形成互联互通的生态网络；强化水绿生态空间的多样性，营造滨江绿色低碳的示范带。

e. 打造特色鲜明的滨水空间景观：打造沿岸"疏密有致"的空间序列，强调建筑色彩与公共环境的整体协调性，构建分区分类的天际线和色彩管控体系。

以上规划从黄浦江沿岸生态本底出发，从城市设计角度综合考量地区发展潜力，充分发挥黄浦江的外部性效益。规划策略上将本土地方特色植入河流沿岸空间载体中，增强水文化的地方属性。

（2）苏州河沿岸规划

①规划范围

苏州河上海市域段，长度 50 千米，中心城段进深 1~3 千米，郊区段进深 2~8 千米，总面积约 139 平方千米。

②规划策略

《苏州河沿岸地区建设规划（2018—2035）》中对苏州河沿岸的规划愿景具体包括：一是多元功能复合的活力城区，居住、就业、休闲功能在时间和空间上高度复合，保有持续活力；二是尺度宜人、有温度的人文城区，是亲切和谐、引人向往、体现城市文化底蕴的滨水游憩场所；三是生态效益最大化的绿色城区，河流两岸有机融入生态网络，生态建设与市民日常生活紧密关联。综合治理将总体目标提升到生态、人居、活力三个方向，在此基础上进行管控。

规划综合考虑沿岸功能、发展和建设情况，将全域分为三个区段，内环内东段（恒丰路以东）是"上海 2035"总体规划明确的中央活动区范围，在这里打造高品质公共活动功能；中心城内其他区段体现上海城市品质，实现宜居宜业的复合功能；外环外区段定位为生态廊道，实现生态保育和休闲游憩功能。与黄浦江沿岸地区建设规划相似，苏州河上海市域段沿岸地区建设规划同样对不同流域区段做出了符合各区段自身发展态势的差异性措施，以最大地提升河流的外部性效益。

《苏州河沿岸地区建设规划（2018—2035）》同样基于总体目标提出了若干规划治理路径，如：打造舒适宜人的生活型活动轴线；实现中心城区段滨水空间全线贯通；构筑网络化的公共空间系统，优化跨河通道布局，注重跨河通道人性化、景观化设计，加强滨河空间与腹地联系；建设富有活力的滨河功能带。促进城市宜居、生态、商务、创新、文化、旅游等功能的相互融合等，各规划子项都指向三大总体目标，并结合苏州河已有的生态及社会价值，提出了水体保护的必要性，为我国其他城市河流沿岸地区的建设治理建立了较好的示范样本。

4.2.2.2 专项性治水实践

1）非传统水资源利用专项

（1）香港海水冲厕

该项目是近海地区为了减少淡水资源的浪费而构建的淡水、海水两套管网系统，推广海水冲厕，节约淡水资源，提高水资源的有效使用，运用非传统水资源补充城市生活用水，以达到节水的目的。

香港作为世界上广泛使用海水冲厕的少数地区之一，每年可节省约 2.8 亿立方米的淡水，相当于香港总用水量的 20%。

冲厕海水供应系统如图 4-17 所示。通过海水抽水站提升海水，再经过隔滤和消毒处理并使用电解氯技术进行处理后，将海水输送到区域配水库，再通过输配水管网向用户配送。海水冲厕系统与传统饮用水系统类似，在海水冲厕系统出现故障时可使用生活饮用水作为补充。

对于供应冲厕海水的区域会设置一套独立的海水冲厕系统，材质也要求采用耐海水侵蚀材料，海水冲厕后与使用过的淡水一并进入城市污水管网，污水管网采取混凝土管，其中海水占污水总量约 18%。

此外，香港也一直向大众推广节水器具的使用，在海水供应终端的马桶应用新型冲便器，其冲水量比原来减少了 1/3，有效地节约了水资源，使用过的海水通过污水管网回收到水厂处理后再排回大海，完成海水利用的水循环。

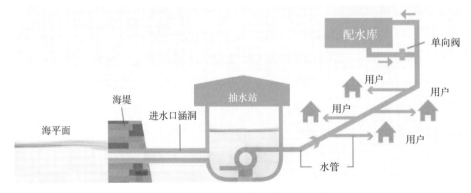

图 4-17　香港冲厕海水供应系统模式图

（图片来源：https://www.wsd.gov.hk）

（2）珠海分质供水

近海地区咸水期供水安全、城市日益增长的用水需求以及传统输水系统与技术不完善等因素导致珠海供水能力遇到瓶颈，该项目针对该情况而设计，旨在提高供水效率与水资源使用效率。

珠海市通过用水结构的分析和预测，对生活、工业、第三产业等用水进行研究，发现城市总体用水比例（综合生活：工业：第三产业）在 2005 年为 6：3：1，2020 年约为 4：4：1。可见城市对于非饮用水资源的需求日益增长，用水呈现多元化趋势（表 4-7）。

基于用水结构的变化，珠海市将分质供水系统种类分为：城市自来水系统、城市污水再生回用系统、工业原水系统、雨水利用系统、海水利用系统 5 套供水管网系统。

①城市自来水系统

该系统通过优化自来水厂水处理工艺以及增加微生物、毒理学指标、感官性状指标等提高供水水源的水质，满足城市居民日常生活用水需求。并进行管网改造，可以减少管网漏失率，同时提高供水水质。

②污水再生回用系统

珠海市的再生水运用对象主要在河流景观的生态补水、绿化灌溉用水、工业用水和市政杂用水 4 个方面。该类用水对于水质需求不高，可降低原水处理成本。针对工业用水，珠海在布置工业园区时特别注意到不同工业用途对于水质需求的差异，因此结合污水处理厂地方位置而设置不同水质的供水网络。

③工业原水系统

工业原水是基于区域规模化原水需求而布置，其用水成本较净化水低，一般适用于石油化工、造纸、钢铁等重工业。其中临港工业园区已经建成 15 万立方米/日工业原水系统，预计未来工业原水需求量会不断增加。

表 4-7　珠海市各工业原水需求预测图

项目名称	各期原水需求量（万立方米/日）			备注
	近期（2005年）	中期（2010年）	远期（2020年）	
石化基地	2.0	15.0	36.0	根据《临港石化基地规划》
粤裕丰	4.4	8.0	8.0	根据用水客户提出的用水要求，其中华丰纸业中远期用水量应纳入石化基地内
华丰纸业	3.0	6.0	6.0	
珠海电厂	2.0	4.0	6.0	
其他	1.0	3.0	5.0	不可预见量取10%
合计	12.4	30.0	55.0	中远期扣除华丰纸业水量

资料来源：田林莉. 城市分质供水系统研究 [D]. 重庆大学，2007.

④雨水利用系统

珠海因地处南方丰水地区，同样也是广东较多雨的地区，年平均降水量2271.6毫米，降雨范围广，历时长，有着充沛的自然水资源。回收的雨水可以应用于市政用水、冲厕用水、消防用水、洗车用水等方面。

⑤海水利用系统

珠海的海水利用系统主要应用于临海工业园区的工业冷却用水与冲厕用水，工业冷却水主要应用于主流冷却技术或循环冷却技术。回收的部分海水同时可以用于海岛的规划建设，以应对海岛缺乏淡水的问题。

2）蓄滞洪区建设专项——蒙洼蓄洪区

蒙洼蓄洪区于1953年建成，位于淮河干流洪河口以下至南照集之间阜南县境内，南临淮河，北临蒙河分洪道。区内地势由西南向东北倾斜，地面高程26～21米。整个区域面积180.4平方千米，耕地1.32万公顷；区内总人口19.5万，涉及阜南县5个乡镇及阜蒙农场。

蒙洼蓄洪工程由淮河左堤和蒙河分洪道右堤以及王家坝进洪闸和曹台子退水闸构成，圈堤总长94.3千米，设计水位27.7米，设计进洪流量1626立方米/秒，设计蓄洪库容7.5亿立方米。当出现王家坝水位达到29.2米且继续上涨的情况，可适时启用蒙洼蓄洪。1953—2019年间，于1954、1956、1960、1968、1969、1971、1975、1982（2次）、1983、1991（2次）、2003（2次）年共11年实现了14次蓄洪，进洪概率约5年一遇。

2020年淮河大水，7月20日王家坝水位达到29.65米，超过保证水位0.45米，蒙洼蓄洪区第15次开闸蓄洪，蓄洪前转移群众2千余人。7月26日关闸，76小时总蓄洪量3.75亿立方米。蒙洼蓄洪降低了淮河干流水位，对淮河安澜起到关键作用（图4-18）。

图4-18　蒙洼蓄洪区建设历程

3）海绵城市建设专项——浙江台州永宁公园

该案例是土人设计事务所参与设计的一个以预防水灾害和优化水景观、提升水生态为目标的实践。其秉承了与洪水为友的设计理念，去除以往硬质的水泥防洪堤，取而代之以缓坡入水的生态护坡为防洪堤。通过恢复河道深潭与浅滩，设置可淹没区，引入乡土植物，使得河流生态得以恢复。这对国内其他易受到洪水灾害滋扰的地区及滨水地带的建设具有参考价值。

台州市位于浙江中部沿海，靠山且地处海积平原的地理环境导致其容易受到台风带来的强降水、强风和风暴潮的影响而产生积水，同时也易受海潮和涝灾的影响而容易产生洪水。其境内河网密集，以椒江和金清水系为主，这两大水系流域面积占全陆域80%。永宁公园位于永宁江边，永宁江是椒江最大的支流。永宁江的洪水可以分为山溪性和感潮性，随着上游水闸的建成以及长期的围垦造田和"填河、填湖"等对水系的人为破坏，永宁江的水文环境被改变，其逐步演变为人工痕迹明显的工程河流，丧失了自然泛洪、泄洪及生物调节等功能。由于洪泛区面积急剧缩小，河网调蓄能力下降，增加了对永宁公园的洪水威胁。为应对洪水，该案例在设计时采取了以下措施。

（1）洪水模拟，确定不同重现期的洪水淹没区

从流域的整体格局出发，借助 GIS 建立数字高程模型（DEM），模拟洪水自然径流过程以及在低洼地带的汇流过程，发现洪水过程的关键湿地和河网格局（图 4-19）。

进行相关库容和水位模拟，通过工程水文计算寻找可调节的洪水量和安全泄洪流量，计算洪水蓄洪的规模和面积。通过计算水量、坡度、洪水位降低合理高度、减小洪水蔓延面积等，对湿地和河道缓冲区协同削减洪峰的多种方案进行择优比选。

确定面临不同洪水风险的湿地规模、格局和河道缓冲区宽度，根据不同风险等级确定不同的水安全规划设计方案和管理措施。

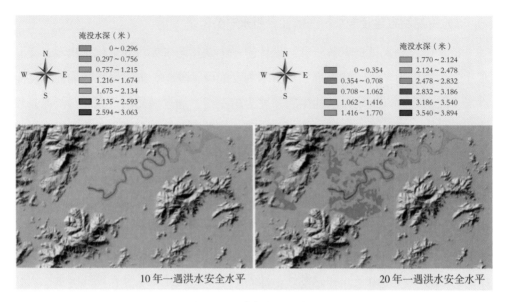

淹没水深（米）

0~0.296
0.297~0.756
0.757~1.215
1.216~1.674
1.675~2.134
2.135~2.593
2.594~3.063

淹没水深（米）

0~0.354
0.354~0.708
0.708~1.062
1.062~1.416
1.416~1.770

1.770~2.124
2.124~2.478
2.478~2.832
2.832~3.186
3.186~3.540
3.540~3.894

10年一遇洪水安全水平　　　　　　　20年一遇洪水安全水平

图 4-19　洪水淹没区分析

（资料来源：刘海龙，俞孔坚，詹雪梅，等 . 遵循自然过程的河流防洪规划——以浙江台州永宁江为例 [J]. 城市
环境设计，2008（04）:29-33.）

（2）停止河道渠化，恢复和保护河流自然形态

在保留原有的水泥防洪堤基础上，腾挪堤顶空间，将原来的垂直护坡改为种植池放缓坡度并恢复土堤，形成亲水界面。对于尚未渠化的河堤，根据新防洪过水量要求保留江岸沙洲和苇丛作为防风浪的障碍物，保留和恢复滨江湿地，坚持使用 1:3 的缓坡土堤；部分地段扩大浅水滩作为湿地和滞流区，为本地鱼类及水生植物提供栖息场所和洪水期的庇护所；对河床进行一定处理，建设深槽和浅滩，在鱼礁坡上种植乡土物种，形成人可以接近江水的界面。

（3）营造旱涝调节的内河湿地系统

在防洪堤外侧构建连续的带状内河湿地作为旱涝调节的生态系统，形成可淹没区。旱季可维持堤防及生态系统，雨季可作为滞洪区。构建区域性连片内河湿地系统有利于为乡土动植物提供栖息地，创造丰富的生物景观，为市民提供亲水休闲场所。

（4）寻找不同洪水适应能力的多样化植物配置方案

面对场地水位变化，寻找适应性及生命力强的乡土植被作为基底，以竖向分级作为设计手段，根据不同洪水水位进行配置，营造适应洪水过程的多样化景观。

4）生态修复工程专项——三亚红树林生态修复工程

该工程通过丰富的驳岸生态系统、指状相扣的地形、台地与生态廊道、打造适应地形的景观盒子和慢道等方式，对混凝土防洪堤岸与荒芜的土地进行了生态修复，解决了场地内的水安全、水污染与水生态问题，完善了生物多样性提升技术、生态堤岸设计技术、生态格局控制技术等技术体系内容，具有重要的借鉴意义。

项目场地面积为 10 公顷，位于三亚市中心的三亚河东岸，原场地内陆和海水交汇处的生态状况十分脆弱，水体受城市径流污染，周围以混凝土墙围绕为主，场地里存在大量已被政府叫停的建设项目。同时，主干道路与水面间存在 9 米的陡坎，亲水性较差。

工程项目的目标是修复红树林生态系统，并给其他的城市修补和生态修复项目做示范。设计通过打造丰富的驳岸生态系统、利用指状相扣的地形把海潮引进公园、建立台地和生态廊道系统、打造适应地形的景观盒子和慢道等策略，解决了场地内部强热带季风、季风期上游汇集的洪水、受污染的城市径流、公众游憩与自然修复的结合四大方面的问题。

（1）打造丰富的驳岸生态系统

重新利用场地堆填的城市建筑垃圾和拆除防潮堤遗留的混凝土废料，通过填—挖的方式创造不同水深的滩涂来满足以红树林为主的各类动植物的生长栖息需求，形成丰富的驳岸生态系统。

（2）利用指状相扣的地形把海潮引进公园

将地形改造成指状相扣的形态，把海潮引进公园，同时避免了来自上游季风期洪水的冲击和来自山区和城市的径流污染。这样的形态最大化地加强了边界效应（岸线边界接近原来的 6 倍，从 700 米增加到 4000 米），0~1.5 米的水深变化增加了生物多样性，涨潮落潮保障了对水生生物十分重要的动态水环境系统。

（3）建立台地和生态廊道体统

方案利用城市道路与水位之间的 9 米落差，建造与生物洼地相结合的梯田。同时，利用场地的内部高差，建立一系列的台地和生态廊道系统，以此来截流并净化来自城市的地表径流，并将高低错落的步道、平台等公共空间布置其间。

（4）打造适应地形的景观盒子和慢道

步道路网的设计跟随着地形的变化，漂浮于自然景色之上的空中栈道将人带入林上，俯瞰红树林；五个景观盒子被精心地布置在林间幽静景美的位置，同时也创造了必要的遮阴挡雨空间。模块化的混凝土盒子能抵抗强烈的热带风暴，不同角度的摆放给观鸟爱好者们提供了最佳的观鸟视野。

规划实施三年后，混凝土防洪墙内的荒芜土地被成功地修复成一个郁郁葱葱的红树林公园，海潮与淡水的交融，塑造出既美丽又生态的景观。

4.3　水环境工程技术工具箱整合

水环境工程技术工具箱主要是指在城市涉水空间规划中可应用的科技发明和工程技术的集合。本章主要面向水资源集约利用、水灾害安全防控、水污染控制、水生态修复等目标，整合规划、市政、水利等专业的涉水相关技术，选取技术可行、实施有效的工程技术工具。

4.3.1　整合水资源集约利用"工具箱"

该专项的工具箱涉及不同的工程技术和发明专利：雨水资源收集利用工具、中水回用工具、水量平衡测算及调配工具、水文预报工具。该"工具箱"的应用范围适用于不同尺度层级，包含流域、新区、街区、地块等不同范围；可结合水现状评估、规划设计技术使用，达到水资源集约高效利用的效果。

4.3.1.1　雨水资源收集利用工具（适用尺度：街区／地块）

（1）技术名称

收集、储存和循环利用雨水的储水装置及储水方法（发明专利；公开／公告号：CN105544648A；申请／专利号：CN201510881520.2）

（2）作用解读

该项技术装置主要为应用于小区及建筑单体的雨水收集储存设备，其中过滤井和储水池与建筑雨水收集管相连，设备埋入地下低于常年地下水位的深度。储水时，雨天收集雨水及地下水，晴天收集地下水，雨水经过滤井净化后汇入储水池，地下水经渗透管汇入储水池；用水时，通过提升泵，将储水池里的水输送到用水场所。该项技术集水方式多样，能够同时收集雨水及渗透地下水，高效利用雨水，同时通过减少雨水的排放，缓解市政管网的排水压力（图4-20）。

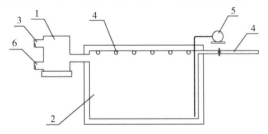

图4-20　专利主视结构示意图

1—过滤井；2—储水池；3—雨水收集管；4—渗透管；
5—提升泵；6—市政雨水排放管

4.3.1.2 中水回用工具（适用尺度：新区）

（1）技术名称

城市污水处理与污水再生系统（实用新型专利；公开/公告号：CN 208292822 U；申请/专利号：CN201820550640.3）

（2）作用解读

该项技术提供了城市污水处理及再生系统，用于解决城市污水处理不充分引起的城市水系统污染问题及实现城市水资源循环利用。系统由垃圾梳集装置、S形水处理通道、污泥沉淀池、污泥收集装置、污泥处理场等部分组成，系统入口通过与城市污水管道连接，收集城市污水，污水通过系统处理后排入城市水系。经过该系统处理后的水能达到二类以上水质，达到城市污水的充分处理及清洁排放，同时，处理后的水可以应用于景观补水，也可进一步处理后用于城市生活用水，从而实现水资源的循环利用（图 4-21）。

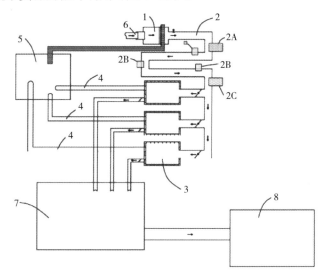

图 4-21 专利主视结构示意图

1—垃圾梳集装置；2—S形水处理通道；2A—矿物离子诱导剂投放器；2B—碳基高频电子释放器；

2C—生物活性剂投放器；3—污泥沉淀池；4—污泥收集装置；5—污泥处理场；6—城市污水管道；

7—城市景观水域；8—城市自来水供应系统

4.3.1.3 水量平衡测算及调配工具（适用尺度：新区）

（1）技术名称

区域水资源供需态势预测及动态调控方法（发明专利；公开/公告号：CN 102254237 A；申请/专利号：CN201110114100.3）

（2）作用解读

本发明主要为区域水资源供需态势预测及动态调控方法，该技术通过分析外部环境系统、需水系统、供水系统和调控系统之间的动态过程和反馈作用关系，实现对区域水资源供需态势预测及动态调控。外部环境系统主要对经济、人口和环境等要素的相互作用及动态变化进行分析，通过分析计算生产、生活和生态的需水量；通过对蓄水、引水、提水等供水系统进行分析，计算供水量及分析供水过程变化；对外部环境系统、需水系统和供水系统进行综合分析，实现区域水资源供需态势预测，并通过调控系统进行水资源的动态调控，实现水资源的可持续利用（图4-22）。

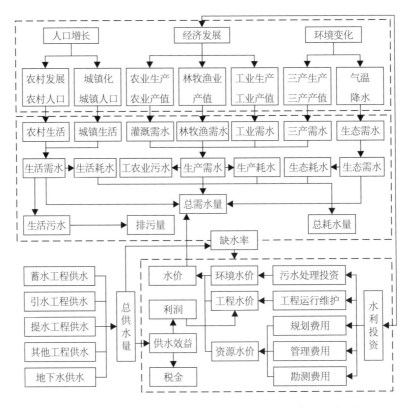

图4-22　区域水资源供需态势预测及动态调控方法示意图

4.3.1.4　水文预报工具（适用尺度：流域）

（1）技术名称

基于经验模态分解的中长期水文预报技术（发明专利；公开/公告号：CN 104091074 A；申请/专利号：201410330966.1）

（2）作用解读

该技术主要为基于经验模态分解的中长期水文预报方法，首先通过经验模态分解及核主成分分析等工作，利用数据处理设备建立水文预报模型，再应用该水文预报模型，对所需预测的年径流量进行分析预测。该技术方法步骤少、操作简单、预测精度高，能有效指导流域水资源管理和开发，实现水资源的集约高效利用（图 4-23）。

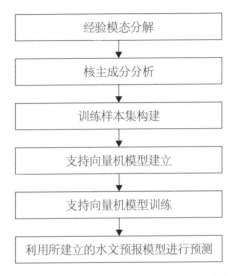

图 4-23　基于经验模态分解的中长期水文预报技术示意图

4.3.2　建立水灾害安全防控"工具箱"

该专项的工具箱涉及不同的工程技术和发明专利：洪水安全防控工具、内涝安全防控工具、水灾害预测工具、水体风险控制工具，包含具体的水灾害安全防控技术。该工具箱适用于不同尺度层级，包含流域、新区、街区、地块等不同范围；同时该工具箱可结合水灾害风险及安全控制等级评估技术使用，优化新区规划方案，达到水灾害可防可控的作用。

4.3.2.1　洪水安全防控工具（适用尺度：流域／新区）

（1）技术名称

水利自控翻板闸门（实用新型专利；公开／公告号：CN104746487A；申请／专利号：CN201310751566.3）

（2）作用解读

洪水安全防控工具通过工程措施在平时状态有效管理流域的水量，以达到动态平衡，同时在雨季或洪峰期做出及时反馈，将洪水的灾害风险有效降低。水利自控翻板闸门技术，能够更为灵活地定位翻板闸门的开闭程度，实现对蓄水情况的控制：当上游来流量加大，上游水位升高，闸门能够开启一定角度泄流；当上游流量减少到一定程度，闸门能够逐渐回关蓄水；从而达到该流量下新的平衡，使上游水位始终保持在设计范围内。通过对该技术的合理应用，能够更好地解决洪水溃堤和枯水期蓄水不足的问题，从而达到更加精细化管控河流水量的目的（图4-24）。

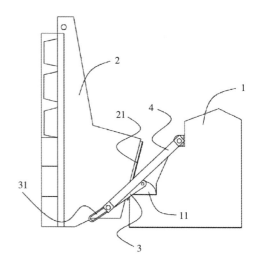

图4-24　水力自控翻板闸坝技术

1—支墩；2—支腿；3—限位连杆；4—大连杆；

11—弧形轮；21—滑槽；31—限位槽

4.3.2.2　内涝安全防控工具（适用尺度：街区/地块）

（1）技术名称

道路路缘石渗透装置以及海绵城市道路（工程设施；公开/公告号：CN207987674 U；申请/专利号：CN201820301585.4）

（2）作用解读

内涝安全防控工具通过工程措施有效地改善城市下垫面，下雨的时候通过可下渗的下垫面降低地表径流，减小城市内涝发生的可能性。道路路缘石渗透装置以及海绵城市道路技术，能够使道路在下雨天对雨水达到"吸、蓄、渗、净"的作用，减缓地表形成雨水径流的速度，从而降低城市内涝产生的风险；同时能够在需要的时候将蓄存的雨水重新利用，供道路绿化区灌溉使用，消减城市的面源污染（图4-25）。

4.3.2.3　水灾害预测工具（适用尺度：流域/新区）

（1）技术名称

水利工程淹没范围展示方法、装置、设备和存储介质（发明专利；公开/公告号：CN111612908 A；申请/专利号：CN202010454691.8）

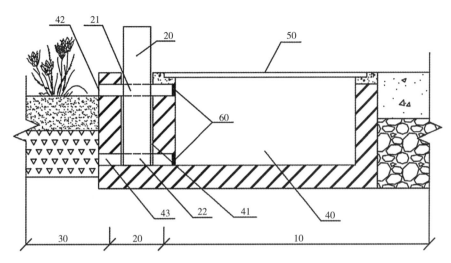

图 4-25　道路路缘石渗透装置以及海绵城市道路示意图

10—路面；20—路缘石；21—溢流孔；22—排水孔；30—绿化区；40—截污槽；41—空腔；

42—溢流导流孔；43—排水导流孔；50—篦子；60—过滤网

（2）作用解读

水灾害预测工具通过数字技术模拟，可以科学地预测水灾害发生的可能性和影响范围，可为灾害预防和灾害相应的工作方案提供决策支持。水利工程淹没范围展示方法、装置、设备和存储介质技术，是构建由 BIM 模型与数字高程模型融合的水利工程的三维模型，根据获取的上下水位控制线确定网格点的水位值，根据网格点的水位值以及高程值的大小关系确定淹没范围，生成淹没范围展示图，并叠加在融合三维模型上展示。本发明提供的水利工程淹没范围展示方法能够直观、精确地反映洪水淹没范围，为水利工程的防汛决策提供有力的支撑，解决了现有技术中对淹没范围的监控还存在着实时性不好而导致预警效果不够理想的技术问题（图 4-26）。

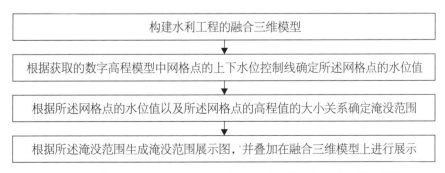

图 4-26　水利工程淹没范围展示方法、装置、设备和存储介质示意图

4.3.2.4　水体风险控制工具（适用尺度：流域／新区）

（1）技术名称

基于水安全的城市水面率规划方法（发明专利；公开／公告号：CN110543
984 A；申请／专利号：CN201910793729.1）

（2）作用解读

水体风险控制工具通过控制城市水体合理的平面布局，实现水灾害安全防控
的目标。城市水面率是影响城市生态系统、防洪排涝系统的关键指标，对城市防
灾能力、环境品质、经济发展等各方面具有重要影响。基于水安全的城市水面率
规划方法，充分考虑各雨水管控分区积水区域面积、深度和内涝风险，根据城市
暴雨数据和城市蓄水量，计算得出基于水安全的最大水域面积及水面率，可操作
性强，结果合理，极具参考性。该工具以模型计算、雨洪计算、水位安全计算为
主要手段，作为城市水安全布局规划、规模设计的重要支撑，提高了城市水安全
规划的科学性（图 4-27）。

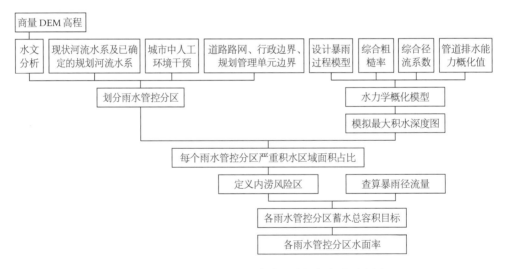

图 4-27　基于水安全的城市水面率规划方法示意图

4.3.3　整合水污染控制"工具箱"

该专项的工具箱涉及水体生态拦污工具、水体生物净化工具、引水冲污工具
以及水体富营养化修复工具，包含多种具体的水污染控制技术。该工具箱适用于
流域、新区、街区、街坊等不同尺度层级，可结合水污染现状评估技术、水污染
控制规划技术使用，优化规划方案，达到水污染可防可控的目的。

4.3.3.1　水体生态拦污工具（适用尺度：流域/新区）

（1）技术名称

①漂浮式可折叠插拔式拦污消浪生态栅装置（实用新型专利；公开/公告号：CN205116123U；申请/专利号：CN201520912714.X）

②河流生态拦污清洁装置（实用新型专利；公开/公告号：CN206941543U；申请/专利号：CN201720678661.9）

（2）作用解读

漂浮式可折叠插拔式拦污消浪生态栅装置通过拦污消浪设施调节相邻水系之间的水量交换，最大程度降低运河水对相邻湖泊水体的影响。该工程设施可有效消除运河侧船波及风浪，通过中间夹层材料土工布过滤运河测泥沙等污染悬浮物（图4-28）。

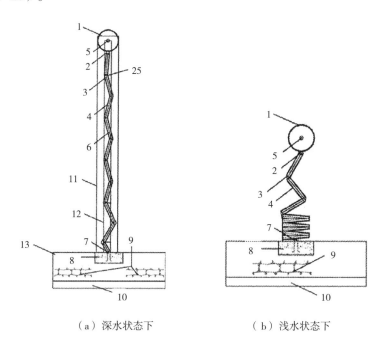

（a）深水状态下　　　　　　（b）浅水状态下

图4-28　漂浮式可折叠插拔式拦污消浪生态栅装置结构图

（资料来源：万方数据）

1—浮标球；2—闭合安全挂钩；3—双层袋式柔性网；4—拦污生态消浪栅；5—穿绳孔；6—夹层材料；
7—底挂钩；8—砼块；9—浆砌块石层；10—碎石垫层；11—H型钢；12—热轧无缝钢管；13—不锈钢圆环

河流生态拦污清洁装置则在逆水流方向设置弧形支撑板，利用过滤网拦截固体漂浮物，而污染物也可顺弧面集中流向污染物收集箱，极大地提高了污染物控制的效率（图4-29）。

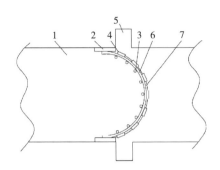

图 4-29　河道生态拦污清洁装置示意图

（资料来源：万方数据）

1—河道；2—固定座；3—挡栏；4—漂浮提示物；5—污染物收集箱；6—弧形支撑板；7—过滤网

4.3.3.2　水体生物净化工具（适用尺度：街区／地块）

（1）技术名称

人工芦苇根孔床（实用新型专利；公开／公告号：CN206278980U；申请／专利号：CN201621410432.0）

（2）适用范围

北方夏季，景观要求较高的水体，街区、街坊层级。

（3）作用解读

人工芦苇根孔床可结合水生环境构建水中的净化岛，以保证芦苇根孔系统与污染水体充分接触。利用根系附着微生物和芦苇的吸收作用，生长的芦苇有效截留固体颗粒污染物，有效降低水体中污染物质的含量。同时根孔系统可为水生动物提供栖息、繁殖的场所，增加水生环境中的生物多样性（图 4-30）。

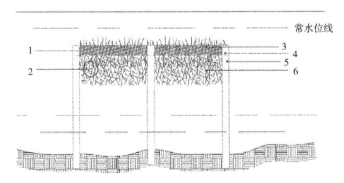

图 4-30　人工芦苇根孔床纵向剖视图

（资料来源：万方数据）

1—固着系统；2—芦苇根系系统；3—垒土培养基；4—泡沫混凝土框架结构；5—泡沫混凝土柱；
6—芦苇根系系统

4.3.3.3 引水冲污工具（适用尺度：流域 / 新区）

（1）技术名称

城市河道用引水冲污装置及其污水处理方法（发明专利；公开 / 公告号：CN104727268A；申请 / 专利号：CN201510083126.4）

（2）作用解读

该发明专利针对现有技术的诸多不足，提供了适用于城市河道的引水冲污装置（包括引水冲污本体和泄水管道）及其污水处理方法，通过引进外河道内的江河水对城市河道进行冲刷，提高城市河道水的自净能力，有效缓解水质污染情况，且具有较好的排涝泄洪能力，经济效益十分显著（图 4-31）。

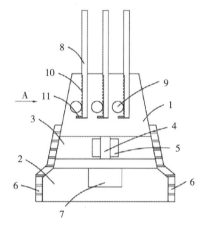

图 4-31　引水冲污本体结构示意图

（资料来源：万方数据）

1—引水横梁；2—支撑底座；3—引水管道；4—转轴；5—桨叶；6—加强板筋；7—储能装置；8—泄洪板；9—驱动齿轮；10—直齿条；11—挡板

4.3.3.4 水体富营养化修复工具（适用尺度：流域 / 新区）

（1）技术名称

修复富营养化水体的组合装置及方法（发明专利；公开 / 公告号：CN102267748A；申请 / 专利号：CN201110205094.2）

（2）作用解读

该发明主要通过取水泵使富营养化水体流经细分子化超饱和溶氧装置，细分子化超饱和溶氧后的小分子富氧水流经超强磁化装置被磁化。该装置工艺简单，成本低，除了恢复水体自身的净化能力，也为河湖水体富营养化的解决提供了新的思路（图 4-32）。

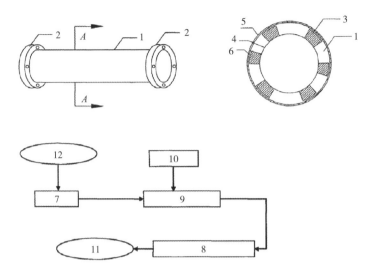

图 4-32 磁化装置整体、磁化装置 *A—A* 截面及组合装置整体示意图

（资料来源：万方数据）

1—磁化通道；2—法兰；3—永磁体；4—内圈；5—外壁；6—屏蔽材料；7—水泵；8—磁化装置；

9—细分子化装置；10—制氧装置；11—净化后水体；12—净化前水体

4.3.4 整合水生态修复"工具箱"

该专项的工具箱涉及的工程技术和发明专利包括：水环境生境营造工具、生态边坡工具以及水环境生态修复工具，即具体的水生态修复技术。该工具箱适用于不同尺度层级，包含流域、新区、街区、街坊等不同范围，可结合水生态修复相关规划技术使用，达到水生态修复及生物多样性提升的目的。

4.3.4.1 水环境生境营造工具（适用尺度：流域/新区）

（1）技术名称

河道溢流堰和溢流堰河道系统（实用新型专利；公开/公告号：CN206267108U；申请/专利号：CN201621199146.4）

（2）作用解读

通过该技术方案可在平水期抬高河道上游水位，增加其水深，营造丰富的河道生境，为水生动物提供栖息地；反之，在洪水期，河水可通过该技术形成高差，水流在下落过程中将与空气充分结合，水中溶解氧的含量及河流曝气性将得到一定的提升。本工具为提高水环境的生物多样性提供可行的技术方向（图 4-33）。

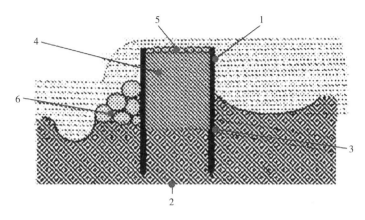

图 4-33   河道溢流堰和溢流堰河道系统示意图

（资料来源：万方数据）

1—木桩；2—河床；3—无纺布包；4—细砂；5—碎石；6—巨石

4.3.4.2   生态边坡工具（适用尺度：流域／新区）

（1）技术名称

①新型植生土工固袋（实用新型专利；公开／公告号：CN207143977U；申请／专利号：CN201721162991.9）

②抗径流抗侵蚀生态防护毯复合结构体及其施工方法（发明专利；公开／公告号：CN107604928A；申请／专利号：CN201710816450.1）

（2）适用范围

主要适用于柔性护坡技术领域。

（3）作用解读

新型植生土工固袋结构简单，固土植生好。结构包括上部敞口、内部装有填土的袋体和顶盖，其中顶盖部分又包括由中间三维芯体构成的三维固土植生毯，以及由双向精微土工格栅构成的顶层和底层，既能有效克服传统边坡防护刚性结构土壤极易流失且绿化效果不好的弊端，又具有性能稳定、寿命长等特点，为生态边坡防护提供了新的思路与方法（图 4-34）。

抗径流抗侵蚀生态防护毯复合结构体，由顶层、底层（加强的土工布层）、中间层三维芯体（土工网垫及土工布条）构成，一体化布局结构简单，能有效避免水流钻入坡地导致的水土流失和边坡塌陷，保护了边坡植被等生态环境，为水生态修复提供了一种行之有效的生态边坡防护工法（图 4-35）。

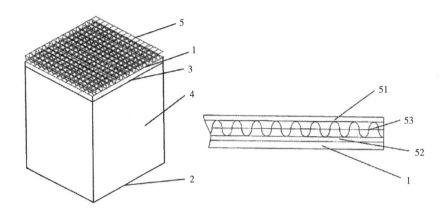

图 4-34 新型植生土工固袋示意图

（资料来源：万方数据）

1—顶盖；2—封底；3—粘扣带；4—袋身；5—三维固土植生毯；51—三维固土植生毯顶层；

52—三维固土植生毯底层；53—双向精微格栅网

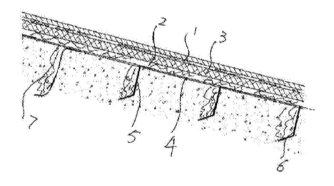

图 4-35 抗径流抗侵蚀生态防护毯复合结构体示意图

（资料来源：万方数据）

1—顶层；2—底层；3—三维芯体；4—土工布层；5—拦土挡墙布条；6—拦土挡墙土工布条下半段；

7—粉质土、潮土淤积成块

4.3.4.3 水环境生态修复工具（适用尺度：流域）

（1）技术名称

基于水生生物对水文条件需求的河道生态修复方法（发明专利；公开/公告号：CN111074838A；申请/专利号：CN202010014776.4）

（2）适用范围

主要适用生态污染严重的河道。

（3）作用解读

该发明提供的河道生态修复方法，首先是对河道进行整体的调查勘测，再确定生态修复区位置、构建河漫滩、布置丁坝及清淤等，在不同生境区域内配置适宜的水生动植物，有效提高河道水体的自净能力，恢复河道生态多样性，增强河流堤岸的稳定性，在水生态修复、水景观塑造等方面均能起到重要作用（图 4-36、图 4-37）。

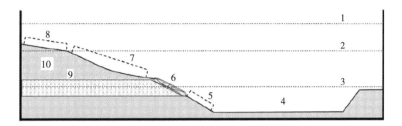

图 4-36　基于水生生物对水文条件需求的河道生态修复方法剖面示意图

（资料来源：万方数据）

1—河道近 2～5 年平均洪水位；2—河道近 2～5 年平均水位；3—河道近 2～5 年春季植物萌发期平均水位；

4—河道；5—沉水植物修复区；6—石笼；7—耐受淹没的湿生植物修复区；8—耐受干旱的湿生植物

和挺水植物修复区；9—丁坝；10—河漫滩

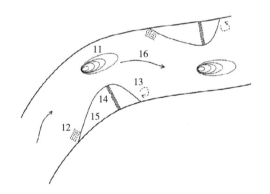

图 4-37　基于水生生物对水文条件需求的河道生态修复方法平面示意图

（资料来源：万方数据）

11—深潭区域；12—浅滩区域；13—回水区域；14—丁坝；15—河漫滩；16—水流方向

第5章

"城水耦合"规划设计技术优化

本章对"城水耦合"的规划体系与规划优化技术的框架和内容进行建构,包括评估方法、指标体系以及涉水空间规划设计技术流程(图5-1)。在此基础上,结合传统规划现存的问题,在现有的规划技术手段的基础上,提出通过增加水利科学的内容来进一步完善空间规划设计技术,形成一套相对完整的"城水耦合"规划方法论。

城市涉水空间主要指城市中的水域、岸域,以及因利用水资源、防控水灾害、治理水污染、修复水生态、适应水气候、提升水景观、创新水文化、共享水经济等需要而进行规划干预的涉水陆域。其中,城市水域指江、河、湖、海和水库等地表水体所在的区域;空间范围包括城市中纳入蓝线管理的区域,以及其他各类用地中与外界水域连通的季节性或非季节性水体通道区域。城市岸域是水域与陆域交接地带的总称;空间范围包括临水控制线至滨水第一街坊内所能进行生产和生活相关活动的用地,以及垂直于水域且满足10~15分钟步行距离内的达水通道。城市涉水陆域指城市岸域以外参与自然水循环与社会水循环的陆域,包括雨水花园、下凹绿地等绿色海绵基础设施,以及市政管网工程等灰色海绵基础设施。

城市涉水空间作为"城水耦合"规划重点干预的实质对象,在进行相关规划时以城市水环境功能合理以及涉水空间品质优良为规划愿景,从"分析论证—规划设计—实施监测"三个阶段规定详细规划的过程和程序。

分析论证是基于利用水资源、防控水灾害、治理水污染、修复水生态、适应水气候、提升水景观、创新水文化、共享水经济等八个方面,对相应的现状涉水环境问题进行评估,为规划设计提供依据。

规划设计是在分析论证的基础上,确定水敏性规划目标,针对性提出"以水定城""以水塑城""以水融城""以水润城"和"以水兴城"的规划设计原则,并对城市涉水陆域的要素规划、城市水域的要素规划、城市岸域的要素规划三个方面的规划方案编制提供指导,最后基于城市环境和水环境对规划方案的编制进行双向评估。

实施监测是规划编制后的实施评估和运营管理的保障。实施效果评估和实施过程评估构成了实施评估的内容。运营管理包含水环境功能和涉水空间品质两个方面问题的精准预警和智慧管理方法。

图 5-1   "城水耦合"规划设计方法

5.1 "城水耦合"规划设计指标体系

目前，城镇建设开发中与城市水系相关的规划缺少相对完整且清晰的规划指标体系，导致规划时常常无章可循。此外，以往涉水空间多种规划并存，涉及的多学科、多部门之间的规划内容、目的与侧重点等有所不同，缺乏整体统筹，造成规划之间联系不够紧密甚至存在矛盾的情况。因此，如何实现可计量、可控制、可评价、可推广的"城水耦合"关键控制技术与规划方法体系集成，探索与城市规划设计全过程融合的协同条件成为当下一个重要的课题。

本节通过国内外实践经验总结与既有研究整理，利用科学有效的方法，梳理水敏性规划重点指标，同时面向水资源集约利用、水灾害安全防控、水污染控制与水生态修复、水气候适应以及涉水空间品质优化五个方向，归纳性地引入若干规划设计所必须掌握的涉水指标，形成城水关系规划设计的整体逻辑框架（图5-2）。

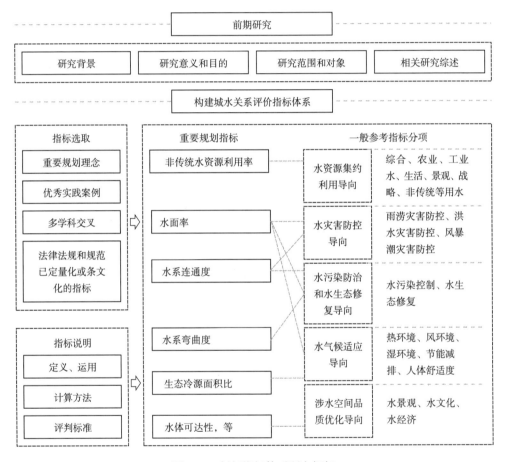

图5-2　创新指标体系研究框架

5.1.1　"以水定城"——基于水资源集约利用的规划指标

本小节基于不同类型的水资源集约利用的规划设计，采取对应的规划指标，形成指向综合用水、农业用水、工业用水、生活用水、景观用水、战略用水、非常规用水等不同阶段、不同类型规划设计的水资源指标管控体系（表5-1）。其中，非传统水资源利用率为重点指标。

表 5-1　基于水资源集约利用的规划指标

指标类型	尺度	规划设计	指　　标
综合用水	城市/片区	水资源总量测算与调配	城市总需水量、水资源可利用量、万元地区生产总值用水量、供水保证率、城市供水管网漏损率、自来水厂综合供水能力
		分水质供水	分质供水覆盖率
	街区/组团	水资源配置	单位建设用地用水量
农业用水	城市/片区	水资源配置	农业需水量
		发展节水高效农业	农田灌溉水有效利用系数
	街区/组团	水资源配置	农业用水量
工业用水	城市/组团	水资源配置	工业需水量
		发展低耗水高新技术产业	万元工业增加值用水量、工业废水排放达标率、工业用水重复利用率
	街区/组团	水资源配置	工业用水量
生活用水	城市/组团	水资源配置	城市生活需水量、公共事业需水量、人均日生活用水量
		节水器具使用	节水型器具普及率、节水型居民小区覆盖率、节水型单位覆盖率、节水型企业覆盖率
	街区/组团	水资源配置	生活用水量、公共事业用水量
		节水器具使用	节水型器具普及率
景观用水	城市/片区	水资源配置	生态环境需水量
	街区/组团	水资源配置	生态环境用水量
战略用水	城市/片区	备用水源规划	备用水源可供水量、备用水源可供水时长
非常规用水	城市/片区	雨水收集利用	雨水资源利用率
		污水处理回用	再生水回用率、污水集中处理率
		海水利用	新建建筑海水冲厕率
		水资源配置	非传统水资源利用率
	街区/组团	雨水收集利用	地块透水铺装率、下沉式绿地率、绿色屋顶率、单位面积控制容积
		污水处理回用	再生水回用率
		海水利用	新建建筑海水冲厕率

5.1.2　"以水塑城"——基于水灾害安全防控的规划指标

本小节针对雨涝灾害、洪水灾害、风暴潮安全防控三个维度，分别提出适用于城市 / 片区尺度的规划设计指标（表 5-2）。其中，水面率为重点指标。

表 5-2　基于水灾害安全防控的规划指标

指标类型	尺度	规划设计	指　　标
雨涝灾害	城市/片区	优化蓝绿比例，降低雨涝灾害风险	年径流总量控制率、径流系数、水面率、河网密度、不透水面率、河道宽度、湖泊面积、分支比、建成区绿地率、雨水管渠设计重现期、内涝防治设计重现期
	街区/组团	落实海绵城市规划指标	绿色屋顶率、下沉式绿地率及其下沉深度、不透水面率、透水铺装率、生物滞留设施比例、居住区绿地率、保障房绿地率、公共建筑绿地率、重要功能区绿地率、工业园区绿地率、道路绿地率
洪水灾害	城市/片区	增加蓄洪空间	水面率、河网密度、河道宽度、湖泊面积、河面率、分支比、城市防洪标准
风暴潮灾害	城市/片区	选取合理的防潮标准	自然岸线保有率、防潮标准、堤顶高程

5.1.3　"以水融城"——基于水污染控制和水生态修复的规划指标

本小节针对水污染控制、水生态修复两个维度，分别提出适用于城市 / 片区、街区 / 组团尺度的规划设计指标（表 5-3）。其中，水系连通度、水系弯曲度为重点指标。

表 5-3　基于水污染控制和水生态修复的规划指标

指标类型	尺度	规划设计	指　　标
工业污染防治指标	城市/片区	产业发展转型规划	水平低、环保设施差的"十小"企业数量
	城市/片区	制定工业用水重复利用标准	工业用水重复利用率、工业废水达标排放率
城镇生活污染防治指标	城市/片区	海绵城市总体规划	地块年径流污染控制率（以SS计）
	街区/组团	海绵城市详细规划	可渗透面积比例、绿色屋顶率
	城市/片区	污水处理厂配套管网建设规划	污水截流倍数、建成区排水管道密度、生活污水集中处理率

续上表

指标类型	尺度	规划设计	指 标
城镇生活污染防治指标	城市/片区	污水处理设施建设规划	城镇污水达标处理率、再生水回用率
		污泥安全处理处置规划	污泥无害化处理率
		黑臭水体综合整治规划	建成区黑臭水体面积比例
农业农村污染防治指标	城市/片区	养殖污染防治规划	畜禽养殖污水处理率
		农业面源污染控制规划	农药化肥利用率
		农村环境综合整治规划	环境综合整治的建制村（个）
饮用水水源地污染防治指标	城市/片区	饮用水安全全过程监管规划	质量极差的地下水比例、集中式饮用水水源水质达到或优于Ⅲ类比例
流域生态污染指标	城市/片区	制定流域综合治理的水质目标	综合污染负荷状况（点源污染负荷排放指数与面源污染负荷排放指数）、重要江河湖泊水功能区水质达标率
水文水资源指标	城市/片区	通过生态补水工程控制水体流量	枯水期径流量占同期年径流量比例、生态用水满足程度
		严格控制水资源的开发利用	平原区地下水超采面积比例、水资源开发利用强度
		制定水土流失综合治理规划与目标	水源涵养与土壤保持功能指数、水土流失综合治理面积率
生境结构指标	城市/片区	水系形态规划中维持天然水面	规划区天然水面（湿地与湖泊）保持率、水面率
	街区/组团	维护水系自然形态，保护城市低级河道	水系弯曲度、水系分支比
		河湖连通工程	水系连通性
	街区/组团	提升滨水岸线生态状况	沿河（湖）重要自然生境保持率、生态岸线比例、河岸带植被覆盖率
生物指标	城市/片区	注重保护物种多样性	物种多样性、特有性物种保持率
水质指标	城市/片区	排污口合理规划	排污口布局合理程度
		制定水质目标	水质状况指数
	街区/组团	湖泊富营养化治理	湖库综合营养状态指数

5.1.4　"以水润城"——基于水气候适应的规划指标

本小节针对热环境、风环境、湿环境、节能减排、人体舒适度五个维度，分别提出适用于城市／片区、街区／组团尺度的规划设计指标（表5-4）。其中，生态冷源面积比为重点指标。

表5-4　基于水气候适应的规划指标

指标类型	尺度	规划设计	指　标
热环境	城市/片区	制定城市热岛效应缓解目标	热岛强度、热岛比例指数
		控制城市扩张，增加城市蓝绿空间	不透水地表比例、生态冷源面积比
		根据城市气候策略规划设计水体形态	水体破碎度
	街区/组团	根据水体降温范围设计水体形态	水体宽度、水体深度
风环境	城市/片区	预留城市通风廊道	城市通风廊道宽度
		结合常年主导风向，适应性规划城市路网	城市主导风向与主要路网夹角
	街区/组团	合理控制通风廊道上与滨水地块的开发强度与建筑布局	容积率、建筑高度、建筑密度
		设计利于通风的城市街道形态	天空开阔度、通风潜力指数、街道高宽比
		根据通风效果设计滨水公共空间植被空间结构	乔木覆盖郁闭度
湿环境	城市/组团	制定城市微气候改善目标	温湿指数
节能减排	街区/组团	建筑设计应用绿色节能技术，如绿化种植、遮阳挡雨设施	能源综合评价指标
人体舒适度	城市/片区	制定城市微气候改善目标	人体舒适度

5.1.5　"以水兴城"——基于涉水空间品质提升的规划指标

本小节针对水景观、水文化、水经济三个维度，分别提出适用于城市／片区、街区／组团尺度的规划设计指标（表5-5）。其中，水体可达性为重点指标。

表 5-5　涉水空间品质提升规划指标体系

指标类型	尺度	规划设计	指　标
景观美学	城市/片区	优化自然水景观	水体可达性、景观格局指数、绿色廊道宽度
	街区/组团	营造滨水城市景观	建筑退让距离，高宽比、河阔比、间口率，空地率、通视率
社会价值	城市/片区	合理控制道路衔接	道路等级及与河道间距、跨河桥梁间隔及密度、公共交通覆盖率
		构建滨水游憩系统	游憩带最小宽度、游憩节点距离，配套设施完善程度，垂直于河道的慢行通道间隔及密度
	街区/组团	延续传统水风貌	特色风貌河道总比重、水体两侧2千米范围内特色资源连通度
		保证沿岸权属公共性	沿岸贯通率，最小连续通行长度
经济效益	城市/片区	发展城市水经济	生产、生活、生态岸线占比

5.2　"城水耦合"规划设计评估体系

本节通过总结国内外实践经验与整理既有研究，利用科学有效的方法，引入水敏性规划重点指标，同时面向水资源集约利用、水灾害安全防控、水污染控制与水生态修复、水气候适应以及涉水空间品质优化五个方向，选择适用于各专题的现状、方案和实施的评估方法，构建城水耦合问题导向下的规划评估方法（以下简称"城水耦合规划评估方法"）。

"城水耦合规划评估方法"可为城镇建设开发中与城市水系相关的规划决策提供指导，尤其在水资源匮乏、水灾害易发、水环境恶劣、水生态脆弱的实践中，尊重自然、优化自然，以人工环境建设主动调节、改善水生态环境，同时满足人们对水环境舒适的需求。

5.2.1　评估组织组成

5.2.1.1　构建评估指标体系及权重

（1）确定评估对象及目标

明确评估对象的空间尺度及评估目标。城水耦合规划评估方法主要针对城市水资源、水安全、水污染与水生态、水气候、水景观五个方面进行综合评价。

（2）确定评估准则层

将评估目标划分为相应子系统，构建评估准则层。如水资源综合承载力评估目标可分为社会生活发展程度、水资源自然承载能力、城市需水总量、城市用水效率四个准则层。

（3）选择评估指标

在满足指标选取原则的基础上，采用德尔菲法、主成分分析法等确定评价指标，同时综合考虑指标的全面性及数据获取的难易程度，可选取包含但不限于本书所选取的评价指标进行定量综合评价。

（4）评估指标的量化与标准化

各评估指标量化应参考标准，标准化关注指标的正向性和逆向性。

（5）评估指标权重确定

运用专家打分法、熵权法、层次分析法等方法确定指标权重，指标加权得出分项评分与总体评价。

（6）应用与优化

针对不同专题的调查结果，对流域状况进行综合诊断与分析，判断需要解决问题的急切程度和实施难易程度，为提出下一步流域生态系统保护和管理以及具体的保护工程和治理措施的建议提供依据，并结合应用效果对评估体系进行优化。

5.2.1.2 多方参与

在多方参与的城水耦合规划中，政府是规划的发起者、决策者和组织者，以综合利益为目标导向，统筹协调各方参与规划过程。城乡居民是规划建设的主要参与者和利益相关方，是保障规划落地的关键。规划设计团队是规划设计的技术提供方、观念引导者和利益协调者，也是保障规划落地实施和城水耦合发展的关键。

5.2.2 指标选取原则

（1）综合性原则

城市水环境是一个复杂系统，包含水资源、水安全、水污染与水生态、水气候、水景观等多个要素，指标选取应尽可能地涉及各项水环境要素。

（2）典型性原则

梳理涉水相关指标及其相互作用，针对性地选取其中较为典型，且具有代表性的能反映涉水空间特征的指标，避免因指标繁多而出现重点不突出的问题。

（3）方便性原则

定量化指标数据应易于获得与更新，保证指标的实用性、可行性与可操作性，难以计算或数据获取难度大的指标不宜纳入评价指标体系。

（4）适用性原则

指标应具有广泛的空间适用性，易于推广使用，可针对不同空间尺度得出客观的现状、方案与使用评估。

城水耦合规划评估方法采取定性分析与定量分析相结合的方式进行评估，列举了相对全面的指标体系，评价时可根据数据获取情况从中选取指标进行评价。

5.2.3　评估技术集成

5.2.3.1　问题识别与持续监测技术

通过统计社会经济信息、收集历史资料、进行生态调查、进行水文调查、监测环境以及遥感等方式，了解流域基本概况和存在的主要问题，分析并评估流域的历史变化过程和变化趋势。

其中持续监测技术包含遥感影像技术、气象站监测系统、水位测量技术、水深测量技术、水生生物实地监测技术、水系变化趋势预测技术、软件模拟技术等。

5.2.3.2　指标选取技术

（1）德尔菲法

对现行标准规范中以及相关领域专家文献中的评估指标进行提取，得到初选的评估指标；利用李克特五级量表赋值的方式设计专家征询表，对上一阶段的初选指标进行分类及进一步筛选，通常规定当指标重要性得分均大于 3 且各项指标的变异系数小于 0.25 时，则表明专家们对该指标的意见较为一致，指标予以保留。

（2）主成分分析法

主成分分析法将多个变量进行降维处理，以少数综合变量取代原始多维变量。具体步骤为：①为排除量纲的影响，首先对原始数据进行标准化；②计算标准化后的样本相关矩阵 R 的特征值 λ_1，λ_2，$\cdots$，λ_3；③计算累积贡献率，一般按累积贡献率之 85 % 的原则确定主成分数；④计算主成分的特征向量和表达式；⑤以各主成分的信息贡献率为权数，对目标进行综合评价。

5.2.3.3　确定权重技术

评估中主要面临评估指标的量化、标准化与评估指标权重确定两个问题，可在以下评估技术中进行选择，如水资源现状评估可以主成分分析法为主，水景观现状评估可采用层次分析法与归一化结合的方法等。

（1）专家打分法

专家打分法是通过征询相关领域专家意见，对专家意见进行统计、整理、归纳和分析，客观地分析各专家的主观判断，对难以定量化的因子做出合理估算，经过多轮意见征询和修订后，确定各因子权重系数的方法。

（2）熵权法

在信息论中，信息是系统有序程度的一个度量，熵是系统无序程度的一个度量，如果指标的信息熵越小，该指标提供的信息量越大，在综合评价中所起的作用也越大，权重也越高。可以运用熵权法求算权重。

（3）层次分析法

层次分析法（analytic hierarchy process，AHP）是美国运筹学家匹茨堡大学教授 Saaty 于 20 世纪 70 年代初提出。该方法特点是在对复杂的决策问题的本质、影响因素及其内在关系等进行深入分析的基础上，利用较少的定量信息使决策的思维过程数学化，从而为多目标、多准则或无结构特性的复杂决策问题提供简便的决策方法，是为难以完全定量的复杂系统作出决策的模型和方法。

（4）网络层次分析法

网络层次分析法（analytic network process，ANP）由层次分析法（analytic hierarchy process，AHP）衍变而来，是由 Saaty 提出的一种适用于非独立的递阶层次结构的决策方法。ANP 将系统内各元素的关系用类似网络的结构表示，更准确地描述了客观事物之间的联系，是一种更加有效实用的决策方法。

5.2.4 评估体系建立

在国土空间规划资源环境承载能力评价和国土空间开发适宜性评价的基础上，建立并完善"城水耦合规划评估方法"，包括"现状评估—方案评估—实施评估"三个环节。

5.2.4.1 现状评估

面向场地现状水资源、水灾害、水污染、水生态、水气候、涉水空间品质进行评估，并对于规划干预行为可能产生的影响进行前瞻性分析及模拟，将评估结果作为方案设计的依据（图 5-3）。

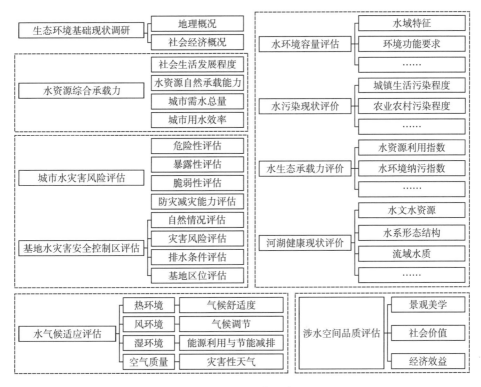

图 5-3　现状评估要素图

5.2.4.2　方案评估

通过指标设定、系统筛选、专家打分等定量与定性结合的评价过程，科学地约束决策过程，将评估结果作为规划设计方案比选的依据（图 5-4）。

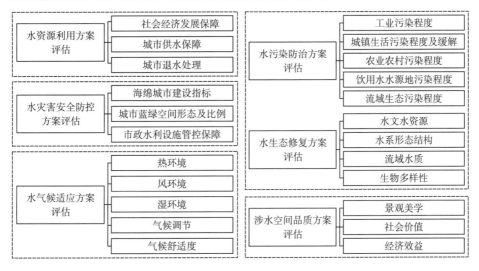

图 5-4　方案评估要素图

5.2.4.3 实施评估

分析空间规划设计实施效果，包括指标的完成度、执行的变化度以及设计目标实施效果等，用于修正规划设计方案以及确定后续行动方案。

（1）评估内容[①]

①规划内容评估

评估规划内容的完整性、技术的规范性、城市发展方向和水系空间布局与规划的一致性。

②实施效果评估

对规划阶段性目标的落实情况、各项规划内容的执行情况与公众满意度进行评价。主要包括以下内容：

规划方案实施效果评估：主要评价城市规划建设实施进程与实施变化效果，评估体系与方案评估体系（见 5.2.4.2 方案评估）维持一致，对比规划方案指标的完成度、执行的变化度等。

规划目标实施效果评估：以方案实施落地后 1 年、3 年、5 年作为评估期限对规划区域进行现状重评估，计算规划实施后的水资源集约利用效益、水灾害安全防控效益、水污染控制效益及水生态修复效益、水气候适应效益与水景观优化效益，评估体系与现状评估体系（见 5.2.4.1 现状评估）维持一致。最后，将现状评估结果、分阶段方案使用评估结果与规划阶段性目标进行综合对比，以此作为方案效益评估。

③实施过程评估

对规划配套政策的建立、实施效果与影响、规划实施的时效性进行评估。其中规划实施的时效性评估考察规划实施过程中不同建设内容的同步匹配程度，例如相关设施的建设进度是否与人口增长、需求增长匹配。除此之外还评估规划委员会制度、信息公开制度、公众参与制度等决策机制的建立和运行情况。

（2）规划修编建议

对规划内容、实施效果、实施过程的评估进行总结，明确实施评估结论，梳理现有规划与规划实施中存在的问题及其根源；分析判断未来发展趋势，并提出修编建议。

---

① 参考《城市总体规划实施评估办法（试行）》。

5.3 "城水耦合" 规划设计指引体系

5.3.1 整体框架

为了在城市规划、建设、监管中做到生态优先、安全为基、因地制宜、规划引领、协同创新，以城市水环境功能合理以及涉水空间品质优良为规划愿景，指导城市涉水空间规划设计过程中"城水耦合"的目标制定，规划设计策略选择及规划技术的落实，本节建立"城水耦合"规划设计指引体系。

规划指引面向城市开发建设中的地表水域、岸域，以及因利用水资源、防控水灾害、治理水污染、修复水生态、适应水气候、提升水景观、创新水文化、共享水经济等需要而进行规划干预的涉水陆域，以"前期评估—发现问题—规划干预策略与技术—多方案评估—实施监测"为主线，构建水资源集约利用、水灾害安全防控、水污染防治与水生态修复、水气候适应以及涉水空间品质优化的规划设计技术流程优化体系，并以此综合分析城市涉水空间的相关问题。

5.3.2 规划目标与原则

5.3.2.1 水敏性规划目标

（1）水资源集约利用（图 5-5）

从不同用水类型出发，结合城市不同时间段的发展水平制定相应的近远期规划目标，制定约束性和指导性规划指标。

①综合用水方面，满足城市发展用水需求。提升水资源利用效率，提高供水保证率和分质供水覆盖率。

②农业用水方面，满足城市农业发展用水需求。降低城市农业用水占比，提升农田灌溉水利用效率。

③工业用水方面，满足城市工业发展用水需求。降低城市万元国内生产总值用水量，提升工业用水利用效率，提高工业用水重复利用率和工业废水排放达标率。

④生活用水方面，满足城市市民生活用水需求。提高城乡自来水覆盖率，提高节水型居住小区、单位、企业覆盖率和节水型器具普及率，降低城市居民人均生活用水量，降低城市供水管网漏损率。

⑤景观用水方面，满足城市景观用水需求。确保各类景观用水旱季不干，雨季不涝。

⑥战略用水方面，单一水源供水的地级及以上城市应基本完成备用水源或应急水源建设。

⑦非常规用水方面，形成多元用水格局。提高非常规用水占总供水量的比重，提升雨水、中水、再生水的利用率。

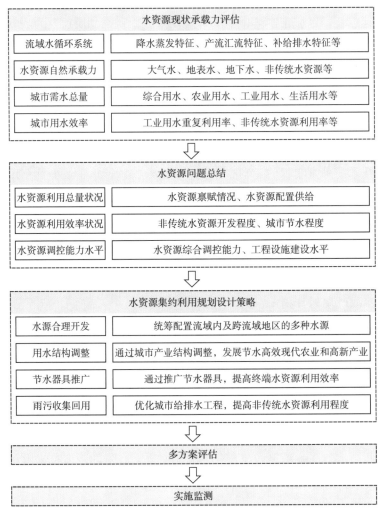

图5-5　基于水资源集约利用的城水耦合规划设计方法框架

（2）水灾害安全防控（图5-6）

从不同防控灾种出发，结合城市不同时间段的发展水平制定相应的近远期规划目标，确定约束性和指导性规划指标。

①洪水安全防控方面，确定城市合理的防洪标准，与城市防洪排涝专项规划进行衔接。对于城市外部过境洪水和较大山洪，需减小下游洪水的洪量和洪峰流

量,降低外部洪水带给市区的压力;对于城市内部自身产生的洪涝和较小山洪,可利用湖库、湿地和其他洼陷结构蓄滞洪水,减轻河道的行洪压力,提高城市防洪排涝体系的安全性。

②雨涝安全防控方面,各地结合水环境现状、水位地质条件等情况,确定径流总量控制和径流峰值控制目标。计算设计降雨量,落实城市内涝防治设计重现期、城市雨水管渠设计重现期、综合径流参数的相关标准,与城市雨水管渠系统及超标雨水径流排放系统相衔接,保障城市安全。

③风暴潮、灾难性海浪安全防控方面,结合防护对象的经济、社会属性,合理确定防潮设施(防潮堤)防潮标准,提高构筑质量,降低海潮影响等级,提升海潮防御能力。

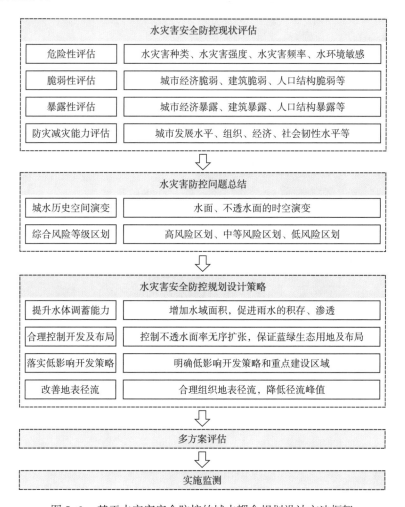

图 5-6 基于水灾害安全防控的城水耦合规划设计方法框架

（3）水污染控制和水生态修复（图5-7）

水污染控制的对象为地表水和地下水，以工业污染防治、城镇生活污染防治、农业农村污染防治、饮用水水源环境安全保障等任务为重。水生态修复包含水文水资源、水体结构、水质、生物四个方面。

①工业污染防治方面，取缔装备水平低、环保设施差的"十小"企业；完成造纸、焦化、氮肥、有色金属、印染、农副食品加工、原料药制造、制革、农药、电镀十大重点行业技术改造；提高工业集聚区水污染集中治理程度。

②城镇生活污染防治方面，提高城镇污水及初期雨水收集、处理率，提高城镇污泥无害化处理处置率；减少城市黑臭水体。

③农业农村污染防治方面，减少畜禽养殖污染，提高施肥技术推广覆盖率、化肥利用率与农作物病虫害统防统治覆盖率，完善农村污水垃圾处理设施建设，增加环境综合整治的建制村数量。

④饮用水水源环境安全保障方面，集中式饮用水水源水质应达到或优于Ⅲ类标准，降低质量极差的地下水比例。

⑤水文水资源方面，在城市及片区层面控制水资源开发利用率，提高生态用水满足程度与水土流失治理程度，增加森林覆盖率，严格控制地下水超采与污染，降低质量极差的地下水比例。

⑥水体结构方面，提高城市及片区层面河岸带植被覆盖率、生态岸线比例、天然湿地与湖泊保持率，增加河流湖库连通指数。

⑦水质方面，需控制城市建设用地比例，减少点源与面源污染负荷，提高片区水功能区水质达标率，降低湖库综合营养状态指数。

⑧生物方面，增加物种多样性与保持特有性物种拥有率。

（4）水气候适应（图5-8）

基于水气候的水敏性规划旨在根据环境分析结果，采取相关措施改善城市微气候，比如针对南方丰水地区城市的气候特点制定相应的气候适应目标：

①在城市热环境方面，通过规划设计控制城市建设密度，增加城市蓝绿空间，减缓城市热岛效应，增加生态冷源面积比，减小城市热岛强度值与热岛比例指数。

②在城市风环境方面，根据城市地形地貌、绿地河道等自然要素分布和城市主导风向，通过规划设计预留城市通风廊道，并控制地块开发强度与建筑布局形式，改善城市风环境，提高城市通风潜力指数。

图 5-7　基于水污染控制与水生态修复的城水耦合规划设计方法框架

③在气候舒适度方面，通过规划设计优化城市热环境与风环境，通过水体的合理设计，改善城市环境湿度，从而提高城市气候舒适度。

④在节能减排方面，根据城市不同的气候分区的气候特点，制定建筑气候适应策略，应用绿色节能技术，提高城市能源综合评价指标。

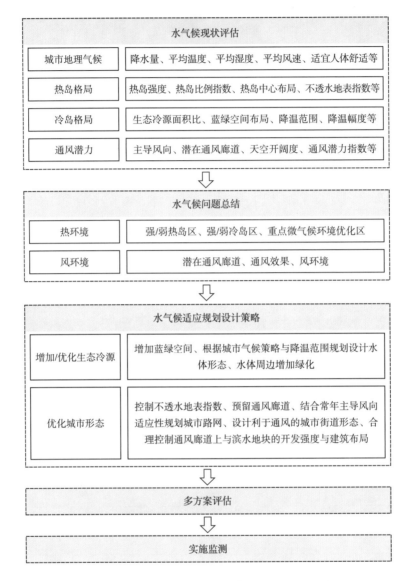

图5-8　基于水气候适应的城水耦合规划设计方法框架

（5）涉水空间品质优化（图5-9）

统筹协调规划、水务、绿化、交通、环保等部门，提出与城市发展水平、人居条件相适应的城市水景观、水文化和水经济建设规划，具体又可分为以下目标：

①自然水景观方面，结合地区水环境，增加蓝绿空间，提升城市水景观覆盖率。

②城市滨水景观方面，改善城市与滨水空间的开敞关系，保证滨水地块的景观通透；将滨水道路与河道的间距控制在合理范围内，最大程度衔接城市与滨水空间，保证滨水地块的可达性。

③滨水游憩系统方面，以城市滨水空间环境为依托，丰富滨水活动类型。增加休闲游憩空间，提升滨水空间活力，如滨水特色路径，旅游观光设施，亲水、便民配套设施等。

④滨水传统风貌方面，延续城水肌理，保护城市传统水岸空间格局；梳理河道风貌，挖掘和保护古桥、水埠、码头、仓库、运河等历史遗存；结合传统水文化活动，弘扬和扩大城市水文化影响力。

⑤保证沿岸权属公共性，实现滨水地区沿岸贯通，让市民共享城市水岸。

⑥城市水经济方面，引水入城，提升城市水岸经济效益；以水兴城，优化生产、生活、生态岸线配置。

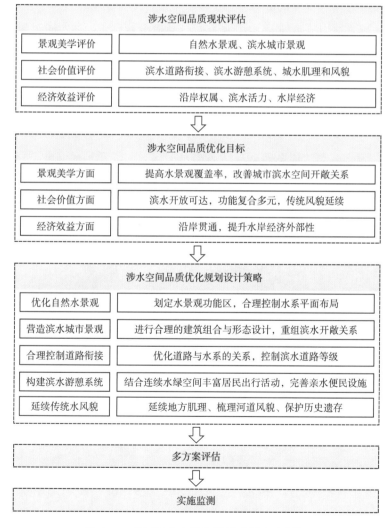

图 5-9　基于涉水空间品质提升的方法框架

5.3.2.2 水敏性规划原则

（1）"以水定城"（图5-10）

①评估水资源承载力

分析降雨量、蒸发量、河涌径流量、水资源量、汇流特征等水资源要素，在地下水、地表水评价的基础上计算水资源总量，水资源总量扣除洪水期难以控制利用的水量和生态基流后计算区域水资源可利用量，评估水资源承载力。

②测算城市发展规模

基于水资源三次平衡的测算和水资源承载力评估情况，分别得出不同情景下的城市适宜发展规模，并进一步确定人口规模、产业结构。

③分析产业布局及用水类型

根据水资源承载力评估情况、城市发展规模以及各类产业需水特点，对不同区位的功能布局进行引导，按照需水量及水质需求分级，确定相适应的产业功能以及用水类型。

④确定适水发展模式

将水资源作为最大刚性约束，对于水系相关缓冲区等重要地带的用地开发进行调整，基于水资源约束条件调整城市用水配置方案以及用水强度，提升水资源集约利用效率。

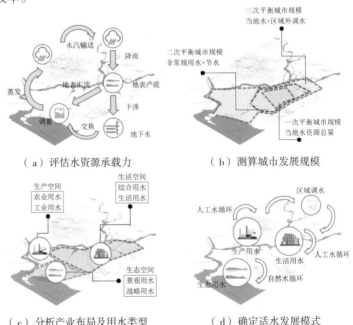

（a）评估水资源承载力　　　　（b）测算城市发展规模

（c）分析产业布局及用水类型　　（d）确定适水发展模式

图5-10　"以水定城"规划原则

（2）"以水塑城"（图 5-11）

①提升水体自身调蓄能力

根据需求适当开挖河湖沟渠，增加水域面积，或修复已破坏的水体和其他自然空间，利用自然水体、多功能调蓄水体等进行洪涝水的渗透、积存。

②合理控制开发及布局

合理控制开发强度，在城市中保留充足的生态用地，控制不透水面的占比，最大限度地减少城市开发对自然水文特征的影响。

③落实低影响开发

划定重点低影响开发建设区域，对不同低影响开发设施及其组合进行科学合理的平面与竖向设计，明确并落实低影响开发策略。

④改善地表径流

统筹并协调低影响开发雨水系统、城市雨水管渠系统及超标雨水径流排放系统，合理组织地表径流，降低径流峰值。

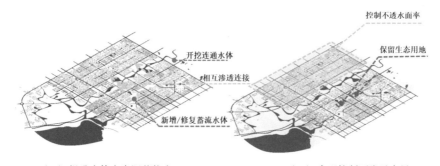

（a）提升水体自身调蓄能力　　　　　　　　（b）合理控制开发及布局

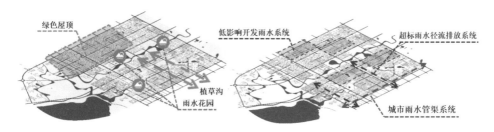

（c）落实低影响开发　　　　　　　　　　　　（d）改善地表径流

图 5-11　"以水塑城"规划原则

（3）"以水融城"（图 5-12）

①注重水敏性城市设计

基于建筑、街区、片区、城市多尺度，从源头、过程、生态系统网络全面考虑水敏性设计，打造连续的城市蓝绿空间骨架。

②控制污染物排放

综合控制工业污染源、生活污染源、面源污染源输入，提升污水收集、处理
与再利用能力。

③提升水体自净能力

维持水体规模，保证水面率只增不减；提升水系连通性，改善水动力；保证
河湖生态用水需求，必要时进行补水工程。

④改善生态环境

保护城市低级河道，增加水系分支比；避免裁弯取直，维护水系天然形态；
保证生态岸线比例与堤岸植被覆盖率，提升生物多样性。

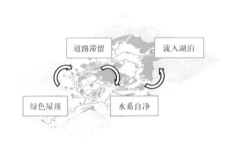

（a）系统治理——打造水敏性蓝绿空间

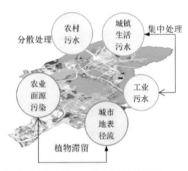

（b）源头减排——控制污染物排放

（c）过程控制——提升水体自净能力

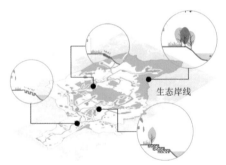

（d）综合提升——改善生态环境

图 5-12 "以水融城"规划原则

（4）"以水润城"（图 5-13）

①预留通风廊道

应充分利用现状绿地与水体等开敞空间，预留城市通风廊道，限制通风廊道
上地块的开发建设容量及建筑高度。

②提高生态冷源效能

针对城市更新区域，需统计生态冷源总面积，且总面积宜大于现状总面积；针对新城建设区域，生态冷源降温效应范围应覆盖城市主要区域，避免出现集中高温区。

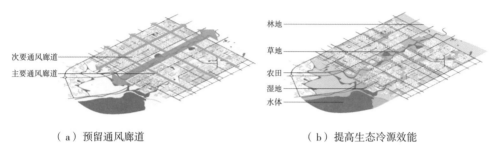

（a）预留通风廊道　　　　　　　　　（b）提高生态冷源效能

图 5-13　"以水润城"规划原则

（5）"以水兴城"（图 5-14）

①引水入城

创造更多滨水岸线与滨水用地，发展特色产业，由单一生产功能向综合功能转变，解决滨水传统工业的衰败问题，实现向第三产业的顺利过渡。通过合理配置滨水产业以实现土地价值提升与城水功能融合的双赢目标。

②水城融合

根据自然条件和河湖特点，因地制宜、讲求实效，提出与城市发展水平、人居条件相适应的城市水景观、水文化和水经济建设规划，重视保护原有的自然景观和历史文化遗产。

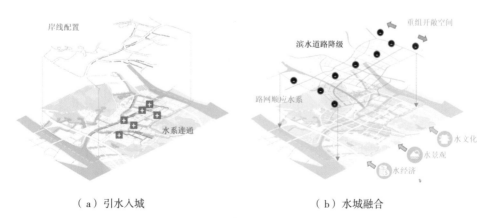

（a）引水入城　　　　　　　　　　（b）水城融合

图 5-14　"以水兴城"规划原则

5.4 "城水耦合"规划前期评估技术

在传统规划设计中，涉水规划存在着一定的短板和缺陷。在前期分析与评估技术方面，缺乏对城市/片区尺度的涉水空间的完整认识，盲目进行水系开发和城市功能布局，缺乏对街区/地块尺度的涉水空间控制等级的完整认识而难为涉水设施布局提供参考。基于此，本节提出"城水耦合"规划前期评估技术汇总表（表5-6），并对其中部分技术进行介绍。

表5-6　"城水耦合"规划前期评估技术汇总表

分项规划设计技术	前期分析与评估技术
水资源集约利用规划技术	水资源总量测算技术
	水资源可开发量测算技术（供给端）
	城市社会需水量预测技术（需求端）
	水资源承载力评估技术
水灾害安全防控规划设计技术	水灾害风险及安全控制等级评估技术
	城市/片区尺度水灾害风险评估技术
	街区/地块尺度水灾害安全控制等级评估技术
水污染控制与水生态修复规划设计技术	水生态与水污染评估技术
	水污染现状评估技术
	水环境容量评估技术
	水生态承载力评估技术
	水生态现状评估技术
	河湖健康评估技术
水气候适应规划设计技术	水气候环境主导的城市环境评估技术
	地理气候环境评估技术
	热岛效应评估技术
	冷岛效应评估技术
	通风廊道评估技术
涉水空间品质优化提升规划设计技术	岸域空间现状评估技术
	水体外部性评估技术

5.4.1 水量平衡及水资源承载力评估技术

5.4.1.1 水资源总量测算技术(适用尺度:城市/片区)

传统的城市开发过程中因为忽视水资源总量而盲目开发,以至于许多地区出现水量型缺水的情况。面对该情况,该技术适用于测算城市及片区的水资源总量,通过总量的测算划定开发利用的红线与底线,完善区域水资源确权与生态控制线划定。

(1)重点指标:水资源总量

定义:水资源总量是当地降水形成的地表、地下水产量,即地表净流量与降水入渗补给量之和。单位:立方米。

计算公式:水资源总量(W)= 地表水资源量(R)+ 地下水资源量(Q)− 地表水和地下水之间的重复计算量(D)。

(2)测算方法与路径

地表水资源有实测径流资料时采用代表站法,无实测径流资料时可采用等值线图法、年降水径流关系法、流域水文模型法、水文比拟法等;地下水资源总量的测算常用的方法有排泄量法和大气降水下渗法(表5−7)。

表 5−7 水资源总量计算方式

指标	方法	相关影响因子
水资源总量	传统方法	地表水资源量、地下水资源量、重复计算量
地表水资源量	代表站法	代表性水文站控制面积
	等值线图法	多年平均径流
	年降水径流关系法	长期年降水资料
	流域水文模型法	实测降雨径流、水面蒸发
	水文比拟法	多年平均年径流量、流域面积、流域多年平均降水量
地下水资源量	排泄量法	排泄量
	大气降水下渗法	大气降水渗入系数、地下水入渗区域面积、区域降水量

5.4.1.2 水资源可开发量测算技术(供给端)(适用尺度:城市/片区)

如何提高城市水资源供需匹配程度,减少水资源浪费一直是规划较为关注的话题。面对此问题，该技术通过水资源可开发量的计算可以从水资源供给端给规划师提供数据参考，提升水资源精准配置的效率。

1）重点指标：水资源可利用量与水足迹核算

（1）水资源可利用量

定义：可为经济社会发展提供的水资源量。单位：立方米。

计算公式：水资源可利用量（$Q_{总}$）＝地表水资源可利用量（$Q_{地表}$）＋地下水资源可利用量（$Q_{地下}$）—入渗补给量的开采利用部分与地表水资源可利用量之间的重复计算量（$Q_{重复}$）。

（2）水足迹核算

定义：虚拟水是指产品和服务的生产过程中所使用的水。基于虚拟水概念，水足迹指在一定的物质生活标准下，为一定人群提供消费的产品和服务所需要的水资源数量，它表征的是维持人类产品和服务消费所需要的真实水资源的数量。包括储存在河流、湖泊、湿地以及浅层地下水层中的水资源（蓝水），储存在非饱和土壤层中并通过植被蒸散消耗掉的水资源（绿水），生产时污染的水（灰水）（表5-8）。

计算方式如下：

①过程水足迹＝蓝水足迹（蒸发水＋产品内蕴藏水分＋不可被重新利用水量）＋绿水足迹（绿水蒸发量＋产品内蕴藏绿水）＋灰水足迹（排污量与污染物浓度与受纳水体自然本底浓度差的比值）

②产品水足迹：指生产某种产品直接或间接消耗的淡水总量，包括生产链中所有过程水的消耗和污染，同样分为蓝水、绿水和灰水三部分。

③消费者（群体）水足迹＝直接水足迹（直接消费和污染的水资源量）＋间接水足迹（隐藏在所消费的产品和服务中的水资源量）。

④区域水足迹有两种计算方法：

$$\text{自上而下法} \quad WF=IWF+VWFI-VWFE$$

式中，WF 为区域水足迹；IWF 为区域内部水足迹；VWFI 为通过产品进口贸易得到的虚拟水进口量；VWFE 为通过产品出口贸易得到的虚拟水出口量。

$$\text{自下而上法} \quad WF=WU+\sum P_i \times VFW_i$$

式中，WF 为区域水足迹；WU 为实体水使用量；P_i 为第 i 种终端消费品的消费量；VWF_i 为该消费品单位产品的虚拟水含量。

表 5-8　水足迹原理构成表

原理构成	水足迹
缘起与目的	1.真实而全面核算人类对水资源的占用； 2.揭示人类消费与水资源利用之间的联系； 3.揭示全球贸易与水资源管理之间的联系
基本原理	1.水是人类生产生活的重要资源； 2.水消纳社会经济系统产生污染物和废弃物； 3.人类对各种产品和服务的消费可换算为相应的水资源体积（质量）
足迹构成	1. 实体水、虚拟水足迹； 2.蓝水、绿水与灰水足迹
模型应用	1.不同尺度、特定产业/部门水足迹计算与分析； 2.区域水资源利用结构和特点分析； 3.水资源安全与水资源管理

资料来源：马晶，彭建. 水足迹研究进展[J]. 生态学报，2013,33(18):5458-5466.

2）测算方法与路径

国外有较多研究关注水资源可利用量中的河道生态需水，广泛应用的计算方法主要有三类。一是根据水文资料的部分径流量来确定的水文法，包括 7Q10 法、蒙大拿法（Montana method）；二是基于水力学基础的水力学法，如河道湿周法、R2-CROSS 法；三是基于生物学基础的栖息地计算方法，比如：河道内流量增加法（instream flow incremental methodology）、分流河道水流需求的计算机辅助仿真模型（computer aided simulation model for instream flow requirements in diverted stream）等（表 5-9）。

表 5-9　水资源测度方法汇总表

指标	方法	相关影响因子	具体公式
水资源可利用量	传统方法	地表水资源可利用量、地下水资源可利用量、重复计算量	地表水资源可利用量+地下水资源可利用量-重复计算量
	水资源可利用量指数法	水量、水质	—
地表水资源可利用量	正算法	工程最大供水量	耗水率×工程最大供水量
		最大用水需求量	耗水率×最大用水需求量

指标	方法	相关影响因子	具体公式
地表水资源可利用量	倒算法	河道内总需水量、汛期难于控制利用的洪水量	河道内总需水量–汛期难于控制利用洪水量
河道生态需水	最小月平均流量法	最小月平均实测径流量的多年平均值	—
	7Q10法（水文法）	90%保证率最枯连续7天的平均水量	—
	Tennant法（属水文法）	多水期和少水期中多年平均流量的百分比	—
	河道湿周法（属水力学法）	河道断面湿周	—
	R2-CROSS法（属水力学法）	水深、流速、湿周对浅滩栖息地保护影响	—
	IFIM法（属栖息地计算法）	流量对鱼类栖息地的影响	—
	CASIMIR法（属栖息地计算法）	—	—
汛期难于控制利用洪水量	汛期最大用水消耗量分析法	洪水最大用水量、汛期最大用水消耗量	洪水最大用水量–汛期最大用水消耗量（洪水最大用水量小于等于汛期最大用水消耗量时为零）
地下水资源可利用量	实测法	实测数据	
	大气降水下渗法	大气降水渗入系数、地下水入渗区域面积、区域降水量	1000×大气降水渗入系数×地下水入渗区域面积×区域降水量/365–上游耗水量
	模数法	地下径流模数、地下水水源的分析范围	地下径流模数×地下水水源的分析范围

5.4.1.3 城市社会需水量预测技术（需求端）（适用尺度：城市/片区）

如何提高城市水资源供需匹配程度，减少水资源浪费一直是规划较为关注的话题。面对此问题，该技术通过城市社会需水量的计算可以从水资源需求端给规划师提供数据参考，提升水资源精准配置的效率。

（1）重点指标：城市社会需水量

定义：城市社会和经济发展需用的水量。单位：立方米。

计算公式：城市需水量（Q）= 农业需水（I）+ 城市生活需水量（W_1）+ 城市工业需水量（W_i）+ 城市生态需水量（W_e）

（2）测算方法与路径

城市需水量预测涉及的因素较多，包括城市的地理位置、城市性质和规模、产业结构、国民经济发展和居民生活水平、工业用水重复利用率等。绝大多数需水量预测方法都基于对历史数据的统计分析，只是数据处理方式及应用特点有所不同。预测步骤一般包括：收集数据资料并进行初步处理；定性分析处理后的数据资料，建立预测模型；基于理论合理性、历史用水数据拟合度、自适应能力来检验模型进行预测；分析预测误差，评价预测结果（表 5-10）。

表 5-10　城市需水量预测方法汇总表

分类		方法名称		方法特点
时间序列预测法	确定型	滑动平均法	简单平均法	所用数据单一（只是用水量的历史数据），预测周期不宜太多
			简单滑动平均法	
			加权滑动平均法	
		指数平滑法（一次、两次、三次）		
		趋势外推公式法	多项式模型、指数模型、对数模型、生长模型	适用于用水结构变化不大，且用水量历史数据具有明显趋势性的城市
			季节变动法	
	随机型	马尔科夫法		适用于短期需水预测，不适用于城市规划需水量预测
		B-J 法（自回归模型 AR、移动平均模型、ARMA 法）		
结构分析法	回归分析	一元线性回归分析		适用于水资源规划中需水量长期预测
		多元线性回归分析		
		非线性回归分析		
	工业用水弹性系数预测法			适用于城市工业需水量的预测
	指标分析法			适用于基础数据充足的城市

续上表

分类	方法名称	方法特点
系统分析法	灰色预测法	适用于基础数据缺乏的城市
	人工神经网络法（BP 法等）	短期需水预测
	系统动力学法	模型建立和计算过程繁琐，在城市规划需水量预测中较少应用

5.4.1.4 水资源承载力评估技术（适用尺度：城市 / 片区）

快速城市化进程导致用地、产业、人口等布局远超区域资源承载力而产生资源供需矛盾。其中水资源作为自然资源中重要的组成部分更是构建生态文明体系中不可或缺的核心要素。该技术充分考虑区域特点、社会经济发展的不平衡和水资源开发利用程度，遵循科学性、整体性、动态性以及定性分析与定量分析相结合等原则，分别从社会生活发展程度、水资源自然承载能力、城市需水总量和城市用水效率四个方面选取相关指标，进行水资源承载力的评估，提高传统规划布局的合理性。

（1）评价体系

水资源承载力评价体系需要根据社会生活、水资源自然承载力、城市需水总量、城市用水效率四大准则进行指标选取和权重赋予（表 5-11），得出最后的评价结论表（表 5-12）。

表 5-11 水资源承载力综合评价指标体系

评估目标	评估准则	推荐性评估指标	数据来源	权重
水资源综合承载力F	社会生活发展程度F_1	城市总人口（万人）	地方统计年鉴数据	
		GDP总量（万元）	地方统计年鉴数据	
		GDP增长速度	地方统计年鉴数据	
		人均可支配收入（元）	地方统计年鉴数据	
		固定投资资产（元）	地方统计年鉴数据	
	水资源自然承载能力F_2	水资源总量（万立方米）	地方统计年鉴数据、地方水文水资源公报	
		降水量（万立方米）	地方气象局统计数据	

评估目标	评估准则	推荐性评估指标	数据来源	权重
水资源综合承载力F	水资源自然承载能力F₂	供水总量（万立方米）	地方统计年鉴数据、地方水文水资源公报	
		污水集中处理率（%）	环保主管单位统计数据	
		地表水水域功能达标率（%）	环保主管单位统计数据	
	城市需水总量F₃	万元GDP用水量（立方米）	地方统计年鉴数据、地方水文水资源公报	
		工业用水量（万立方米）	地方统计年鉴数据、地方水文水资源公报	
		万元工业增加值用水量（立方米）	地方统计年鉴数据、地方水文水资源公报	
		农业用水量（万立方米）	地方统计年鉴数据、地方水文水资源公报	
		人均日生活用水量（升/人·天）	地方统计年鉴数据、地方水文水资源公报	
	城市用水效率F₄	城市供水管网漏损率（%）	地方统计年鉴数据、地方水文水资源公报	
		工业用水重复利用率（%）	地方统计年鉴数据、地方水文水资源公报	
		农田灌溉水有效利用系数	地方统计年鉴数据、地方水文水资源公报	
		节水器具普及率（%）	地方统计年鉴数据、地方水文水资源公报	
		非传统水资源利用率（%）	地方统计年鉴数据、地方水文水资源公报	

表 5-12 水资源承载力评价结论表

评估目标及准则	评 估 结 论
A社会生活发展进程	社会生活发展进程很高/较高/一般/较低/很低
B水资源自然承载力	水资源自然承载力很高/较高/一般/较低/很低
C城市需水总量	城市需水总量很高/较高/一般/较低/很低
D城市用水效率	城市用水效率很高/较高/一般/较低/很低
综合评估结果	承载能力大/可承载/临界超载/超载/严重超载

（2）控制指引：预先评估水资源承载力，划定水资源功能分区。

以资源环境承载力为依据，合理确定城市规模、开发边界、开发强度和保护性空间，控制流域建设用地比例，科学划定城市功能分区，严守生态保护红线，严格控制城镇周边生态空间占用（图5-15）。

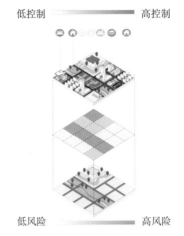

图 5-15　城市建设用地布局规划示意图

5.4.2　水灾害风险及安全控制等级评估技术

5.4.2.1　水灾害风险评估技术（适用尺度：城市/片区）

传统城市规划在现状调研阶段大多关注水灾害发生频率及造成的经济损失，未依据灾害学的风险评估理论从城市尺度系统性分析水灾害风险的空间分布。本技术评价城市/片区尺度水灾害风险，为城市开发布局提供空间参考依据。基于城市/片区环境数据、社会经济数据、气象数据、灾情数据等，建立 GIS 水灾害风险评估数据库。对规划设计场所所在城市或片区进行危险性、暴露性、脆弱性、防灾减灾能力评估，通过加权计算形成综合评估，形成城市或片区总体灾害风险等级区划（表 5-13）。

表 5-13　水灾害风险现状评估指标体系

评估维度	评 估 指 标	
危险性评估	雨涝灾害致灾因子	暴雨总量、暴雨强度、最大暴雨过程、暴雨变异系数
	风暴潮灾害致灾因子	风暴潮强度、风暴潮频率、风暴潮影响范围
	洪涝灾害致灾因子	洪涝频次、临界致灾雨量
	孕灾环境	土地利用现状、地形高程、河网密度、土壤类型、坡度
暴露性评估	行政区面积、常住人口、规模以上工业总产值、农业总产值、建筑密度	
脆弱性评估	耕地面积、小学在校人数、粮食总产量、私营单位就业人数、人均生产总值、人均城市道路面积、非农人口、平房比例	
防灾减灾能力评估	GDP、地方财政收入、农民人均收入、全社会固定资产投资总额、道路网密度、病床位数、医护人员数、专业管理人员数	

5.4.2.2 水灾害安全控制等级评估技术（适用尺度：街区/地块）

传统城市规划在现状调研阶段大多关注水灾害发生频率及造成的经济损失，缺乏基于街区/地块尺度建成环境的水灾害安全控制等级的空间分布分析。本技术评价城市/片区尺度水灾害风险，为城市开发布局提供空间参考依据；评价街区/地块尺度水灾害安全控制等级，为街区地块布设低影响开发设施提供空间参考依据。对城市规划设计范围进行基地尺度水灾害安全控制评估，分别从自然情况、灾害风险、排水条件、城市定位四个维度，选取主要指标进行综合评价，并划分灾害安全控制等级区域（表5-14，图5-16、图5-17）。

表 5-14　水灾害安全控制等级现状评估指标体系

评估准则	推荐性评估指标
自然情况评估	历年水域变化情况、自然洼地分布情况
灾害风险评估	洪水灾害模拟、雨涝灾害模拟、风暴潮灾害模拟
排水条件评估	地表径流、管网距离、竖向标高
城市定位评估	是否为滨江/河/海重要建筑组团、用地类型

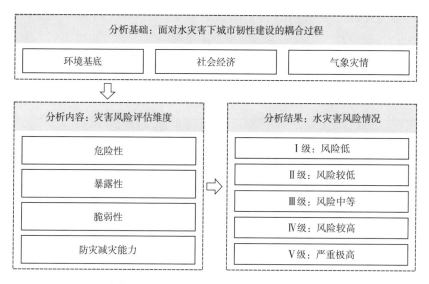

图 5-16　城市尺度水灾害风险评估框架

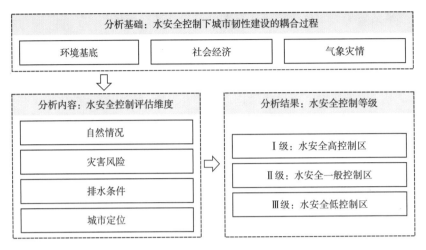

图 5-17　基地尺度水灾害安全控制等级评估技术路线

5.4.3　基于水污染控制和水生态修复的评估技术

5.4.3.1　河湖健康评估技术（适用尺度：城市/片区）

　　传统城市规划在现状调研阶段大多关注水质、季节性水量变化现状，缺乏系统完善的河湖健康评价体系。本技术从水文水资源、水系形态结构、流域水质、生物多样性与社会人为干扰五个方面（表 5-15）对现状河湖健康状况进行评价，分析场地现存水问题，划分河湖健康现状的等级分区，并以问题为导向提出规划指引。

表 5-15　河湖健康评估指标体系

评估维度	评　估　指　标
水文水资源	水资源开发利用强度、枯水期径流量占同期年径流量比例、生态用水满足程度、平原区地下水超采面积比例、水源涵养与土壤保持功能指数、水土流失综合治理程度、沿河（湖）重要自然生境保持率
水系形态结构	生态岸线比例、河岸带植被覆盖率、水系连通系数、水面率、水系分支比、水系弯曲度、规划区天然水面（湿地与湖库）保持率
流域水质	排污口布局合理程度、重要江河湖泊水功能区水质达标率、水质状况指数（达到或优于 III 类断面比例与劣 V 类断面比例）、湖库综合营养指数
生物多样性	物种多样性、特有性物种保持率
社会人为干扰	河岸硬质性砌护、采砂、建筑物、公路、管道、农业、畜牧养殖、集市贸易等人类活动类型及其与河滨带的空间关系

5.4.3.2 水生态承载力评估技术(适用尺度:城市/片区)

党的"十八大"以来,我国加快推进生态文明建设进程,《中共中央关于全面深化改革若干重大问题的决定》《关于建立资源环境承载能力监测预警长效机制的若干意见》等文件先后提出要建立资源环境承载力监测预警机制,对水土资源、环境容量超载区域实行限制性措施,以此推动发展方式和模式的转变,促进水生态系统和经济系统良性循环。对于水环境而言,水生态承载力表征水生态系统对社会经济发展的承受和支撑能力。然而,传统城市规划中对水生态承载力关注较少,导致城镇开发过程中水环境恶化严重。因此,本技术通过开展流域水生态承载力评估,提出产业结构和经济布局的优化方式,指导空间有序开发与水污染防控,促进流域地区人口、经济和资源、环境的空间均衡发展。

根据《水生态承载力评估技术指南》(征求意见稿),规划前应综合评估水资源禀赋、水资源利用、水环境纳污、水环境净化、水生生境、水生生物等方面(表5-16),以判别水生态承载状态。

表 5-16 水生态承载力评估指标体系表

评估目标	评估准则	推荐性评估指标	
水资源	水资源禀赋指数	人均水资源量	
	水资源利用指数	万元GDP用水量	
		水资源开发利用率	
		用水总量控制红线达标率	
水环境	水环境纳污指数	工业污染强度指数	工业COD排放强度
			工业氨氮排放强度
			工业总氮排放强度
			工业总磷排放强度
		农业污染强度指数	单位耕地面积化肥施用量
			单位土地面积畜禽养殖量
		城镇生活污水强度指数	城镇生活污水CDO排放强度
			城镇生活污水氨氮排放强度
			城镇生活污水总氮排放强度
			城镇生活污水总磷排放强度

评估目标	评估准则	推荐性评估指标
水环境	水环境净化指数	水环境质量指数
		集中式饮用水源地水质达标率
水生态	水生生境指数	岸线植被覆盖率
		水域面积指数
		河流连通性
		生态基流保障率
	水生生物指数	鱼类完整性指数
		藻类完整性指数
		大型底栖动物完整性指数

5.4.3.3 水环境压力评估技术（适用尺度：城市／片区）

本技术指出规划前应综合评估水岸使用功能、建设用地情况、污染物排放强度、人口分布情况等，确定水环境压力等级（表5-17），并重点调查点源污染、面源污染、内源污染及潜在事故性排放源，明确流域潜在污染源、主要污染物、污染排放负荷等。

表5-17 水环境压力评估指标体系表

评估目标	评估准则	推荐性评估指标
水环境压力	水岸使用功能	工业用地比例
		居住与商业用地比例
		农林用地比例
	建设用地情况	建设用地比例
	污染物排放强度	工业废水排放量
		城市生活污水排放量
		农村生活污水排放量
		农田径流污水排放量
		畜禽养殖污水排放量
		城市径流污水排放量
		……
	人口分布情况	常住人口密度

5.4.3.4 水环境容量评估技术（适用尺度：城市／片区）

水环境容量评估现主要应用于环境规划（排污口与最大排容量综合管控）、水资源综合开发利用规划与制定地区水污染物排放标准，是流域水生态承载力评估的重要组成部分。水环境容量是指在不影响水的正常用途的情况下，水体所能容纳的污染物的量或自身调节净化并保持生态平衡的能力。

水环境容量包括稀释容量和自净容量，与水量和自净能力密切相关，受水域特征、环境功能要求、污染物质、排污方式等因素影响，其中水体特征包括一系列的自然参数如几何特征、水文特征、化学性质及水体的物理化学和生物自净作用，具体计算方式可参照《全国水环境容量核定技术指南》（表 5-18 ）。

表 5-18　水环境容量评估要素汇总表

影响因素	内　　容
水域特征	几何特征：地形地貌、水体连通性、水面率、河网密度、清流通道
	水文特征：流量、流速、水位
	化学性质：pH值、硬度
	物理自净能力
	化学自净能力
	生物降解能力
环境功能要求	水质目标
污染物质	污染物特性
	排污量
排污方式	排污口分布特征

5.4.4 水气候环境主导的城市环境评估技术

5.4.4.1 地理气候背景评估技术（适用尺度：城市／片区）

过去的地理气候环境评估仅考虑气候特征、降水量、温度、风速和湿度等指标，未将舒适度纳入其中。面对该情况，该技术以城市及片区的城市地理气候背景作为分析对象，加入人体舒适度、舒适度适宜范围和户外季节指标，完善背景评估体系（表 5-19 ）。

表 5-19　水气候地理环境现状评估指标体系

评估维度	评估指标	
气候舒适度	温湿指数、风效指数	
灾害性天气	台风	台风预警时数
	暴雨	暴雨天数
	强对流	强降水小时数、冰雹天数、龙卷风天数
	低能见度事件	灰霾天数
	雷电	雷电次数

（1）分析框架（图 5-18）

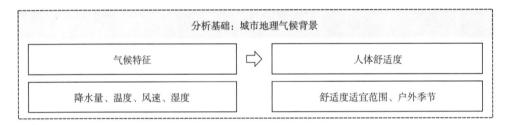

图 5-18　城市地理气候背景分析框架

（2）重点指标：人体舒适度

定义：人体舒适度指数（comfort index of human body）是日常生活中较为常用的表征人体舒适度的方法，它主要取决于温湿指数和风效指数 2 个指标（表 5-20）。

温湿指数计算公式如下：

$$I = T - 0.55 \times (1 - RH) \times (T - 14.4)$$

式中，I、T、RH 分别代表温湿指数、某一评价时段平均温度（℃）、某一评价时段平均空气相对湿度（%）。

风效指数计算公式如下：

$$K = -\left(10\sqrt{V} + 10.45 - V\right)(33 - T) + 8.55S$$

式中，K、T、V、S 分别代表风效指数、某一评价时段平均温度（℃）、某一评价时段平均风速（米／秒）、某一评价时段平均日照时数（小时／天）。

表 5-20　人居环境舒适度等级划分表

等级	感觉程度	温湿指数	风效指数	健康人群感觉的描述
1	寒冷	＜14.0	＜-400	感觉很冷，不舒服
2	冷	14.0~16.9	400~300	偏冷，较不舒服
3	舒适	17.0~25.4	299~100	感觉舒适
4	热	25.5~27.5	99~10	有热感，较不舒服
5	闷热	＞27.5	＞10	闷热难受，不舒服

资料来源：《人居环境气候舒适度评价》（GB/T 27963—2011），2011。

5.4.4.2　热岛效应评估技术（适用尺度：城市/片区）

传统规划中对热岛格局的认识较浅薄，未意识到应先对城市热岛效应作出评估。面对此类情况，该技术适用于测算城市及片区的热岛效应，并且建立城市及片区的热岛格局，最后得出微气候环境重点优化区（表 5-21）。

表 5-21　水气候热岛效应现状评估指标体系

评估维度	评 估 指 标	
热环境	热岛强度	热岛强度值、热岛比例指数
	高温	高温天数、热夜天数
	低温	低温天数

（1）分析框架（图 5-19）

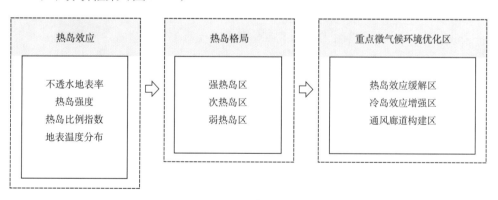

图 5-19　城市热岛效应评估分析框架

（2）重点指标：热岛强度和热岛比例指数

①热岛强度[①]

定义：绿色生态城区内其他地区的地表温度与郊区农田温度的差值。

计算公式如下：

$$UHII_i = T_i - \frac{1}{n}\sum T_{crop}$$

式中，$UHII_i$ 是热岛强度；T_i 是第 i 个像元的温度；T_{crop} 是农田地区某一像元的温度；n 是农田地区所有像元的总个数。

热岛强度等级划分见表 5-22。

表 5-22　热岛强度等级划分表

等级	热岛强度UHII（日）（度）	热岛强度UHII（月、季）（度）	等级定义
1	≤-7.0	≤-5.0	强冷岛
2	-7.0～-5.0	-5.0～-3.0	较强冷岛
3	-5.0～-3.0	-3.0～-1.0	弱冷岛
4	-3.0～3.0	-1.0～1.0	无热岛
5	3.0～5.0	1.0～3.0	弱热岛
6	5.0～7.0	3.0～5.0	较强热岛
7	>7.0	>5.0	强热岛

资料来源：中华人民共和国住房和城乡建设部，《城市生态建设环境绩效评估导则（试行）》，2015。

②热岛比例指数

定义：热岛比例指数是基于空间单元计算该空间范围内不同热岛强度等级所在区域面积的比例，并赋予权重来表征热岛在该空间单元的热岛发育程度。

计算公式如下：

$$UHPI = \frac{1}{100\,m}\sum_i^n w_i p_i$$

式中，$UHPI$ 为城市热岛比例指数；m 为热岛强度总等级数；i 为城区温度高于郊区温度等级序号；n 为城区温度高于郊区温度的等级数；w_i 为第 i 级的权重，取等级值；p_i 为第 i 级所占百分比。

一般 $UHPI$ 取值范围为 0～1，该值越大，热岛现象越严重。

[①]指标选取于《城市生态建设环境绩效评估导则》。

5.4.4.3 冷岛效应评估技术（适用尺度：城市/片区）

传统规划设计中仅对水面率进行计算，未对城市生态冷源分布格局和水体降温范围进行分析。面对该情况，该技术适用于测算城市及片区的冷岛效应，并且建立城市及片区的冷岛格局，最后得出微气候环境重点优化区。

（1）分析框架（图 5-20）

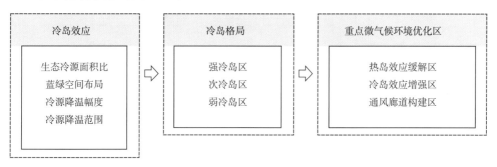

图 5-20 城市冷岛效应评估分析框架

（2）重点指标：生态冷源面积比

定义：生态冷源面积比即水体、林地、农田和城市绿地里的林地灌木等生态冷源在绿色生态城区中所占的面积比，作为评估城市生态冷源增加或减少的量化指标。

生态冷源根据绿量和土地利用类型来划分，其中绿量的计算方法是利用卫星遥感影像估算归一化植被指数 NDVI，再进一步采用下式计算：

$$S = 1/(\frac{1}{30000} + 0.0002 \times 0.03\,\text{NDVI}) \quad (D-6)$$

式中，S 为绿量（平方米）；NDVI 为归一化植被指数，即卫星遥感影像中近红外波段的反射值与红光波段的反射值之差比上两者之和。

5.4.4.4 通风廊道评估技术（适用尺度：城市/片区）

传统的城市规划设计成果中仅关注土地利用类型与土地使用强度，对城市通风廊道的规划较少且未在规划前预估城市主次通风廊道。面对该情况，该技术适用于测速城市及片区的通风潜力，判定城市主次通风廊道，最后建立重点微气候环境优化区。

（1）分析框架（图 5-21）

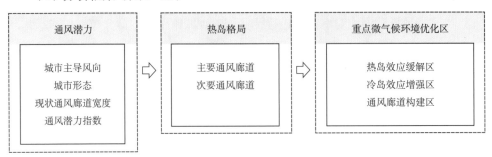

图 5-21　城市通风廊道评估分析框架

（2）重点指标：通风潜力指数

定义：通风潜力指数是一个可比较不同时相、不同地区的通风潜力大小的定量指标。

计算公式如下：

$$VIP = \frac{1}{100\,m}\sum_{i}^{n} w_i p_i$$

式中，　VPI 为城市通风潜力指数；m 为通风潜力总等级数；i 为具有从无到高的通风潜力等级序号；n 为具有通风潜力的等级数；w_i 为第 i 级的权重，取等级值；p_i 为第 i 级所占百分比例。一般 VPI 取值范围为 0～1，该值越大，通风潜力越大。

5.4.5　涉水空间品质优化提升规划设计技术

5.4.5.1　岸域空间现状评估技术（适用尺度：街区/地块）

传统规划对于现状认知缺乏成系统且相对客观定量的评估模式范型，针对实例的经验尚未形成学科内达成共识的体系建构。指标选取、确权以及评价值的确定在很大程度上受主观判断影响，结论不可类推。该技术针对滨水空间规划要素不明确导致空间功能退化、景观混乱、水文化失落等问题，通过主观途径从主体的认知、感知和环境态度入手，从客观的方向测量客观环境的物理性质以及观察主体的外显行为等方面对岸域空间现状进行评价，提升传统规划的科学性。

该技术基于景观美学、社会价值、经济效益三个主要现状评估方向，分别从自然水景观、滨水城市景观、道路衔接关系、慢行系统、传统水风貌、沿岸权属、水经济七个维度，选取主要指标进行综合评价（表5-23）。

表 5-23 岸域空间规划要素现状评估指标

评估维度	评估指标	空间尺度
自然水景观	见水率、景观格局指数、绿色廊道宽度	城市/片区
滨水城市景观	建筑退让距离、高宽比、河阔比、间口率、空地率、通视率	街区/地块
道路衔接关系	道路总宽及与河道间距、跨河桥梁间隔、公共交通覆盖率	城市/片区
滨水游憩系统	游憩带最小宽度、游憩节点距离、配套设施完善程度、 垂直于河道的慢行通道间隔及密度	街区/地块
传统水风貌	特色风貌河道总比重、水体两侧2千米范围内特色资源连通度	街区/地块
沿岸权属	沿岸贯通率及最小连续通行长度	城市/片区
水经济	生产、生活、生态岸线占比	城市/片区

5.4.5.2 水体外部性评估技术（适用尺度：城市/片区）

传统规划以质性研究为主，对决策的效益评估相对缺位，数据获取难度大、精度不够等原因致使研究缺乏科学定量的依据，产生了不完善的城市蓝绿空间布局，其可达性及服务公平性有待提高；存在微观物质空间设计不合理，滨水绩效有待挖等问题掘。该技术借鉴"综合考量城市蓝绿空间与特定社会群体（social-economic status, SES）的空间分布特征"，通过重点指标控制提高城市蓝绿空间布局的合理性。

1）水敏性重点指标：水体可达性

（1）指标定义

水体可达性反映的是城市居民到达水体的难易程度，采用空间距离、时间距离或成本距离衡量，体现水体的真实可达性，反映城市功能布局的合理性。

（2）计算方法

推荐使用基于 GIS 的成本加权距离法来进行计算。具体步骤为：

①将评估区域在 GIS 软件中栅格为 10 米×10 米的空间矩阵。

②依据矩阵方格所在用地的用地类型，赋予不同的相对阻力值，可参考表5-24或其他相对成熟的取值方式进行赋值。

表 5-24　不同用地类型的空间相对阻力值

用地类型	道路用地	居住用地	绿地	公共设施用地	商业用地	工业用地	水域	其他用地
相对阻力	1	3	4	100	100	100	999	100

③在 GIS 软件中计算出距离最近的水体阻力值分布图（以水体的边界为路径终点）。

④按照步行平均速度 5 千米 / 时，把阻力值分布图转化为时间分布图，并划分为 0～5 分钟、5～15 分钟、15～30 分钟、30～60 分钟、大于 60 分钟五个时间距离级别。

⑤把五种时间距离级别与居住用地进行叠合，换算出不同时间级别下所覆盖的居住区 / 公共设施比例。

（3）评判标准

在不同时间距离上，居住区的覆盖比例越高，反映水体的可达性越高。

（4）指标运用

城市涉水空间优化的规划设计中，距离水体步行 0～15 分钟范围内，居住区 / 公共设施覆盖比例越高，则水体可达性越高。因此，需要结合水体总量和布局，合理确定该指标的阈值以提供规划设计引导。

2）测算方法与路径

基于多方法与多源数据进行城市蓝绿空间外部性测度及关联因素分析，主要评估滨水空间品质、社会活力及土地经济价值，以此作为外部性功能集约利用的基础（图 5-22）。具体包括：

①综合考量城市蓝绿空间与特定社会群体的空间分布特征，衡量城市蓝绿空间可达性及服务公平性。

②界定水体外部性的有效影响范围，在该地理界限内分析城市蓝绿空间外部性的形成机制，并识别滨水活力或经济绩效有待挖掘的街区。

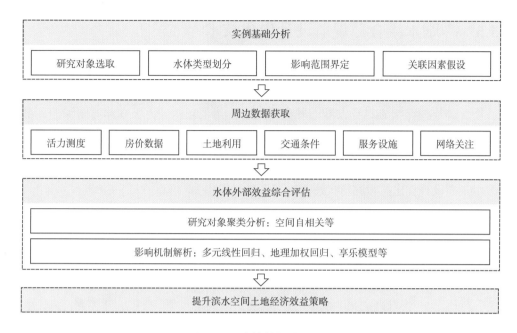

图 5-22　水体外部效益评价

3）案例参考：基于控规方案的南沙新区居住用地见水率评价

在 GIS 软件中输入广东省广州市南沙区控规用地方案矢量文件，统计结果显示，南沙新区的居住区水体可达性在 0～5 分钟内为 21.40%，5～15 分钟内为 64.40%，15～30 分钟内为 5.90%。总体上，居住区的布局较为合理，兼顾到城市居民的水体可达性（图 5-23）。

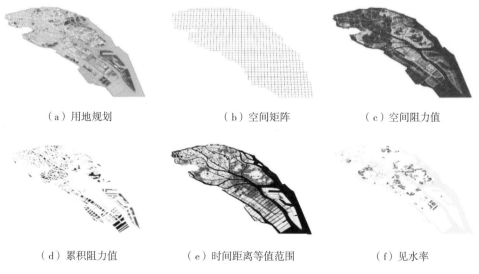

（a）用地规划　　　　　（b）空间矩阵　　　　　（c）空间阻力值

（d）累积阻力值　　　（e）时间距离等值范围　　　（f）见水率

图 5-23　南沙控规方案见水率分析图

5.5 "城水耦合"规划设计优化技术

对于规划设计实施技术方面，传统规划更关注蓝绿空间景观形态而忽视其资源承载力与生态效应，缺少合理的技术干预、运维管理策略、生态适宜性评估、后期实施监控等措施，导致城市硬底化过度，忽视自然或人工水体对雨洪的调蓄能力，出现河流裁弯取直、河湖填埋等规划决策失误的现象。基于此，本节针对目前传统规划设计的困境，运用不同尺度、不同流程、不同级别的控制方式，以涉水规划设计优化技术的形式形成规划干预技术和手段（表5-25）。

表5-25 "城水耦合"规划设计优化技术汇总表

分项规划设计技术	规划设计优化实施技术		
水资源集约利用规划技术	城市水源开发与利用规划技术（开源）： ·水资源配置测算技术 ·雨水收集利用技术 ·污水再生回用技术 ·海水利用技术	城市用水结构规划平衡技术（中调）： ·水资源三次平衡供需测算技术 ·城市二元水循环测算与监测技术 ·水资源动态平衡与调配技术 ·水权转换与交易技术	城市非传统水资源利用规划技术（节流）： ·节水器具研发技术 ·分质供水技术 ·水文化与节水教育普及技术
水灾害安全防控规划设计技术	韧性"水空间"雨洪管理技术（城市尺度）： ·预留城市蓝绿空间技术（源头控制） ·韧性防灾技术（过程控制）	径流控制内涝防治技术（片区尺度）： ·提升水体自身调蓄能力技术（源头控制） ·改善地表径流技术（过程源头）	低影响开发雨水源头控制技术（街区/地块尺度）： ·低影响开发技术（源头控制）
水污染控制与水生态修复规划设计技术	污染源控制技术： ·城市点源污染生态防治技术 ·城市面源污染生态防治技术	水体自净能力提升技术： ·水面率管控与提升技术 ·城市河湖水系连通技术 ·河湖生态流量控制与补给技术 ·水系弯曲度提升技术 ·河湖水动力规划调控技术	水生态环境营造技术： ·生态格局控制技术 ·生态岸线比例控制技术 ·生物多样性提升技术

分项规划设计技术	规划设计实施技术		
水气候适应规划设计技术	城市热岛效应缓解技术： · 通风廊道预留技术 · 城市下垫面渗透优化技术 · 城市生态冷源规划设计技术 · 地下空间冷却网络技术	环境热舒适度控制技术： · 水景降温、加湿技术	—
涉水空间品质优化提升规划设计技术	城市水景观营造技术： · 城市水系格局管控技术 · 滨水开敞关系组织技术 · 堤型复合化选择技术	城市水文化塑造技术： · 滨水道路衔接技术 · 滨水慢行系统组织技术 · 滨水特色风貌延续与创新技术 · 沿岸权属公共性技术	—

5.5.1 水资源集约利用规划设计技术

5.5.1.1 城市水源开发与利用规划技术（开源）

1）水资源配置测算技术（适用尺度：城市／片区）

传统规划习惯将功能、产业布局等前置于水资源合理配置之上，从而影响"城水关系"不均衡发展。该技术适用于在城市及片区尺度上运用洛伦兹曲线与基尼系数计算来研究城市或区域水资源配置情况，通过测算合理调整产业结构以及城市用地功能布局。

（1）重点指标：水资源与GDP匹配程度（%）

定义：衡量区域经济与区域水资源匹配程度的计算指标，一般用于评估水资源与区域发展的拟合程度，发掘区域水资源短缺情况。

计算公式如下：

$$G = 1 - \frac{1}{n}(2\sum_{i=1}^{n-1} W_i + 1)$$

式中，G 为水资源与 GDP 匹配度；n 为某省行政区内各市的数量；W_i 为省内第 i 个地级市的水资源总量和 GDP 两者比例，立方米／亿元。

（2）控制指引

通过水资源与经济发展之间的拟合测算，合理调整产业结构。建议提高产业准入标准，限制耗水高、效率低、污染大的产业。加强现有产业转型和企业升级（图5-24）。

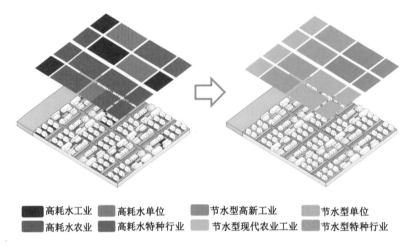

- 耗水高、利用率低的传统农工业
- 产业布局分散
- 高耗水产业集中在区域内部

- 节水高效现代农业、低耗水高新技术产业
- 鼓励相关产业聚集布局
- 高耗水产业逐渐向域外布局和转移

| ■ 高耗水工业 | ■ 高耗水单位 | ■ 节水型高新工业 | ■ 节水型单位 |
| ■ 高耗水农业 | ■ 高耗水特种行业 | ■ 节水型现代农业工业 | ■ 节水型特种行业 |

图5-24　优化产业布局示意图

2）雨水收集利用技术（适用尺度：城市/片区/街区/地块）

城市面对降雨通常采用快排模式，将雨水快速排出城市而造成水资源的浪费，城市建设中雨水回用率普遍较低。该技术参考日本雨水收集技术、澳大利亚低影响开发技术以及雨水花园、海绵城市建设经验，通过雨水回用管网铺设、雨水处理设施建设等方式提高雨水收集回用率，提高水资源利用效率与促进水资源集约利用。

（1）重点指标：雨水资源利用率（%）

定义：雨水资源化利用一般应作为径流总量控制目标的一部分。

计算公式：（经过处理或收集再利用的雨水总量÷雨水径流总量）×100%

（2）关键技术：城市初期雨水控制装置（专利号：201921929099.8）（图5-25）

该技术可对城市新区不同时段雨水进行分类处理利用，分类收集降雨量10毫米前后的雨水，前期雨水作为污水集中收集处理，后期雨水作为自然雨水排入雨水管道进行处理。同时该技术完全采用机械装置控制，成本较低，可靠性高，适合广泛使用。

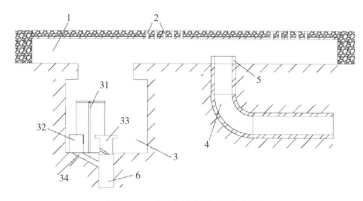

图 5-25　雨水控制装置专利图

1—排水槽；2—雨水井篦孔；3—污水收集箱；4—雨水管；5—过水槛；6—污水管；31—平衡杠杆；
32—浮块；33—活塞；34—侧排水管

（3）控制指引

提高雨水资源利用率，保持该指标只增不减（图 5-26）。

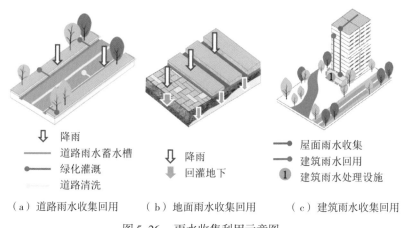

图 5-26　雨水收集利用示意图

3）污水再生回用技术（适用尺度：城市/片区/街区/地块）

我国大部分城市会将污水处理后排放回河流，针对污水回用的设施和相关建设仍未普及，整体污水再生回用率低。该技术通过污水管网布置以及污水回用设施建设等方式提高污水收集与回用率，参考新加坡" The Newater "模式提升再生水回用率和促进水资源的集约利用。

（1）重点指标：污水集中处理率（%）

定义：经过处理的生活污水、工业废水量占污水排放总量的比重。

计算公式：（经过处理的生活污水、工业废水量÷污水排放总量）× 100%

（2）控制指引

城镇污水集中处理率争取达到100%，保持该指标不变。

污水再生回用系统包括城市污水收集、污水处理、再生水回用系统等。应结合城市／片区、街区／地块与建筑单体尺度的再生水回用，设置串联、并联系统以达到最大回用率（图5-27）。

①城市／片区尺度

通过市政管道收集区域建筑群排放的污水，输送至区域基础设施，经过城市二级污水处理设施处理后，根据用水水质需求的不同对再生水进行统一调配。

②街区／地块尺度

建筑小区内各建筑物所产生的杂排水，经小区级水处理站点净化后输送回小区建筑进行使用，可用于建筑住宅小区、学校以及机关团体大院。

③单体建筑尺度

单体建筑产生的杂排水经集流处理后供建筑内冲洗便器、清洗车、种植绿化等。其处理设施根据条件可设于建筑内部或临近外部。

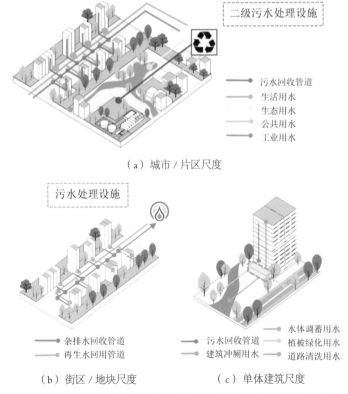

（a）城市／片区尺度

（b）街区／地块尺度　　（c）单体建筑尺度

图5-27　城市／片区、街区／地块、单体建筑尺度再生水回用系统示意图

4）海水利用技术

海水利用是新兴水资源使用的形式，但海水净化与利用成本高、技术要求高，传统丰水地区不会优先选择该技术。但沿海地区可借鉴香港的方式利用海水作为非传统水资源的补给方式，减少其他水资源的直接使用，从而提高水资源的利用率。

（1）重点指标：新建建筑海水冲厕率（%）

定义：区域内使用海水冲厕的新建建筑数量与区域所有新建建筑总数比例。

计算公式：（区域内使用海水冲厕的新建建筑数量÷区域所有新建建筑总数）×100%

（2）控制指引

适度增加海水作为非传统水资源的补给与利用。海水利用需要结合供水排水管网体系，实现城市不同尺度的海水利用以及后续排污处理（图5-28）。

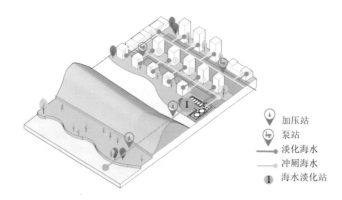

加压站
泵站
—— 淡化海水
—— 冲厕海水
① 海水淡化站

（a）城市/片区尺度海水利用系统

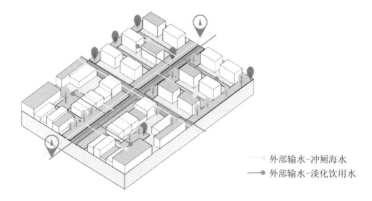

—— 外部输水-冲厕海水
—— 外部输水-淡化饮用水

（b）街区/地块尺度海水利用系统

图 5-28 不同尺度海水利用系统示意图

5.5.1.2　城市用水结构规划平衡技术（中调）

1）水资源三次供需平衡技术（中调）

传统规划往往忽视区域层面水资源整体平衡的关系，一般缺水地区会优先选择外调水的方式解决水资源短缺的问题，却忽视了第一二次水平衡所发挥的重要作用。该技术通过水资源三次平衡测算，优化缺水地区水资源配置，以一二次平衡为主，三次平衡为辅。通过测算合理使用区域水资源，坚持生态优先的底线思维，构建全域规划的理念。

（1）技术路线

通过对城市现状水资源量以及可利用水资源量进行评价，同时对社会经济需水量进行多方法互校预测，进行供需比对之后分析现状水资源量是否能满足近远期的用水量需求（一次供需平衡），并且以当地水资源承载力为基础强化节水措施，提高非传统水资源的利用程度（二次供需平衡），对于仍然存在的供需缺口，考虑通过外调水工程对当地水境外水进行统一配置（三次供需平衡）（图5-29）。

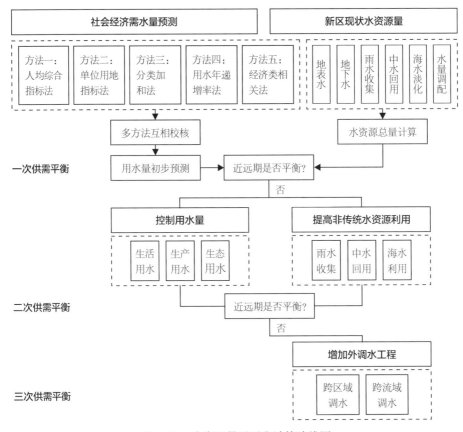

图5-29　水资源供需平衡计算路线图

（2）控制指引

测算城市发展规模，采用合理的水资源配置策略。优先以第一二次平衡模式进行水资源调配，减少第三次平衡模式的使用。

2）城市二元水循环测算与监测技术（适用尺度：城市／片区）

社会水循环随着城市化推进而急剧加速，往往对自然水循环的健康维持和用水安全带来潜在的消极影响，使二元水循环系统脆弱性增加，恢复能力减弱。该技术通过对二元水循环的监测和适度干预，注重水体的自然—社会循环，提升水系统的活力和韧性，构建人与自然生命共同体。

（1）定义

二元水循环测算包括自然与社会水循环的相互影响与结构耦合、二元水循环多过程多尺度时空耦合、变化环境下水循环演变规律与水资源动态评价、未来预测与水循环调控方案等。

（2）技术路线

变化中的"自然—社会"二元水循环技术包含原型观测、物理模型与数学模型。需要将耦合气候、水文、水资源配置模型与宏观经济多目标决策模型等定量分析工具相结合，对未来的水循环不确定性进行预测，以此作为"城水关系"发展的重要依据。

（3）控制指引

运用二元水循环技术，确定适水发展模式。通过该技术的运用，确定城市合理的水发展模式，在规划前期就需要完成对该专项的评估。

3）水资源动态平衡与调配技术（适用尺度：城市／片区）

传统涉水部门之间的协调度较低，对于水资源的利用效率低下，导致城市发展出现水资源供需矛盾的问题。基于该项问题，本技术针对水资源使用状况和动态监测进行供需调整，促进城市用水结构优化，提高部门之间的协调度。

（1）技术路线

通过对城市现状水资源量以及可利用水资源量进行评价，同时对社会经济需水量进行多方法互校预测，进行供需比对之后分析现状水资源量是否能满足近远期的用水量需求，并且据此通过水资源调配、中水利用、海水淡化等方式增加供水。需进行多次对比分析，达到对水资源动态调控的目的（图 5-30）。

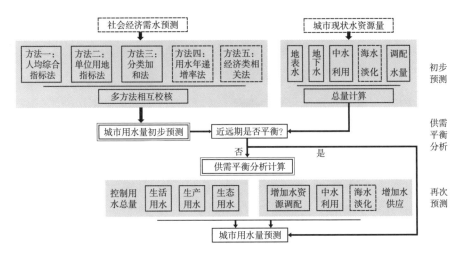

图 5-30　水资源动态平衡与调配技术路线图

（2）控制指引

维持水资源动态监测与调配，提高水资源配置效率。建设集约高效的供水系统，合理规划城镇供水分区，各分区间设施集成共享、互为备用，提高供水效率。采用管网分区计量管理，提高管网精细化、信息化管理水平，有效节约水资源（图 5-31）。

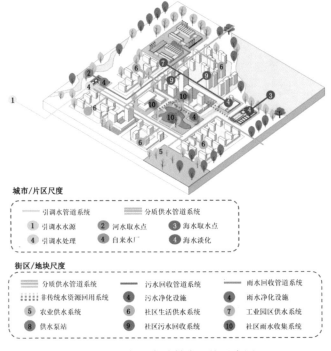

图 5-31　集约高效供水系统示意图

4）水权转换与交易技术（适用尺度：城市 / 片区）

传统规划基本不涉及相关内容，针对缺水地区应有相关水政策进行水权转换与交易，以提高用水结构的合理性。通过设定重点指标来提高指标管控的思维，更好地提升水资源使用效能。

（1）重点指标：区域水权交易总收益值

定义：在基于水量总体平衡的基础上，在一定区域范围内部分用户将节余水资源量实施水权转让而获得的经济收益之和。

计算公式如下：

$$GA(j)=\sum_{i=1}^{m}[f(E_k-E_{sk})+E_{sk}F_j-E_kF_{成(i)}-E_{sk}(F_{供(k,j)}+S_k+TS_{(k,j)})]$$

$$+\sum_{i=m+1}^{n}[f(E_k+sw_k+a_{sk})-S_ksw_k-F_ja_{sk}-E_kF_{成(k)}]$$

式中，GA（j）是第 j 种水权交易方案下区域水权交易总收益；设定用水户 k 的初始水权量为 E_k；E_{sk} 为可供转让的节余水量；$f（E_k-E_{sk}）$ 表示用水户 k 在用水量为 E_k-E_{sk} 时所产生的效益值；F_j 表示交易方案 j 的交易价格；$F_{成（i）}$ 表示水资源单位初始费用；$F_{供（k,j）}$ 表示供水的价格函数；S_k 表示节约单位水资源量所产生成本；$TS_{(k,j)}$ 表示该次水权交易单位水资源量创造的税收；sw_k 表示区域用水户 k 的节水效率；a_{sk} 为购买的水资源量；S_ksw_k 表示节水增加的费用；F_ja_{sk} 表示第 j 种水权交易下购买水资源量为 a_{sk} 时应支付费用；$F_{成（k）}$ 表示用水户 k 的用水成本。当计算区域水权交易总收入时，设定该区域 i 户中有 m 户转让多余水资源，通过加权求和可得最终结果。

（2）控制指引

将水资源确权到最适宜的计量单元，具体如下：

①按照"总量控制 + 水权确权"原则，建立水资源使用权动态调整机制，根据产业结构调整状况定期重新确权。

②构建"定额管理 + 分类水价"的形成机制，制定合理的阶梯用水价。

③构建节水奖励激励机制，实施节水增收。

5.5.1.3 城市节水规划技术（节流）

1）节水器具研发技术（适用尺度：街区 / 地块）

由于节水器具使用成本相对较高，而且在传统建设中节水器具和设备普及率较低，因此水资源被大量浪费。该技术希望通过指标控制的方式，参考以色列滴灌以及日本节水器具研发案例，发明和推广新型节水器具，在供水末端集约利用水资源。

（1）重点指标：节水器具普及率（％）

定义：节水器具普及率指在用的用水器具中节水型器具数量的比率。

计算公式：节水器具普及率＝（节水器具使用数量／用水器具使用数量）×100%

（2）控制指引

加大普及与推广节水器具，提高使用率，保证节水器具普及率只增不减（图5-32）。

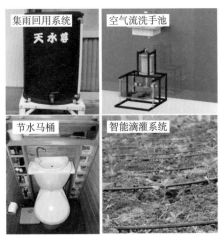

图5-32　节水器具示例

2）分质供水技术（适用尺度：城市／片区／街区／地块）

传统规划中针对分质供水的专项规划极少，分质供水管网覆盖率不高，城市传统供水系统较为单一。该技术基于不同用水部门对水资源、水质、水量的不同需求进行合理分配，实现传统水资源与非传统水资源的分类供给，最大限度地满足非传统水资源的开发需求。

（1）控制指引

增大分质供水管网建设，提高水资源使用效率。针对不同用水部门对水资源、水质、水量的不同需求进行合理分配，实现传统水资源与非传统水资源的分类供给，最大限度地满足非传统水资源的开发需求。分为以下三种模式：

①两套供水管网模式

即集中式水处理和分质供水系统，其中集中式水处理系统供应生活饮用水，分质供水系统主要供应消防、灌溉等其他用途（图5-33）。

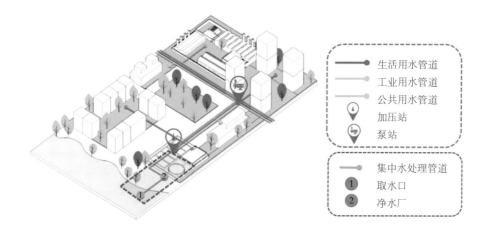

图 5-33　两套供水管网模式：集中式水处理和分质供水系统

②"1+2"供水管网模式

即分散邻里处理和分质供水系统，将集中处理后的原水，经分散邻里单位处理成直饮水和其他用水（图 5-34）。

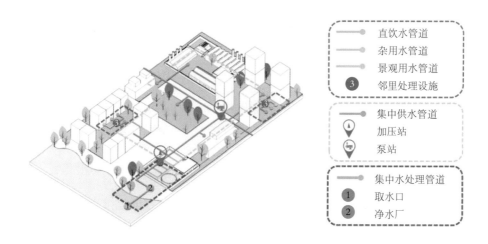

图 5-34　"1+2"供水管网模式：分散邻里处理和分质供水系统

③一套供水管网模式：

分为集中式水处理和饮用水分配系统、用水终端水处理系统两类。前者为集中水处理后，利用一套管网统一供应生活饮用水；后者是在用水终端安装处理装置，处理后达到饮用水标准（图 5-35）。

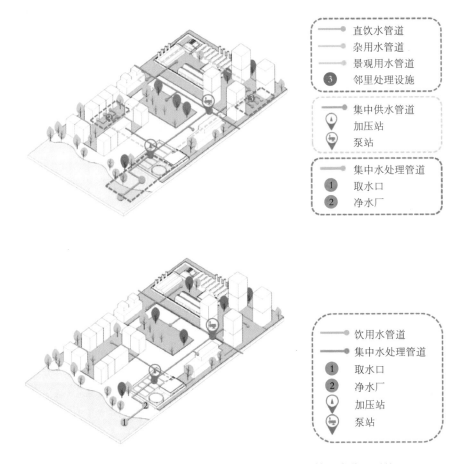

	直饮水管道
	杂用水管道
	景观用水管道
③	邻里处理设施
	集中供水管道
	加压站
	泵站
	集中水处理管道
①	取水口
②	净水厂

	饮用水管道
	集中水处理管道
①	取水口
②	净水厂
	加压站
	泵站

图 5-35 一套供水管网模式：集中式水处理和饮用水分配系统

3）水文化与节水教育普及技术（适用尺度：街区/地块）

传统规划在规划实施方面极少涉及水资源教育与保护的指引，在活动策划方面也缺少水文化的相关活动。新时代的规划要从认识问题的思维方式转变为解决问题的思维方式，重视水资源对于日常生活的重要性。该技术通过水文化的普及和节水教育提升公民或企业的节水与保护水资源意识，从使用源头上减少不必要的水资源浪费。

5.5.2 水灾害安全防控规划设计技术

5.5.2.1 韧性水空间雨洪管理技术（源头控制）

1）城市预留蓝绿空间技术（城市/片区尺度）

传统规划忽视蓝绿空间发挥的生态效应，面对此情况，规划应突出河道在城市生态空间体系中的核心功能，强化江、河、湖、海、岛等要素一体化的自然山水格局与城水共生的城市底蕴。以骨干河网为骨架建设连续的城市生态廊道，增加区域生境连通度与环通度，并建立严格的保护措施保护重要生境斑块节点的生物多样性与生态完整性。同时，应以水系连通、陆域贯通的城市滨水空间串联城市各级公园绿地，水绿共济整合城市蓝绿空间网络[①]。

2）韧性防灾技术（城市/片区尺度）

传统规划缺少对不同量级洪水、暴雨的预防对策和措施及撤退、转移、安置方案，面对此情况应优化城市综合防灾布局，合理确定防灾分区，提升应急响应能力。

（1）控制指引

①完善防洪、治涝指挥系统及监测预警预报系统，建立水灾害安全防控决策支持系统。

②提前准备遭遇不同量级洪水、暴雨的预防对策和措施及撤退、转移、安置方案；完善防汛、治涝、抢险、救灾的组织。

③确定各项灾害的减灾措施，建立完善的防洪基金和洪水保险。

④完善管理体制、管理机构设置和任务及管理人员编制。

⑤确定主要工程设施及运行管理维护设施的相关措施。

5.5.2.2　径流控制内涝防控技术（过程控制）

1）提升水体自身调蓄能力技术（城市/片区尺度）

（1）控制指引

①经评价有价值水体的蓝线管理

基于已有的水利与规划部门蓝线管理相关规范，通过对河湖蓝线划定规范的整理，结合城市综合发展需求，本书确定了"两区三线"城市不同类型的水系控制线划定形式，扩大传统蓝线管辖边界（图5-36、表5-26）。

---

①上海规划资源局，上海市水务局.上海市河道规划设计导则（征求意见稿）[EB/OL]. https://mp.weixin.qq.com/s/
W9pHQcENmmkd-MKOVvKqIA.

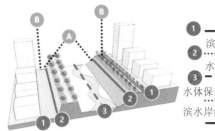

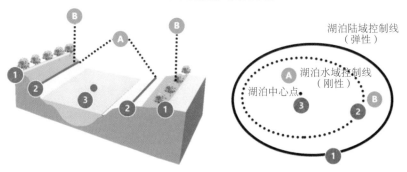

（a）河道蓝线划定示意

（b）湖泊蓝线划定示意

图 5-36　蓝线划定示意图

表 5-26　控制线名称及管理范围

控制线名称	管理范围
水体保护区	水域控制线（河道上口线）间的范围
滨水岸线区	陆域控制线与水域控制线间的范围
河（湖）中心线	河道主流与中泓
河（湖）水域控制线	①有堤防的河（湖）以河堤外侧背水面的外缘为控制线；②无堤防的河（湖）以设计洪水位或历史最高洪水位线为控制线
河（湖）陆域控制线	蓝线规划中确定最大水体廊道的控制线，包括滨水建筑退线、岸线、滨水绿线、城市紫线、城市黄线等多种控制线，基于不同等级河（湖）进行弹性划定与控制

②水面率控制（图 5-37）

合理控制城市水面率，水系改造不得截断、覆盖流动水体，不得减少现状水域面积总量和规划水面率指标。通过对原有河道的清淤与拓宽、新增河道与人工湖体等手段进一步提升水面率，确保新增水体具有雨水调蓄的功能。

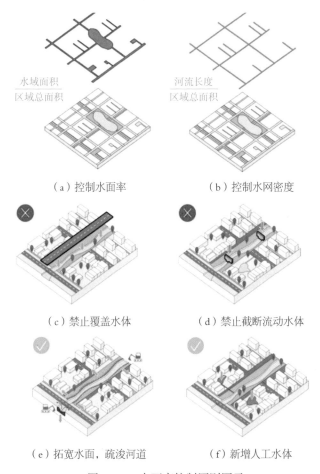

（a）控制水面率　　　　　（b）控制水网密度

（c）禁止覆盖水体　　　　（d）禁止截断流动水体

（e）拓宽水面，疏浚河道　　（f）新增人工水体

图 5-37　水面率控制原则图示

2）改善地表径流技术（街区/地块尺度）

大量用地过度硬底化现象，导致雨水峰值时间提前，雨水径流峰值增大，综合径流系数变大。面对此情况，应统筹低影响开发雨水系统、城市雨水管渠系统及超标雨水径流排放系统，合理组织地表径流，降低径流峰值。

（1）关键指标：综合径流系数、不透水面率

①综合径流系数

定义：城市各类土地利用的地表径流系数的面积加权平均值。综合径流系数反映城市产流特性，是城市排水系统设计流量计算的主要指标。其计算公式为：

$$C = \sum \alpha_i c_i$$

式中，C 为综合径流系数；α_i 为第 i 类土地利用面积权重；c_i 为第 i 类土地利用面积的地表径流系数。

223

②不透水面率

定义：不透水面是指由各种不透水建筑材料所覆盖的表面，如由瓦片、沥青、水泥混凝土等材料构成的屋顶、道路和广场。不透水面率是不透水下垫面面积占下垫面总面积的比重。

不透水面率计算公式：不透水面率 = 不透水下垫面面积 / 下垫面总面积

（2）低影响开发雨水源头控制技术（源头控制）

落实低影响开发雨水源头控制技术，为街区地块布设低影响开发设施提供参考依据。

3）低影响开发技术（街区 / 地块尺度）

（1）控制指引

①落实低影响开发。统筹低影响开发雨水系统、城市雨水管渠系统及超标雨水径流排放系统，合理组织地表径流，降低径流峰值。提出重点低影响开发建设区域，对不同低影响开发设施及其组合进行科学合理的平面与竖向设计，明确并落实低影响开发策略。

②推进海绵城市建设。综合采取"渗、滞、蓄、净、用、排"等措施，最大限度地减少城市开发建设对生态环境的影响，将70%的降雨就地消纳和利用，控制城市径流污染。

③城市道路建设指引（图 5-38）。路面排水宜采用生态排水的方式，也可利用道路及周边公共用地的地下空间设计调蓄设施。城市道路绿化带内低影响开发设施应采取必要的防渗措施，防止径流雨水下渗对道路路面及路基的强度和稳定性造成破坏。低影响开发设施内植物宜根据水分条件、径流雨水水质等进行选择，宜选耐盐、耐淹、耐污等能力较强的乡土植物。

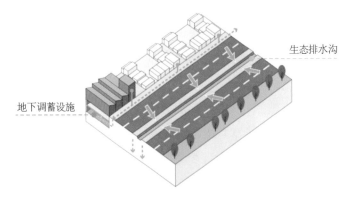

图 5-38 城市道路建设指引

④城市绿地与广场建设指引（图 5-39）。城市绿地与广场宜利用透水铺装、生物滞留设施、植草沟等小型、分散式低影响开发设施消纳自身径流雨水。低影响开发设施内植物宜根据设施水分条件、径流雨水水质等进行选择，宜选择耐盐、耐淹、耐污等能力较强的乡土植物。

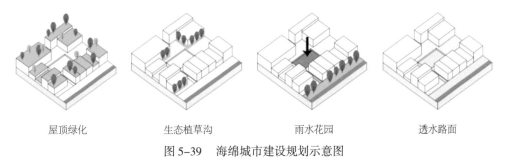

| 屋顶绿化 | 生态植草沟 | 雨水花园 | 透水路面 |

图 5-39　海绵城市建设规划示意图

5.5.3　水污染防控与水生态修复规划设计技术

5.5.3.1　污染源控制技术

城市点源污染主要包含城镇生活污水、工业废水与农村生活污水等方面，面源污染包含城市地表径流污染与农业面源污染。传统城市规划中主要关注工程减排与管理减排，通过灰色基础设施与政策准则对城市污染源进行控制。本技术提出工程、管理、结构减排相结合，增加对区域生产结构的综合管控以减少污染物排放，并将灰色基础设施与绿色基础设施结合，在应对城市地表径流污染问题的同时，将雨水资源化。

1）城市点源污染生态防治技术（适用尺度：街区/地块）

（1）关键技术：结合工程、管理、结构减排

工程减排是通过建设工程治理设施，处理污染物，减少污染物排放环境；管理减排是指加强管理措施，通过标准管理、污染源监督管理等手段加强污染物减排；结构减排是通过改变区域生产结构，减少污染物的排放，确保环境质量达标。

（2）控制指引：点源污染控制

城市规划布局中控制工业区聚集发展，实施产业差别化准入政策；整体提高污水收集管网、污水处理厂与再生水循环利用等设施建设，提高污水收集处理率、中水回用率等；清理水源保护区内违建设施与排污口。村庄规划中优化畜禽养殖空间布局，并因地制宜地采取户用污水处理设施、氧化塘等就地处理农村生活污水。

2）城市面源污染生态防治技术（适用尺度：街区/地块）

（1）关键技术：雨水花园、下沉式绿地、生态湿地、绿色屋顶等城市径流污染控制技术，雨污分流的工程技术

（2）重点指标：可渗透面积比例（%）

定义：可渗透面积包含人行道与非机动车道透水铺装面积与下沉式绿地面积等，可渗透面积比例是透水地面面积占总用地面积的比重。

计算公式：可渗透面积比例 = 透水地面面积 / 总用地面积

（3）控制指引：面源污染控制

在建设程度较高的城市区域，完善城市雨污分流的管网系统，增加城市不透水地面面积，加强海绵城市建设，最大程度实现雨水在城市区域的积存、渗透和净化。同时，控制农业面源污染，提高农药、化肥利用率，并利用河岸空间建设绿色排水设施，削减农业污染及水土流失带来的径流污染。

5.5.3.2 水体自净能力提升技术

1）水面率管控与提升技术（适用尺度：城市/片区）

传统城市规划重视绿地率而忽视城市中水的重要作用，包括海绵城市在内的水治理技术体系也均未能在顶层规划提出简洁清晰、能够直接用于城市用地控制的水敏技术指标。水面率作为一种具有数理基础支撑的量化指标，能够促使水环境治理从规划控制到建造技术的闭合，具备与绿地率等同的一级指标控制价值。本技术建议将水面率作为城市用地强制性控制指标，并纳入相应的法定管理程序。

（1）重点指标：水面率（表5-27）

定义：在城市总体规划尺度上，水面率为城市总体规划控制区内常水位下水面面积 S_w 占城市总体规划控制区面积 S_t 的比率。在控制性详细规划尺度上，水面率为城市控制性详细规划控制区内常水位下内水水面面积 S_w 占城市控制性详细规划划控制区面积 S_t 的比率。

计算公如下：

$$W_p = S_w/S_t$$

式中，S_w 为规划控制区内常水位下水面面积（平方千米）；S_t 为规划控制区面积（平方千米）。

表 5-27 《城市水系规划规范》（GB50513—2009）中城市适宜水面率参考

城市分区	水面率（%）	代表城市	备注
一区城市	8～12	湖北、湖南、江西、浙江、福建、广东、广西、海南、上海、江苏、安徽、重庆	现状水面面积很大的城市应保持现有水面，不应按此比例进行侵占和缩小
二区城市	3～8	贵州、四川、云南、黑龙江、吉林、辽宁、北京、天津、河北、山西、河南、山东、宁夏、陕西、内蒙古河套以东和甘肃黄河以东的地区	山区城市宜适当降低水域面积率指标
三区城市	2～5	新疆、青海、西藏、内蒙古河套以西和甘肃黄河以西的地区	可设计一些景观水域，非汛期可不人为设计水面比例

（2）关键技术：城市水生态保护的水面率值域测算方法（发明专利：201910402534.X）

在保持城市生态的目的下，城市水面的保持与水深存在直接联系，城市适宜水面率模型以水体水深为切入点，结合场地降雨量、下垫面、生态水位等信息，计算基于城市水生态保护的水面率合理阈值（图 5-40）。

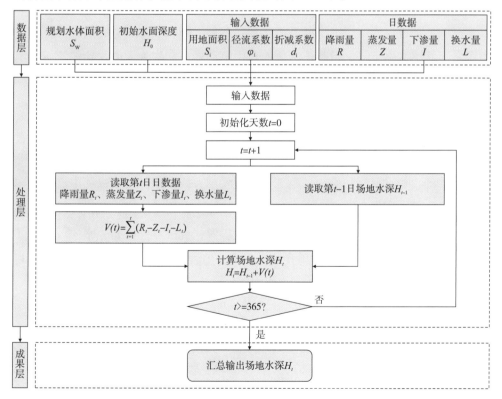

图 5-40　城市水生态保护的水面率值域测算方法流程图

（3）控制指引：维持水体规模，保证水面率只增不减

在城市建设过程中，水系改造不得截断、覆盖流动水体，并可通过对原有河道的清淤与拓宽、新增河道与人工湖体等手段进一步提升水面率（图5-41）。

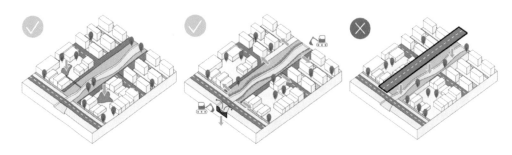

图5-41　水面率控制指引图

2）城市河湖水系连通技术（适用尺度：城市/片区）

河湖连通具有防洪排涝、供水保障、污染治理的重要意义，我国在"十二五"规划中首次提出了河湖水系连通的要求，但目前的连通工程以资源调配型为主，针对水生态与水安全的考虑较少。

在城市建设过程中，中小河流的填埋与水利设施（如大坝）的建设使城市地表水系连通性急速下降，阻断了水体的自由流动通道和生物通道，导致流域生境破碎化。因此本技术将水系连通度指标作为切入点，对城市水系设计进行指引，从水质改善、水旱灾害防御与水生态保护方向对城市河湖水系连通进行考虑。

（1）关键技术：河网分流比控制与水质效果模拟技术

以工程联合运行控制逻辑参数（工程位置、闸门开度、堰顶高程、泵站能力）为基础，构建河网一维、湖泊二维水质模型，模拟水体置换过程中流场分布（水位、流量、流速的空间分布）与污染物浓度场分布（浓度、置换时间、衰减过程），以此确定水利工程位置、规模参数，并研究区域的流态、水质改善时间（图5-42）。该技术从水质改善角度出发优化地表水系的连通状况，可以对水利工程设施的布局与规模参数提出科学合理的优化建议。

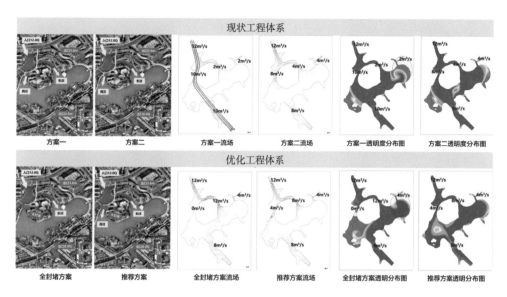

图 5-42　河网分流比控制与水质效果模拟技术示意图

（2）重点指标：水系连通度

定义：水系连通度指江河湖库的连通状况，影响水流流速与流量，决定着水流自净能力和纳污能力，影响水体交换能力和河流水质状况等。一般通过水系连通环度 α 反映节点的物质能量交换能力；节点连接率 β 反映节点水系连接能力的强弱；水系连通度 γ 反映水系水分输移能力和连通性强弱。

计算公式如下：

$$\alpha = （n-v+1）/（2v-5）$$

$$\beta = n / v$$

$$\gamma = n / 3（v-2）$$

式中，n 为河网中的河链数；v 为河网节点数。

指标运用：以引导形式规定城市／片区与街区／地块尺度的连通度数值下限值或增加率。

（3）控制指引：提升水系连通度

提升规划区内水系连通度（图 5-43），改善水动力，以增强水流自净能力与纳污能力，改善水体交换能力和河流水质状况，针对水体流动性较差、富营养化严重的水体，可实施水动力循环工程。

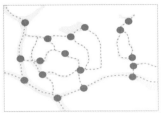

图 5-43　水系连通度控制指引图

3）河湖生态流量控制与补给技术（适用尺度：城市/片区）

传统规划对水系的认知局限于二维的平面设计，然而城市水体的质量和景观效果与水系的流量、流速、水质等因素密切相关。河湖生态流量控制与补给技术可以有效增加水动力，改善水环境质量，并解决河湖水体季节性缺水与断流问题，是河道生态修复的重要组成部分。

（1）关键技术：河湖闸泵联动的多级水位综合调控技术

构建河网一维、湖泊二维水动力模型，并利用河网闸泵联合调度运行的水动力关键调控指标逻辑控制：其中工程联合运行控制逻辑参数包含对象（OB）、时间（T）、水位（H）、流量（Q）、水位差（ΔH）、分流比（η）

如江苏无锡采用基于模型的联合调度方案，形成区域梁溪河—金城湾—大运河三级水位控制模式，同时满足金城湾公园流量需求（图 5-44）。

图 5-44　河湖闸泵联动的多级水位综合调控技术示意图

（2）关键技术：中水回用生态补水技术

中水的水质介于污水和自来水之间，是城市污水、废水经净化处理后达到国家标准，可在生活、市政、环境等范围内杂用的非饮用水，可以作为缺水地区重要的生态补水水源，在提升水体质量的同时提高水资源循环利用率（图5-45）。当前我国已有众多中水回用对河道进行生态补水的试点，补水水质以劣五类为主（图5-46）。

工业废水

生活污水

面源污染

污水管

水质净化厂

补水
管道

河流

图 5-45　中水回用生态补水技术示意图

Ⅰ 类	主要适用于源头水、国家自然保护区
Ⅱ 类	主要适用于集中式生活饮用水地表水源地一级保护区，以及珍稀水生生物栖息地、鱼虾类产卵场、仔稚幼鱼的索饵场等
Ⅲ 类	主要适用于集中式生活饮用水地表水源地二级保护区、鱼虾类越冬场、洄游通道、水产养殖区等渔业水域及游泳区
Ⅳ 类	主要适用于一般工业用水区及人体非直接接触的娱乐用水区
Ⅴ 类	主要适用于农业用水区及一般景观要求水域
劣 Ⅴ 类	如果水质指标当中有一项达不到Ⅴ类，那么整体水质就要被判为劣五类。当前我国河道补水来源大多是利用污水处理厂的再生水，基本都属于此类水质

图 5-46　地表水水环境质量标准

（资料来源：国家环境保护总局 . 地表水环境质量标准：GB3838—2002[S]. 2002. ）

（3）重点指标：枯水期径流量占同期年径流量比例（%）

定义：反映流域（调洪）补枯功能，衡量河流生态需水量的满足程度（表5-28）。

表5-28　枯水期径流量占同期年径流量比例评判标准表

指标内容	优秀	良好	一般	较差	差
评价得分/N	$N \geq 80$	$60 \leq N < 80$	$40 \leq N < 60$	$20 \leq N < 40$	$N < 20$
枯水期径流量占同期年径流量比例	≥1.3	1.1～1.3	0.9～1.1	0.7～0.9	<0.7

（4）重点指标：生态用水满足程度

定义：生态用水满足程度是各子系统生态用水相对于理想状态值的乘积，值越大，生态用水的协调性满足程度越好。子系统包括河流评价最小日均流量占多年平均流量比值，湖泊评价最低水位及其持续时间，水库评价下泄生态基流满足天数占年总天数比，等等。

（5）控制指引

保证河湖的基本生态用水需求，严格控制地下水超采现象。对于生态水量亏空、水环境持续得不到改善、自然生态系统遭到严重破坏的水系，在充分考虑上游水量、水质及流域生态系统需求的情况下，可实施生态补水工程以保障水体生态基流的流量与流速。同时优先考虑利用污水再生回用系统、雨水收集利用系统补充基础生态用水（水质依生态环境决定）。

4）水系弯曲度提升技术（适用尺度：城市/片区）

传统城市规划对城市河流进行了多目标、大规模、高频次的干预，在经济利益优先与景观导向的水系改造过程中，裁弯取直、河道断面几何规则化、河床材料硬质化的现象严重，导致水流速度加快、水生动植物生存空间减少。本技术通过控制水系弯曲度指标，促进城市渠化河道的去直回弯与再自然化，并对城市中裁弯取直、水生态破坏的行为进行管控。

（1）关键技术：弯曲度水生态影响评价

可利用下垫面数据采集技术，GIS水面拓扑识别与提取技术，河道地形采集技术，数据格式标准化技术，水网模型库构建技术，数值模拟计算技术，水体特征指标（流速等）提取技术，指标敏感性分析技术（水面率不变、宽度约束），物理指标（岸线长度等）提取技术，水体、物理指标分析技术，水生态影响分析技术等对水系的弯曲度进行模拟评价与修改。

（2）重点指标：水系弯曲度

定义：用于评价岸线的蜿蜒程度，是反映河流发育程度的指标。

计算公式：水系弯曲度 = 河流长度 / 河流起讫断面的直线距离。

指标运用：用于评价岸线蜿蜒程度与河流发育程度，主要以引导的形式要求弯曲度数值不可减少，避免规划设计中的裁弯取直，促进河流自然形态的恢复。

（3）控制指引：避免裁弯取直，维护水系天然形态

规划应保证水系弯曲度，维护水系原有生态弯曲特征，避免裁弯取直。针对已建成水系，应根据历史形态、水文、地质和地貌学等特点适度提升水系弯曲度（图 5-47），可在恢复原有河道总体弯曲走向的基础上进行细微调整；针对新增水系，原则上不允许过度渠化的河道出现，应尊重现有地形特征，打造蜿蜒水岸形态，城市岸线可结合水系形态营造景观节点。

图 5-47 水系弯曲度控制指引图

5.5.3.3 水生态环境营造技术

1）生态格局控制技术（适用尺度：城市 / 片区）

传统城市规划的规划单元与流域管控单元缺乏合理的对接，城市规划层面缺少从水环境质量出发约束城市用地布局及开发的环节，同时城市重视绿地公园系统的连续性，忽视水体的重要生态作用，存在水体破碎化问题。因此提出生态格局控制技术，优先确定城市的水系结构与用地布局，促进水绿相融、城水共生。

（1）控制指引：根据水环境约束分区，指导城市用地布局

在规划设计范围内，根据生态重要性、水环境容量等因子确定水环境约束的空间管制分区，指导空间开发区位导向，特别是水污染项目的布局引导、海绵城市重点建设区域的布局引导，并进一步指导城市用地功能布局，特别是与水生态、水污染密切相关的城市工业用地布局，同时坚持集约开发利用城市土地。

（2）控制指引：打造连续的蓝绿空间体系，修复城市生态廊道。

突出河道在城市生态空间体系中的核心功能，强化江、河、湖、海、岛等要

素一体化的自然山水格局与城水共生的城市底蕴。以骨干河网为骨架建设连续的城市生态廊道，增加区域生境连通度与环通度，并建立严格的保护措施保护重要生境斑块节点的生物多样性与生态完整性。同时，应以水系连通、陆域贯通的城市滨水空间串联城市各级公园绿地，整合城市蓝绿空间网络[①]。

2）生态岸线比例控制技术（适用尺度：街区/地块）

城市规划中对生态岸线的重视程度逐渐提高，海绵城市建设中要求城市规划区内除生产性岸线及必要的防洪岸线外，新建、改建、扩建城市水体的生态性岸线率不宜小于70%，贵安新区等新区建设中生态岸线比例已高达85%。本技术沿用这一重点指标，并对生态化驳岸形式进行指引。

（1）关键技术：生态化驳岸技术

鼓励河道岸线近自然化设计，合理选择河道断面形式与自然可渗透的生态驳岸，结合植物配置等提升生物多样性（图5-48，表5-29）。

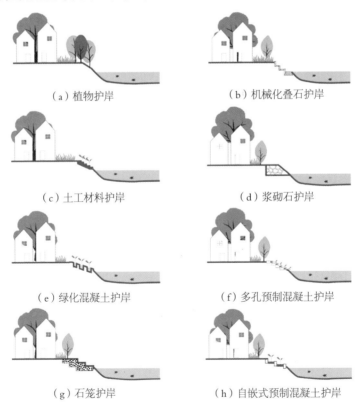

（a）植物护岸 （b）机械化叠石护岸

（c）土工材料护岸 （d）浆砌石护岸

（e）绿化混凝土护岸 （f）多孔预制混凝土护岸

（g）石笼护岸 （h）自嵌式预制混凝土护岸

图5-48 生态化驳岸技术示意图

---

①引自《上海市河道规划设计导则（征求意见稿）》。

表 5-29　生态护岸类型

护岸类型	特点	适用环境
植物护岸	植物护岸技术通过有计划地种植植物,利用其根系锚固加筋的力学效应和茎叶截留降雨的堤岸防护技术	植物护岸对基土的抗冲刷保护能力较弱,适宜用于河道较缓、流速较小的岸坡
土工材料复合种植基护岸	土工材料复合种植基护岸利用土工合成材料固土护坡,并在其中复合种植植物或自然生长形成植物护岸,实现保护河流岸坡的目的	土工材料复合种植基护岸适宜用于河道较缓、流速较小的岸坡,且不宜用于常水位以下
绿化混凝土护岸	绿化混凝土护岸是依靠天然成孔或人工预留孔洞得到无砂大孔混凝土,并在孔洞中填充种植土、种子、缓释肥料等,形成植被的河道护岸技术	绿化混凝土护岸抗冲刷能力较强,适用于水流速度较快、岸坡较陡、防冲要求较高的河道岸坡
格宾石笼护岸	格宾石笼护岸是一种由高强度、高防腐的钢丝编织成网片,再组合成网箱,然后在网箱内填充块体材料,表面覆土绿化或植物插条而成的新型生态护岸技术	格宾石笼护岸适用于水流速度较快、冲蚀较严重的河道护岸工程,高度不宜高于2米
机械化叠石护岸	机械化叠石护岸是一种依靠块石自身重量及交错咬合形成的综合摩擦力来保证自身稳定、抵抗水土压力的新型生态护岸技术	机械化叠石护岸适用于石材资源丰富、水流速度较小、抗冲要求不高的河流护岸及造景
生态浆砌石护岸	生态浆砌石护岸是一种临河表面干砌、内部浆砌块(卵)石,依靠砌筑的块(卵)石交错咬合的摩擦力和内部砂浆的黏结作用保持整体稳定性、抵抗水土压力的新型生态护岸技术	生态浆砌石护岸适用于水流速度较快、抗冲要求较高、生态适应性和景观效果要求较高的河道护岸
多孔预制混凝土块体护岸	多孔预制混凝土块体护岸是一种采用混凝土预制块体干砌,依靠块体之间相互的嵌入自锁或自重咬合等方式形成多孔洞的整体性结构,孔洞中可填土种植或自然生长形成植被的新型生态护岸技术	多孔预制混凝土块体护岸适用于水流速度较大、抗冲要求较高、生态和景观要求较高的河道
自嵌式预制混凝土块体挡墙	自嵌式预制混凝土块体挡墙是一种采用混凝土预制块体干砌,块体之间相互嵌入形成自锁,依靠墙体重力保持稳定,墙体与墙后填土之间可设置土工格栅提高墙体的稳定性,结构预留孔洞种植或自然生长形成绿化植被的新型生态护岸技术	自嵌式预制混凝土块体挡墙适用于生态和景观要求较高、水流速度较小的河道,造价较高

3) 生物多样性提升技术(适用尺度:街区/地块)

传统规划中重视对生物多样性的包容,但多利用绿地公园系统与植物配置为生物提供栖息环境。本技术综合考虑水域、岸域与陆域空间的生态系统,打造连续的蓝绿生态格局。

（1）关键技术：生物多样性提升技术

打造水域—岸域—陆域连续的生态系统，提升生物多样性。如在河流的水际线上通过一些工程措施打造湾部、浅滩、深渊等利于水生生物栖息的地形，利用水位变动的河滩地带构建天然湿地系统，将河畔林恢复打造成完整而连续的水生—陆生生态系统等。

（2）重点指标：生物多样性

定义：物种多样性可通过物种丰富度、物种多度、物种均匀度计算，水生态物种多样性主要包括湖库浮游生物数量指标、大型水生植物覆盖度、大型底栖动物多样性综合指数、鱼类物种多样性综合指数等的综合性指标。

具体评分等级的划分分值区间依据所选取的生物评价方法和调研结果计算后的分数区间，比较参照状态的生物情况，依据实际情况确定划分区间的方法，再根据（表5-30）进行赋分。

表5-30　生物多样性评价方法表

方法	适用性	适用生物类群
BMWP记分系统	利用对大型底栖动物的定性监测数据进行记分评价，不需定量监测数据；只需将物种鉴定到科，工作量少、鉴定引入的误差少	大型底栖动物
Chandler生物指数	利用对大型底栖动物的定量监测数据进行记分评价，可反映水质受污染的程度。物种鉴定时需要鉴定到属，对鉴定要求较高	大型底栖动物
Shannon-Wienner多样性指数	利用藻类或大型底栖的定量监测数据进行评价。多样性指数更适合于同一溪流或河流上下游样点之间的群落结构差异的评价，不适用于反映群落中敏感和耐污物种组成差异信息的评价。对于某些特殊的水体（如，不具备高物种多样性的源头水）不宜用多样性指数值对水质质量进行评价	大型底栖动物、藻类
Hilsenhoff指数	利用大型底栖的定量监测数据和各分类单元耐污值数据进行评价	大型底栖动物
Palmer藻类污染指数	用于藻类定性监测结果进行记分评价。样品鉴定到属即可，不需要定量监测结果，监测的工作量比较小	藻类
生物完整性指数（IBI）	利用大型底栖动物、藻类监测数据，利用多项参数信息，从生物完整性角度进行评价。建立IBI工作量比较大；但IBI涵盖信息更全面、丰富，可以得到更科学、更有针对性的评价结果	大型底栖动物、藻类

资料来源："流域水生态环境质量监测与评价研究"课题组，《河流水生态环境质量评价技术指南》（试行），2014。

5.5.4　水气候适应规划设计技术

5.5.4.1　城市热岛效应缓解技术

1）通风廊道预留技术（适用尺度：城市/片区）

传统规划设计中未考虑通风廊道的建设或在建设城市通风廊道前未预留出适宜的空间。面对该情况，该技术适用于测算城市及片区的城市通风廊道宽度，并合理预留与建设通风廊道。

（1）重点指标：城市通风廊道宽度

城市通风廊道宽度可通过测量、GIS 来获得。

（2）控制指引：预留与构建通风廊道

应充分利用现状绿地与水体等开敞空间（图 5-49），预留城市通风廊道，限制通风廊道上地块的开发建设容量及建筑高度。

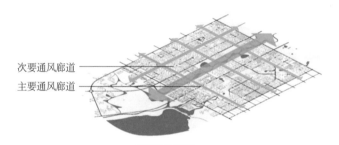

图 5-49　"以水润城"规划原则

①构建通风廊道（图 5-50）

结合城市开放空间、路网布局等条件，依据模型确定城市主要通风廊道和次要通风廊道。通风廊道应顺应城市主导风向，廊道口与风向有 30°~60° 夹角，并且主廊道出口最终方向顺应主导风向。

图 5-50　城市通风廊道构建

②城市设计指引（图5-51、图5-52）

对通风廊道本身及周边的建设空间提出控制指标，确保通风廊道的整体通风率，包括滨江建筑布局控制、城市通风廊道开发建设控制、采用适应气候的建筑布局及形式和城市天际线控制。

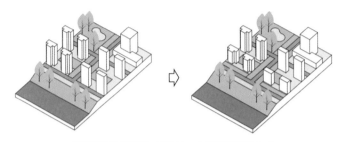

控制建筑退让距离、高宽比，高度布局呈退台式

图5-51　滨江建筑布局控制

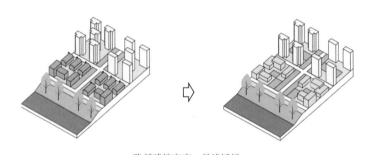

降低建筑密度，见缝插绿

图5-52　城市内部开发建设控制

2）城市下垫面渗透优化技术（适用尺度：城市/片区）

传统规划设计中未对城市下垫面的材质及透水性做出要求，而这些对城市微气候的变化有重要的影响。面对该情况，该技术适用于测算城市及片区的不透水面积率和透水铺装率，以优化城市下垫面的渗透。

（1）重点指标：不透水面积率和透水铺装率

①不透水面积率

定义：不透水面是指由各种不透水建筑材料所覆盖的表面，如由瓦片、沥青、水泥混凝土等材料构成的屋顶、道路和广场。不透水面积率是不透水下垫面面积占下垫面总面积的比重。

计算公式：不透水面积率＝不透水下垫面面积/下垫面总面积

②透水铺装率

定义：透水铺装是指将透水良好、空隙率较高的材料应用于面层、基层甚至土基，在保证一定的路用强度和耐久性的前提下，使雨水能够顺利进入铺面结构内部，通过具有临时贮水能力的基层，直接下渗入土基或进入铺面内部排水管排除，从而达到雨水还原地下和消除地表径流等目的的铺装型式。透水铺装率是透水铺装面积占硬化地面总面积的比重。

计算公式：透水铺装率＝透水铺装面积/硬化地面总面积

（2）关键技术：冷铺技术

铺面是城市空间中无处不在的元素，铺路覆盖了典型城市环境的 25%~50%。建筑环境中的铺路材料通常不透水、坚硬、厚实。沥青、混凝土和复合路面是典型的例子。沥青具有 5%~20% 的低太阳反射率，在炎热的夏季可以达到 48℃~67℃ 的最高表面温度。冷铺技术是用特制的沥青与砂石料在热态拌和下形成的沥青混合料，具有良好的操作性，可将沥青的折射率从 5%~20% 提高至 45%，并且对环境的污染较小、施工难度低，对于沥青路面的维护有着重要意义。

3）城市生态冷源规划设计技术（适用尺度：城市／片区）

传统的城市规划设计中重视蓝绿空间占比，但未将蓝绿空间占比与生态冷源联系起来，并利用生态冷源调节城市微气候。面对该情况，该技术适用于城市及片区的生态冷源规划，计算生态冷源面积比，从而提高城市生态冷源效能。

（1）重点指标：生态冷源面积比

定义：生态冷源面积比即水体、林地、农田和城市绿地里的林地灌木等生态冷源在绿色生态城区中所占的面积比，是作为评估城市生态冷源增加或减少的量化指标（图 5-53）。

计算方法：根据绿量和土地利用类型划分生态冷源。其中，绿量的计算方法是利用卫星遥感影像估算归一化植被指数 NDVI，再进一步采用下式计算：

$$S=1/(\frac{1}{30000}+0.0002\times0.03\text{NDVI})(D-6)$$

式中，S 为绿量（平方米）；NDVI 为归一化植被指数，即卫星遥感影像中近红外波段的反射值与红光波段的反射值之差比上两者之和。

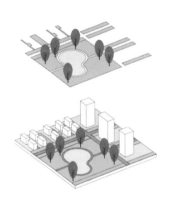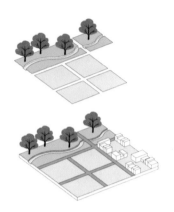

城市生态冷源：水体、林地、绿地　　　　　　乡村生态冷源：水体、林地、农田

图 5-53　生态冷源类别

（2）关键技术：提高生态冷源效能

针对城市更新区域，统计生态冷源总面积，有条件的宜进一步扩大生态冷源面积；针对新城建设区域，生态冷源降温效应范围应覆盖城市主要区域，避免出现集中高温区（图 5-54）。

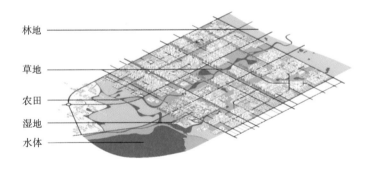

图 5-54　提高生态冷源效能

4）地下空间冷却网络技术（适用尺度：片区/地块）

传统的城市开发过程中对城市微气候的控制多依靠地上设施，而对地下设施的开发与利用较少。面对该情况，该技术适用于利用地下网络对片区及地块的城市用地进行冷却。

地下空间冷却网络通过冷水生产站点提供制冷量以减少城市的电力消耗，抽取城市河道中的冷水进行冷却，并建立区域供冷网络来对城市建筑进行冷水的输送,从而提高能耗效率、降低碳排放量、减少化学产品、减少耗水量、减少用电量、降低城市热岛强度(图 5-55)。

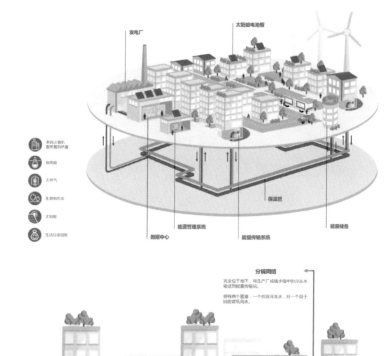

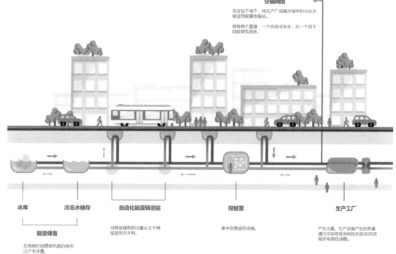

图 5-55　新加坡蓬格尔数字产业区区域冷却系统

(资料来源:https://www.xianjichina.com/special/detail_392478.html)

5.5.4.2　环境热舒适度控制技术

本节主要介绍环境热舒适控制技术——水景降温、加湿技术(适用尺度:地块/建筑)。传统城市规划设计中水景通常起到景观美化作用,而未将其用于其他方面。针对该情况,该技术适用于对地块或建筑内部进行降温与加湿,以提高人体舒适度。

水景降温、加湿的关键是蒸发喷雾冷却系统。通过在高温地区设置大型喷泉和水池等蒸发喷雾冷却系统，增加热舒适度，加强对流作用，降低环境温度。

5.5.5 涉水空间品质优化提升规划设计技术

5.5.5.1 城市水景观营造技术

1）城市水系格局管控技术（适用尺度：城市/片区）

传统规划对水景观营造的重视程度不足，规划工具相对受限。该技术借鉴"300米见绿，500米见园，2000米见水"的理念，结合地区水环境，增加蓝绿空间，优化空间品质，提升自然水景观覆盖率，优化城市生态环境，通过重点指标控制并实现人与自然的和谐共处。

（1）控制指引

协调城市功能分区和水系规划布局，进行城市水景观功能区划分，合理调整城市水系的平面布局，保护城市原有江、河、湖泊、湿地的自然格局（图5-56、图5-57）。

图5-56　保护水系自然格局

（a）梳理现状水系脉络　　（b）以生态格局为基础梳理用地和道路　　（c）细化公共服务和市政配套

图5-57　城市水系平面布局

（2）参考指标

重点参考指标有水体破碎度、分离度、周长面积分维数（表 5-31）。

表 5-31 重点指标计算方式汇总表

指标	定义	计算方法	评判标准
水体破碎度	表征水景观被分割的破碎程度，反映景观空间结构的复杂性，在一定程度上反映人类对景观的干扰程度	$C=N/A$，式中：C 为水景观的破碎度，N 为水景观的斑块数，A 为水景观的总面积	多期对比，景观破碎度不应该下降
水体分离度	反映水景观类型中不同斑块数个体分布的分离度	$V=D/A$，式中：V 为水景观类型的分离度，D 为水景观类型的距离指数，A 为水景观类型的面积指数	—
周长面积分维数	反映不同空间尺度的形状的复杂性。取值范围一般应在 1～2 之间，其值越接近 1，则斑块的形状就越有规律，表明受人为干扰的程度越大；反之则反	$$PAFRAC=\frac{[n_{ij}\sum_{j=1}^{n}(\ln p_{ij}-\ln a_{ij})]^2-[(\sum_{j=1}^{n}p_{ij})(\sum_{j=1}^{n}a_{ij})]}{(n_i\sum_{j=1}^{n}\ln p_{ij}^2)-(\sum_{j=1}^{n}\ln p_{ij})^2}$$ 式中：a_{ij} 为斑块 ij 的面积，p_{ij} 为斑块 ij 的周长，n_i 为斑块数目	多期对比，周面积分维数应趋向于 2

2）滨水开敞关系组织技术（适用尺度：街区/地块）

传统规划对滨水开敞关系的组织重视程度不足，规划工具相对受限。 该技术旨在改善城市与滨水空间的开敞关系，保证滨水地块的景观通透。

（1）控制指引

滨水建筑控制线内通过建筑退让距离、间口率、高宽比、河阔比来控制滨水空间开敞关系。可垂直于水体按一定间隔由道路、广场、公园等开敞空间开辟景观视廊，通廊的宽度宜大于 20 米，局部滨水地块开发可采用"空地率"和"通视率"指标来控制滨水景观免受建筑物阻挡（图 5-58、图 5-59）。

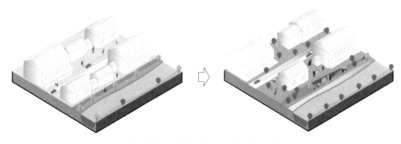

增大滨水空间公共性，重组开敞关系

图 5-58 滨江开敞关系控制

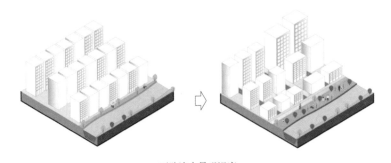

开辟滨水景观视廊

图 5-59　城市滨水景观视廊控制

（2）参考指标

滨水开敞关系组织参考指标包括：滨水建筑退让距离、建筑遮蔽系数（新增指标）、间口率、宽高比、河阔比、空地率、通视率。

3）堤岸选型复合化技术（适用尺度：街区/地块）

传统规划对堤岸选型的重视程度不足，城市堤岸较少兼顾防洪防潮标准以及活力滨水空间的塑造。该技术借鉴《广州碧道堤岸分类及适用研究》的相关成果，旨在通过采取合理的堤岸型式塑造多样化的滨水空间，提升人与水之间的互动。

（1）堤岸类型选择

应根据河道功能与规模，合理选择河道断面及适用堤型（表 5-32，图 5-60~图 5-62）。

表 5-32　堤型分类表[①]

堤型		特点	优劣
一级堤	斜坡堤	堤型的初始形态，利用堆土自稳，两侧边坡均为斜坡	堤型简单、占地小、造价低，但亲水性差、景观单调
	直墙堤（台地）	堤防迎水侧采用混凝土、砌石、预制砌块等材料修砌成直墙	占地小、抗冲刷，但造价高、不亲水、生态性差
	阶梯墙堤	堤防迎水侧采用混凝土、砌石、预制砌块等材料修砌成阶梯状墙体	占地小、抗冲刷、可结合生态景观，但造价高、硬质阶梯工程痕迹明显
二级堤		堤防迎水侧分两级，堤防形式为一级堤的基础形式的组合	亲水性、生态性、造价均适中，占地小、景观相对有层次

①资料来源：《广东万里碧道建设总体规划》"碧道建设的堤型及其适用性研究专题"。

续上表

堤型	特点	优劣
多级堤	堤防迎水坡设置多级平台,各平台之间的连接采用斜坡或直墙两种形式	生态性好、亲水性好、景观层次丰富,但占地大、造价高
超级堤	堤后一定范围内的绿化带、市政道路、地块等设施基础填高,形成宽大的堤防	安全可靠,可结合道路、生态布置,但占地大,投资高
分离式堤岸	部分河道存在滩地,滩地靠近河道主槽的部位因水流冲刷一般需要设置护岸,而为不侵占河道行洪断面,防洪堤设置在河边上,便出现了分离式岸堤的堤防形式	可保护滩地又满足防洪需求,但人工造滩占地大、投资高,一般限制在现存滩地河段
墙式堤	局部地区场地受限,采用了钢筋混凝土墙或者浆砌石墙的防洪墙式堤	占地小,但易造成防洪墙围城,亲水性、生态性极差

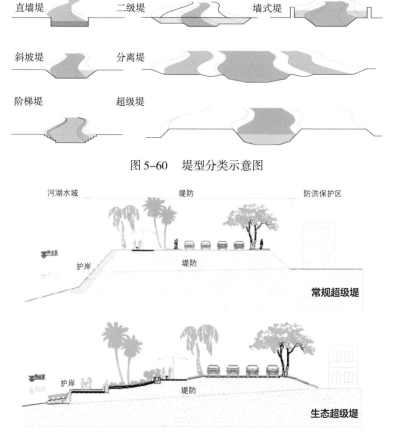

图 5-60　堤型分类示意图

图 5-61　生态式超级堤

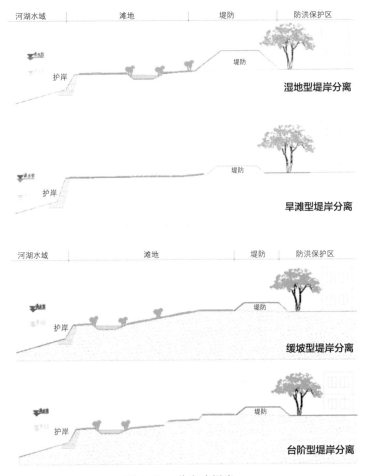

图 5-62　分离式堤岸

已经渠化或正在渠化的水岸，应结合生态改造营造滨水生态空间（图 5-63）：

①现状堤岸为直立堤时，堤防可后退一定空间，临水侧局部堤段保留一部分建筑作为公共服务设施。

②现状堤后空间较大、拟按超级堤打造的堤岸，可在公共建筑与滨水空间商业建筑中间架设人行通道，或将市政交通路布置在地下以便在地面营造公园绿地，并加强住宅及公共区域的人群与堤岸滨水空间的联系。

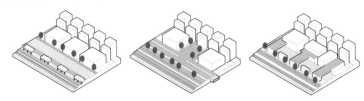

图 5-63　滨水与城市协同

已经建成的堤岸，应根据现有坡型进行优化（图 5-64）：

①现状为斜坡式堤时，为堤脚增设水生植物种植区，增设或加宽亲水平台，堤顶加宽。

②现状为直墙堤、斜墙堤、台阶墙堤时，为堤脚增设水生植物种植区，降低墙顶标高。

③减少防洪墙的"围城"负面效应，增设种植平台，墙顶设置休憩平台并配备上平台的阶梯等设施。

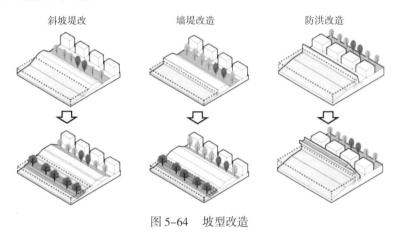

图 5-64　坡型改造

5.5.5.2　城市水文化塑造技术

1）滨水道路衔接技术（适用尺度：城市 / 片区 / 街区 / 地块）

传统规划对滨水道路规划重视程度不足，规划工具相对受限。该技术旨在合理控制滨水道路与河道的间距，最大限度地衔接城市与滨水空间，保证滨水地块的可达性。

滨水道路应顺应原有水系走向，尽量与水系保持平行或垂直，宜结合滨水绿化控制线布置。通过滨水道路等级、道路与河道间距以及城市主要道路跨水等的控制，实现水系与城市道路的合理衔接（图 5-65、图 5-66）。

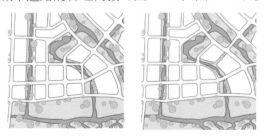

图 5-65　合理协调道路与水系布局

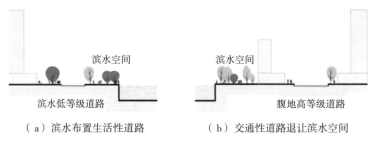

（a）滨水布置生活性道路　　　　　（b）交通性道路退让滨水空间

图 5-66　滨水道路设置

2）滨水慢行系统组织技术（适用尺度：城市 / 片区 / 街区 / 地块）

传统规划对滨水慢行组织重视程度不足，规划工具相对受限。该技术旨在结合城市滨水空间环境，丰富滨水活动类型，增加休闲游憩空间，提升滨水空间活力，如提供滨水特色路径，旅游观光设施，亲水、便民配套设施等。

（1）控制指引

沿水岸建设连续的公共步行道，综合考虑水体的重要性以及人口与建筑密度等要素，合理控制游憩带最小宽度、重点段线性公园长度占比、重点段沿岸连续慢行最小长度，完善亲水便民配套设施。比如垂直于水系建设道路衔接滨水空间与腹地公共空间，提升垂直于水系的道路的环境品质、景观标识性、加强设施配套等（图 5-67）。

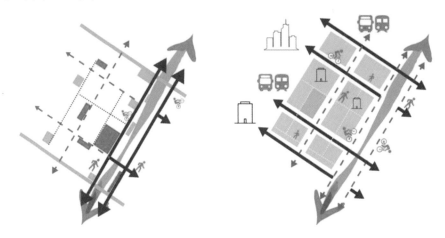

图 5-67　滨水至腹地连通可达

（2）关键技术

滨水慢行系统组织技术的关键技术是一种基于 GPS 轨迹数据的滨水景点网络生成方法（图 5-68）。具体方法如下：

①数据获取

利用众包轨迹数据和 POI 面数据获取附带滨水区景点信息的滨水轨迹数据。

②测度滨水景点活动特征

利用轨迹数据高精度时空间粒度的特点，计算景点内市民与水体的距离、市民在景点的停驻时间以及景点内的轨迹数据量，用以判断景点的亲水性、可停驻性以及热度。

③滨水景点环境评价

利用众包轨迹数据中所携带的拍照点标签数据，判断景点的拍照热度，更加精准地描述滨水区景点的特征。

④生成滨水景点网络

通过构建景点序列获取景点网络的相关数据，最后合并点数据和边数据，生成滨水区景点网络的可视化地图，以及点数据的散点矩阵图（图 5-69）。这能够为整体性地研究和规划滨水区景点体系提供技术支持。

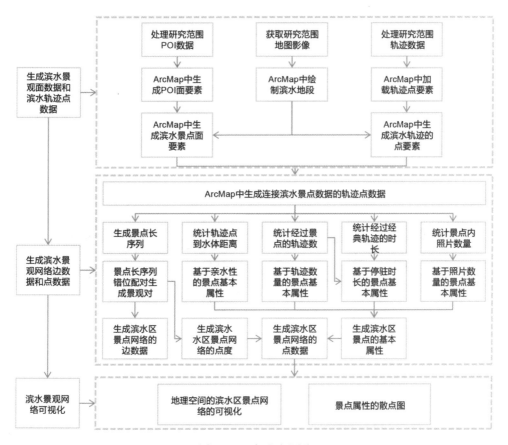

图 5-68　方法流程图

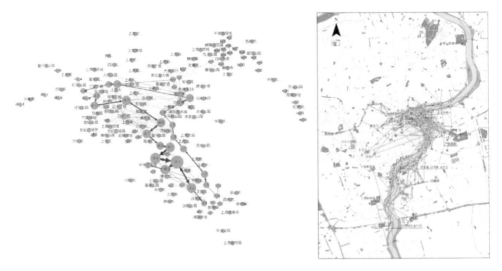

图 5-69　黄浦江核心区滨水游憩网络拓扑及平面图

3）滨水特色风貌延续与创新技术（适用尺度：城市／片区／街区／地块）

传统规划对滨水特色风貌延续的重视程度不足，规划工具相对受限。该技术旨在延续城水肌理，保护具有地域特色的滨水空间格局；梳理河道风貌，挖掘和保护古桥、水埠、码头、仓库、运河等历史文化遗存；结合地域特色水文化活动，弘扬和扩大城市水文化影响力。

（1）控制指引：水绿空间连续开放

通过连续水绿空间与居民日常出行活动的匹配，重塑水岸空间，优化居民活动游憩网络，构建串联城乡节点的功能特色空间（图 5-70）。

图 5-70　连续水绿空间与居民日常出行活动的匹配

（2）控制指引：滨水功能复合多元

结合腹地空间特征配置滨水岸线，满足各类功能和活动需要：城镇段公共活动型岸线引入亲水旅游、新兴游艇等特色产业，增加商务办公、商业、文化娱乐、文化博览、创意研发等功能；城镇段生活服务型岸线以社区生活圈为单元完善社区配套服务，适当引入文化、商业设施；城镇段生产型岸线发展城市水交通，设置交通设施，实现水陆衔接，滨水工业用地结合生产型岸线集中布局；乡村段、郊野段岸线促进农业、渔业生态化。

（3）控制指引：传统水风貌保护延续

通过肌理格局延续、河道风貌梳理、历史遗存保护和传统水文化活动植入等手段，强化水系在塑造城市景观和传承历史文化方面的作用，形成有地方特色的滨水空间景观（5-71）。

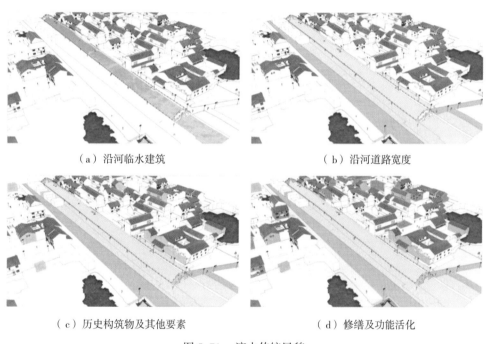

（a）沿河临水建筑　　　　　　　　　　（b）沿河道路宽度

（c）历史构筑物及其他要素　　　　　　　（d）修缮及功能活化

图 5-71　滨水传统风貌

（4）参考指标

滨水特色风貌延续与创新技术重要的参考指标包括特色风貌河道总比重、水体两侧 2 千米范围内特色资源连通度。

4）沿岸权属公共性技术（适用尺度：城市 / 片区 / 街区 / 地块）

传统规划对滨水沿岸的开发控制不够重视，规划工具也相对受限。该技术借鉴空间生产理论与城市白线制度，旨在实现滨水地区沿岸贯通，让城市市民共享城市水岸。

（1）控制指引

构建滨水空间功能适宜性、限制性、禁止性清单，确保水系空间沿岸权属的公共性，不应追求短期经济效益而出让大量滨水地块用于住宅房地产开发。因已有建筑或其他原因造成滨水公共空间或绿地面积缺损的，应进行相应的空间补偿（图5-72）。

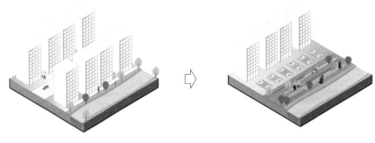

（a）滨水高密度住宅开发   （b）滨水空间公共补偿

图5-72　滨水权属公共性及空间补偿

（2）参考指标

沿岸权属公共性技术重要的参考指标包括沿岸贯通率、最小连续通行长度。

应用篇

第6章
"城水耦合"规划实践探索

本章应用前文构建的城水规划方法范式进行规划实践探索，从项目概况与存在的问题、优化思路、涉水空间规划设计技术应用三个方面，对实践项目进行归纳与总结，通过项目实践展示"城水耦合"规划设计的具体过程及成效。

6.1 宁德市三都澳新区启动区控制性详细规划及城市设计[①]

6.1.1 项目概况与存在的问题

宁德属福建，介于山海之间，其城市建设也受制于山海关系，在长期发展过程中城市的总体布局一贯顺应周边的山形水势。如今宁德在山水间的整体格局已较为稳定：背靠的西北南三侧大山作为城市的屏障，而依城内的中小山作为不同尺度的园，包括作为郊野公园的中尺度的山，以及作为城市公园的小尺度的滨海微丘。同时远观东侧的大海为景，整体上呈现出较为典型的"太师椅"格局（图6-1）。

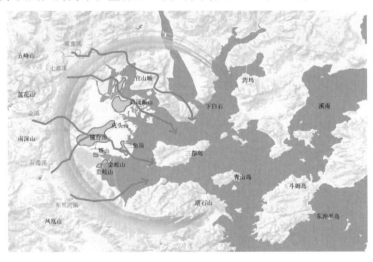

图6-1 三都澳整体格局

①源自《宁德市三都澳新区启动区控制性详细规划及城市设计》规划文本。

6.1.1.1　基地水安全防控现状分析

宁德市属亚热带季风湿润气候，雨量充沛。城区处于海岸暴雨中心。汛期在
4~9 月，暴雨多集中在 8~9 月，其次是 6 月。宁德市 7~9 月受台风及部分雷阵雨的
影响，按过程雨量 25 毫米以上的台风降雨或出现大风作为受台风影响的标准统
计，年平均受台风影响达到 3.2 次。台风过后，均易产生暴雨，造成洪涝灾害。该
片区内规划滞洪区共计 20 550 亩（约 13.7 平方千米），包括独立泄洪和联合运行
两类。其中，独立泄洪水位可以不一样，独立管理，互不影响，调度相对简单；
联合运行水闸调度复杂，但可利用高架桥下空间，节省用地。

沿海造地和人工岛等建成后，流入大海的河川通道不畅，水流减慢，容易造
成河水泛滥和水灾。对于直接把雨水排出大海的地区，填海使地下的雨水渠延
长，但因为延长部分的斜度不足，所以整条雨水渠的排水力降低，在雨季时，就
可能因为大雨导致内城街道水浸。此外，海域的减少意味着纳潮量减少，储水分
洪能力下降（图 6-2）。

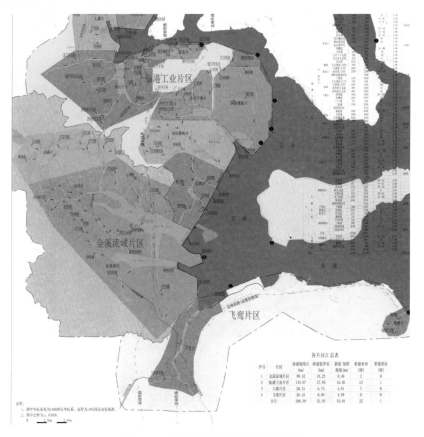

图 6-2　宁德市防洪防潮排涝规划

6.1.1.2 基地水污染与水生态现状分析

基地内滩涂湿地、红树林湿地、内湖湿地、城市公园的水生植物和动物物种种类丰富。人类活动的丰富度受生态环境的敏感度影响，海洋和内湖湿地、城市公园可承载的人类活动较多，红树林湿地由于生态系统脆弱，人类活动较少（图6-3）。

宁德红树林基本为秋茄群落，通常生长在海湾淤泥冲积深厚的泥滩。其生境条件为热带型温度、细质冲积扇、静浪的海岸、咸淡水河口和宽广的潮间带（且潮间带会由于红树林的生长向外延伸）。

然而，围填海活动大多在浅海滩涂等重要的生态系统中进行，将自然生态用地转换为人工建设用地，近海的围填海工程将改变水文特征，影响鱼类洄游规律，破坏栖息环境和产卵地等，破坏大片海洋生境，造成生物多样性下降。另外，资源利用粗放、填海造地以及工业设施大量排污，造成海水污染、水质退化。过度填海也将导致海湾面积不断缩小，污染物累积在变小的海港内，难以冲去，使港湾水质恶化。

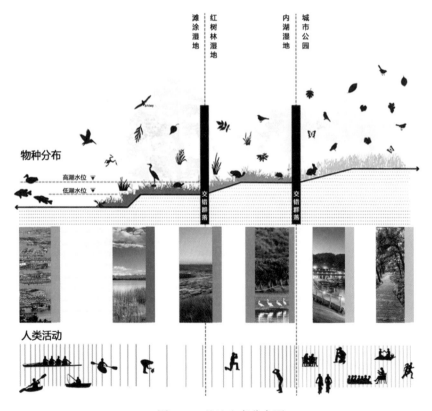

图6-3 基地生态分布图

6.1.1.3 基地水景观特征现状分析

宁德港潮汐属于正规半日潮，每日经历两次潮涨潮落，潮差大。潮间带是指大潮期的最高潮位和最低潮位间的海岸，也就是海水涨潮到的最高位和退潮时退至的最低位之间会暴露在空气中的海岸部分。潮间带主要分为岩礁海岸、沙质海岸、泥质海岸、河口潮间带，宁德三都澳地区多为广阔的泥滩，容易形成红树林沼泽或长有海草的盐沼滩，分布着多种软体动物、虾类和甲壳动物（图6-4）。

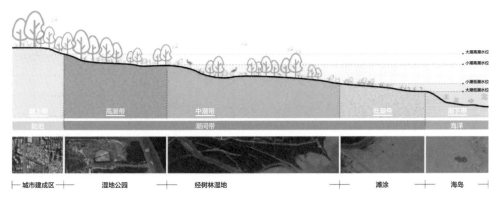

图6-4　潮间带生态景观

6.1.2　优化思路

6.1.2.1　填海形态尊重洋流

原规划方案中红树林地块位于填海边缘处，海水冲击作用较大，不适于红树林生长（图6-5）。此外，红树林生长所引起的滩涂外延会增加河道清淤工程的压力。因而需要重新考虑填海形态以及红树林布局。

（a）原方案总平图　　　（b）原方案红树林选址　　　（c）原方案海水流向分析

图6-5　原方案红树林地块分析

本项目综合考虑近海洋流以及红树林的生长环境等要素进行填海形态优化。首先，基于三都澳内洋流模结果合理进行填海布局，确保填海前后潮流流态和流速改变程度最小。在此基础上，叠加洋流流速和滩涂的分布图，选择洋流流速较慢且现有滩涂较丰富的地区作为红树林最佳生长区域，进一步考虑人类活动影响、区位等要素，划定最终的红树林湿地选址，模拟填海后的滩涂分布（图6-6）。

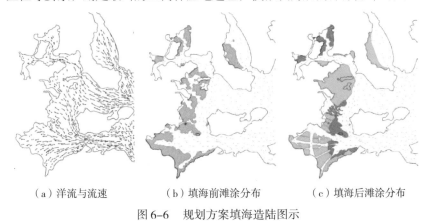

（a）洋流与流速　　　　（b）填海前滩涂分布　　　　（c）填海后滩涂分布

图 6-6　规划方案填海造陆图示

6.1.2.2　建立城市治水体系

城市内水系由滞洪湖、生态沟渠和滨水走廊三部分组成，三者各自发挥作用又互相联系，形成了层层递进、功能多样、引人入胜的城市水系（图6-7）。

图 6-7　城市治水体系分级图

　　新方案滞洪湖总面积为 14.1 公顷，相比原方案有所增加，满足防洪防潮规划要求中的滞洪湖面积 13.7 公顷（图 6-8）。新方案通过调节滞洪湖的位置和面积大小，加强滞洪湖整体抗洪能力。

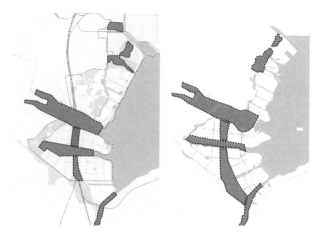

图 6-8　原方案与新方案滞洪湖对比

6.1.2.3　岸线功能优化

　　现行规划构建由活力湾、生态带、景观廊和亲水巷组成四级水系景观，形成系统性的城市景观水系。同时规划结合岸线周边功能，形成公建岸线、亲水岸线、广场岸线、生态岸线、码头岸线和工业岸线等多种不同的岸线类型（图 6-9）。

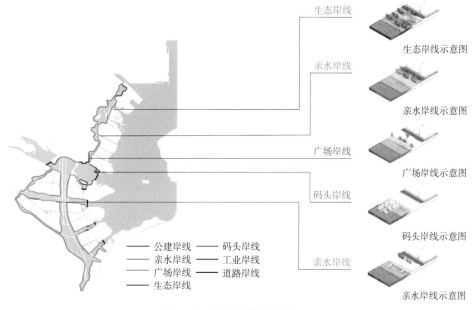

图 6-9　岸线功能规划图

6.1.2.4 重塑滩涂湿地

现状滩涂存在利用率低、污染严重、生态系统退化严重等问题，因此规划提出实施海陆统筹，严格执行海洋功能区划，优化临海布局；坚持保护优先，科学划定生态保护红线和生态功能区；加强海域滩涂污染综合防治力度，推行滩涂管理法制化、规范化建设，重塑滩涂湿地。

6.1.3 涉水空间规划设计技术应用

6.1.3.1 技术应用总结

（1）水灾害安全防控规划设计技术

针对启动区已围填地面与未来防潮堤高程难以衔接、蓄洪湖水位差大、堤坝高度大的问题，加高启动区的防潮堤，规划近期建设防潮堤，实施分层填海措施，通过局部抬高道路，地块场地逐级抬高以适应高差，陆域标高与堤坝标高相适应，在保证填海陆地抗洪能力的基础上，提升陆域的景观视线效果（图6-10），同时采用Mike 11模型对核心区水系水位进行计算（图6-11），以此确定核心区地面高程。模型结果显示，当采用闸泵联合调度后，后湾规划片区内的50年一遇洪水最高洪水位为3.3~3.5米，以此为依据设定陆域高4.8~5.0米。

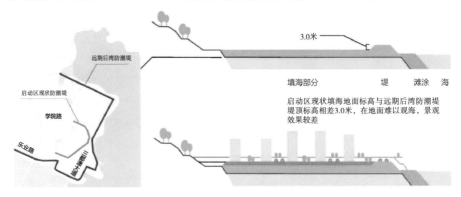

图6-10 填海高差示意图

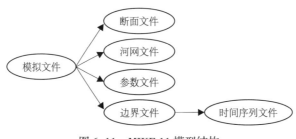

图6-11 MIKE 11模型结构

现规划方案滞洪湖总面积为 14.1 公顷，满足防洪防潮规划中滞洪湖面积 13.7 公顷的要求。对原方案北侧滞洪湖进行优化，并将多余面积转移到南侧，加强滞洪湖的整体连通性。同时新规划方案增加了一线滨水地块面积，提高了土地的经济价值和景观价值（图 6-12）。

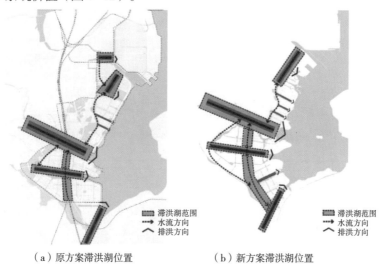

（a）原方案滞洪湖位置　　　　　（b）新方案滞洪湖位置

图 6-12　滞洪湖优化

（2）水污染控制与水生态修复技术

规划设置了排洪和联通两级水系路径，形成了排水通畅、联系密切的外水水系，并结合地块内部的海绵绿廊形成城市海绵体，丰水期蓄水，枯水期排水，最大限度的利用雨水资源（图 6-13）。

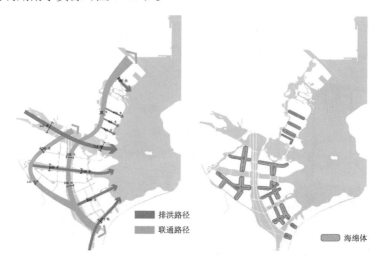

图 6-13　城市排水体系及海绵体分布图

（3）水景观提升规划设计技术

新规划方案沿河道向外留出 20 米宽的公园活动带，为两岸市民提供休闲场地，利用高差形成台地净化周围两岸收集的雨水，形成淡水湿地带；河道两岸各留出 5 米海水驳岸，种植"咸水"植被，3 米宽架空栈道高地起伏穿梭其间，加强观景感受并连接两岸通道（图6-14）。

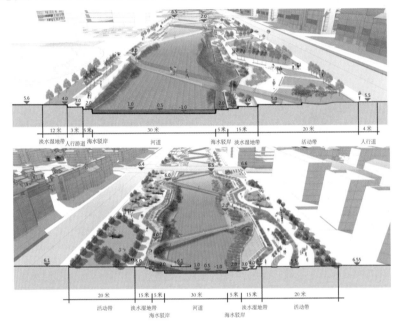

图 6-14　河道剖面

建筑临河外边缘为 6 米硬质驳岸商业步行街，外部利用台阶、平台、亭榭等与河道水系穿插形成丰富的滨水岸线，利用廊桥加强两岸联系，并将河道分割成大小不一的水面，进而加强了景深，增强了景观的趣味性（图6-15）。

图 6-15　商业街示意图

考虑防洪需求，内河驳岸以硬质驳岸为主，利用两岸水位的高差可通过出挑平台、做缓坡草地等形成丰富的滨水观景岸线（图 6-16）。

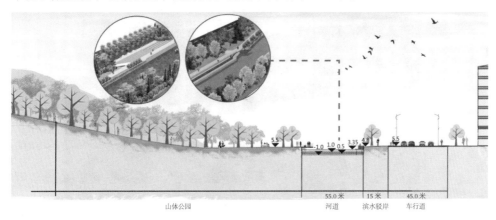

图 6-16　驳岸剖面图

6.1.3.2　小结

宁德市三都澳新区启动区控制性详细规划及城市设计与传统规划设计相比，更加注重城市与水环境尤其是与海洋之间的融合，初步应用了涉水空间规划设计技术，激活了原来消极衰败的海岸空间。设计着重体现了水系修复及滨海保护开发的特点，在水灾害治理、水生态保护等方面都较传统规划设计有了很大的进步，对其他涉水空间规划设计具有一定的借鉴意义。

6.2　佛山南海区锦湖片区总体城市设计[①]

6.2.1　项目概况与存在问题

锦湖片区位于广东省佛山市南海区西片西樵镇中部，南邻西樵山，东接官山新城，距离佛山旧城中心约 20 千米，距离广州南站约 33 千米，总体规划范围内的用地面积约 373.64 公顷，规划范围主要涉及两个自然村及部分已建成居住小区（图 6-17）。

---

①源自《佛山南海区锦湖片区总体城市设计》。

图 6-17　锦湖片区规划范围

6.2.1.1　基地水资源集约利用现状分析

规划区现状供水公司为佛山市南海区西樵镇官山自来水公司，供水能力基本能满足规划区当前需要。随着规划区的开发建设，道路路网将进行较大调整，用水量也将剧增，这将存在以下几个方面的问题：区域内给水管网为枝状，供水可靠性较低；现状供水设施难以满足规划区开发建设的要求；由于新锦湖的开发建设，环山大道路线进行调整，环山大道现有 DN600 给水管网需要进行迁改。

6.2.1.2　基地水安全防控现状分析

西樵镇属珠江三角洲水网带，河流众多，河通纵横交错，东邻北江，西濒西江支流顺德水道。由于地处珠江三角洲，临近珠江口，水情比较复杂，河流具有径流大、汛期长、输沙多、潮汐变化大的特点。西樵镇是历史上洪涝灾害频发之地，中华人民共和国成立前堤围低矮，西江、北江发生洪水就会导致堤围决堤或洪水倒灌，对社会经济的发展产生较大的威胁。从 20 世纪 50 年代至今的 70 多年，西北江出现过年多次大洪水，其中 1968 年、1994 年洪水接近或超过 50 年一遇。

规划片区内水网密布，鱼塘众多，主要水道为吉水涌，水体为双向流。吉水涌平均宽度为 35 米，河涌现状水位为 0.6～0.7 米，涌底高程平均为 −1.0 米，护岸形式为土质缓坡。集水涌流经基地范围内的岭西村及爱国村，段落长度约 3100 米（图 6-18）。

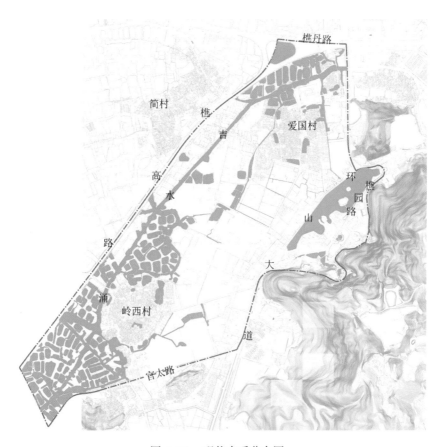

图 6-18 现状水系分布图

6.2.1.3 基地水污染与水生态现状分析

基地取水水源为北江（顺德水道），取水地点在官山涌口上游 200 米处，北江水源水质总体良好，常年源水水质为地表水环境质量标准（GB 3838—2002）Ⅱ~Ⅲ 类。在排水方面，规划区东靠西樵山，地势自东向西走低。长久以来排水体制为雨污合流制，没有完整独立的污水管网和集中的污水处理设施，生活污水与地面雨水皆就近排入雨水管道或各河涌水体。区域内受纳水体主要包括吉水涌、锦湖。

由于规划区现状开发力度不大，污水排放量较少，目前虽暂未对受纳水体造成严重污染，但部分水域由于氮磷污染较严重，水面有水浮莲生长，对水域生态环境造成了潜在威胁。

6.2.1.4 基地水气候适应性现状分析

西樵镇属于亚热带季风气候。全年气候温和，累年年平均气温为 21.9℃，　月极端最低气温出现在一月，平均温度为 12.8℃，月极端最高气温出现在七月，平均温度为 28.8℃，无霜期有 352 天。

　　基地季风变化明显，冬春季一般吹北风，夏秋季多吹东南风，累计年平均风速为 2.4 米／秒，风频率为 13%。七月至九月间出现台风较多。

　　全年雨量较为充沛，累年平均降雨日数为 151.7 天，年平均降雨量为 1625 毫米。各月的降雨量很不均匀，主要集中在四月至九月，占全年降雨量的 80%，自十月起，降雨量将明显减少，最大年降雨量为 2257 毫米。

6.2.1.5　基地水景观特征现状分析

　　规划区东侧的西樵山是西樵镇重要的旅游景观资源，是国家 5A 级风景名胜区，基地西部河网密布，农田及基塘景观优美，锦湖人工湖、吉水涌水系和沿涌桑基鱼塘是规划区内最主要的水体景观资源。然而，虽然规划场地坐拥西樵山的环境优势，也具有水系等景观元素，但是无序建设的片区现状和布局混乱的工业建筑造成了各景观要素的割裂，尚未能发挥整体景观效益（图 6-19）。

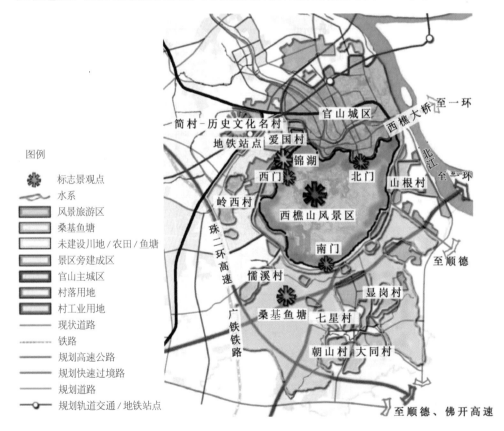

图 6-19　现状景观资源分布图

6.2.2   优化思路

6.2.2.1   锦湖拓展

现状锦湖湖面主体偏离设计景观轴线，轴线段上的滨湖景观用地非常有限，难以带动周边用地景观价值的提升。另外，从湖面规模来看，现状锦湖大小约10.6公顷，尺度偏小、形态狭长，水景观较局促。

规划设计将湖面部分向轴线方向生长，新锦湖更名为听音湖。首先湖面位于西樵山观音像侧面，与观音侧面"听"的意向关联，意传观音体察聆听世间众生声音；其次在湖面尺度上，考虑轴线方向可形成水面宽阔大气的适宜观景距离，另外考虑滨水岸线的趣味性，设计以曲折变化又不失整体感的线型作为水岸边界。拓展后的听音湖湖面面积为21.75公顷（图6-20）。

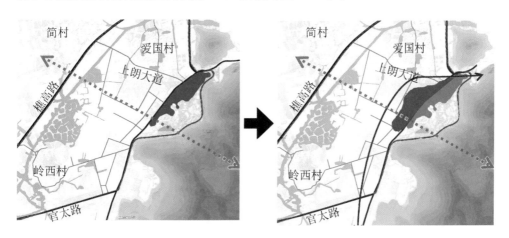

图 6-20   锦湖拓展示意图

6.2.2.2   河涌控制

规划选择吉水涌作为新锦湖水源，吉水涌水源来自西江或北江，常年水源充足，新锦湖正常水位及湖底高程与吉水涌相同。此外，对吉水涌及其他支涌进行梳理和线形调整，划定蓝线控制范围。

6.2.2.3   生态廊道构建

规划构建吉水涌—听音湖—西樵山的生态廊道，结合现有的河涌和鱼塘水系，构建多层次的生态系统；建立绿道系统，将滨水绿地、城市公园、组团绿地等多种生态用地联通成网，形成点、线、面结合的绿地系统，创造层次丰富、生机勃勃的生态网络。

6.2.2.4 滨水体验丰富

听音湖的区位具有一定的特殊性，一方面，听音湖为风景区入口周边的人工湖面，强调山水协调的自然融合；另一方面，该片区的发展定位为城市型的公共文化综合地区，承载多样化的城市功能和活动强度。因此，听音湖的滨湖意向应结合考虑两方面的特点，宜设计成适应不同功能氛围的多种尺度，通过软硬结合的驳岸设计体现自然风景区与城市文化综合区的衔接关系，为活动者提供趣味变化的滨水体验。

6.2.3 涉水空间规划设计技术应用

6.2.3.1 技术应用总结

（1）水灾害安全防控规划设计技术

预留蓝绿空间，构建生态廊道。形成"一轴一心一带，多节点"的开敞式、网络型的系统结构："一轴"即片区景观轴线两侧绿化开敞空间，包括景区入口、文化公园、听音广场、樵山西入口绿化景观节点；"一心"即环听音湖绿地核心，包括环湖步行绿道及景观湖堤；"一带"即沿吉水涌一河两岸绿化带；"多节点"包括居住区绿地、街头绿地等，由此可提高水体自身调蓄能力（图6-21）。

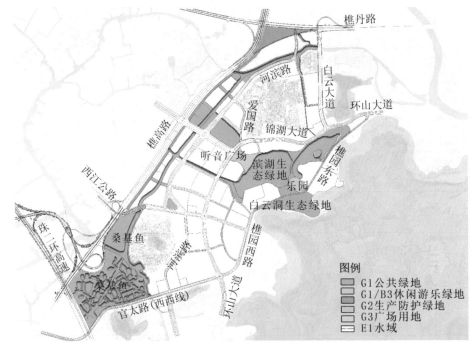

图6-21 绿地系统规划

竖向控制，改善地表径流。在兼顾现状地形的条件下，对现状部分低洼地块采用填方形式适当抬高地块和道路高程。依据已建成道路标高及现状居住区地面标高，在满足防洪排涝、排水顺畅、道路纵坡要求的基础上，逐点进行规划控制，降低片区内涝风险。

在集中居住区以及商贸繁华区采用雨水管道，其他边缘地带则采用生态排水边沟等方式进行雨水收集和排放。下穿隧道、地下车库等地下建（构）筑物在设计时应与标高协调，充分考虑区域排涝问题，结合工程设计确定是否设置局部区域的排涝泵坑。

（2）水污染控制与水生态修复技术

拓展锦湖湖面，完成河涌水系的连通，提高片区水面率及水系连通度。规划中的新锦湖两条引水涌分别位于文化公园东侧及商业地块西侧，原锦湖在白云大道西侧有排水涌一条，该三条支涌与吉水涌、听音湖共同构成锦湖片区的"蓝网"。根据地块布局对现状水系进行梳理和线型调整，并划定蓝线范围，包括河涌保护线和河涌控制线。根据《西樵镇河涌整治规划》成果，吉水涌制导蓝线宽度为36米，两侧绿化带控制宽度为15米（图6-22）。

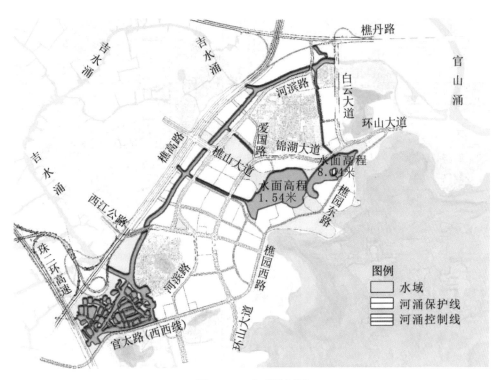

图6-22　水系规划图

此外，规划采用分流排水体制，片区产生的生活污水需经城市污水处理厂处理达标后才能排入指定水体，建设完善的污水处理系统，特别是支管系统，以保证污水的统一处理和收集，控制片区内的水污染情况。

（3）涉水空间品质规划设计技术

主要通过滨水水文化塑造、滨水慢行系统组织等营造涉水空间环境，具体体现在驳岸的优化设计、慢行交通的规划设计两方面。

其中，环湖驳岸设计可分为以下三种主要类型：

①人工型驳岸

听音广场周边均为人工驳岸，在滨水部分设计水上舞台，台阶式的岸线在非演出时段亦可作为公共活动场所，利用与锦湖大道的高差可设计标高在听音湖水面之上的地下负一层公共停车场。

②软硬结合的驳岸

主要分布在文化功能地段，滨水休闲绿化空间宽裕，岸线设计结合小体量的文化休闲景观建筑，促成滨水公共活动，并布置绿化景观。

③自然驳岸

主要分布在北侧酒店地段周边，利用湖面与用地的垂直高差，避免视线干扰，同时共享山水景观。在用地标高安排酒店使用的外部开敞空间，在滨水岸线的标高设置滨湖林荫步行道和自行车道。

慢行交通分为观光电瓶车系统及水上游览系统，其中水上游览系统呈"一大一小双环"结构，增强了滨水活动体验，丰富了涉水空间品质的层次（图6-23）。

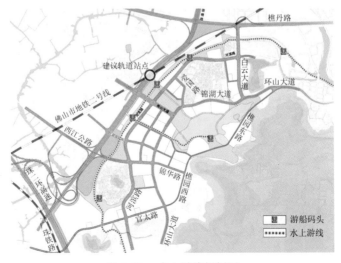

图6-23　水上游线规划图

6.2.3.2 小结

佛山南海区锦湖片区总体城市设计与传统规划设计相比，更加注重城市与水环境之间的融合，初步应用了涉水空间规划设计技术，片区内的听音湖将成为城市级的滨水公共空间，设计着重体现了其公共开敞的特征，在滨水空间可达性、步行连续性等方面，较传统规划设计有很大的进步，对其他地区涉水空间规划设计具有一定的借鉴意义。

6.3 深汕特别合作区概念城市设计[①]

6.3.1 项目概况与存在问题

深汕特别合作区中心区作为大湾区时代珠三角和粤东地区的重要枢纽节点，应借由深圳外溢发展的契机，发挥其强而有力的政策优势以及得天独厚的区位优势、资源优势、交通优势，融入珠三角，带动粤东的新一轮发展。

根据深汕特别合作区在编规划的指引，中心区南北两组团的人口容量合计应达到 65 万人，但城市设计范围内地形相对复杂，以丘陵地形为主，受洪涝、潮汐影响范围较大，且基地内基本农田、古村寨、现状建成区等散布，导致建设用地相对有限，在概念城市设计的阶段需要进行城市建设边界的论证并提出相应的涉水空间规划设计策略（图 6-24）。

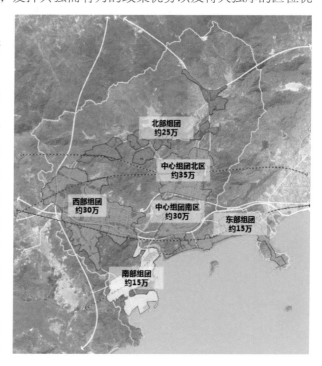

图 6-24　深汕特别合作区人口容量指引

（资料来源：《深汕特别合作区在编规划（2018）》）

---

①源自《深汕特别合作区概念城市设计》规划文本。

（1）洪水淹没范围较大，历年受灾情况严重

城市设计范围内洪涝灾害频发，中心区洪水淹没范围较大，主要集中在北部和西南部。以数字高程模型DEM为基础，可以分别模拟出中心区内50年一遇、100年一遇和200年一遇洪水淹没范围（图6-25）。

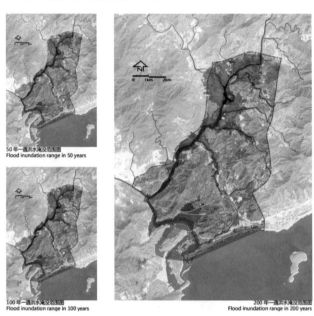

图6-25　城市设计范围内洪水淹没范围图

（2）现状限制要素复杂，建设用地分散且相对较小

城市设计范围内较多农田和湿地，河流水系与农田灌溉系统构成体系（图6-26）。丘陵地形特征明显，古村寨、现状建成区等散布，可供建设用地较为零散（图6-27）。

图6-26　现状生态要素示意图

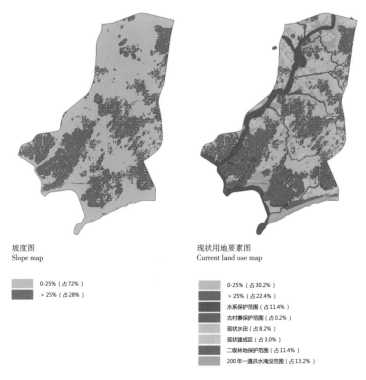

坡度图
Slope map

■ 0-25%（占 72%）
■ > 25%（占 28%）

现状用地要素图
Current land use map

■ 0-25%（占 30.2%）
■ > 25%（占 22.4%）
■ 水系保护范围（占 11.4%）
■ 古村寨保护范围（占 0.2%）
■ 现状水田（占 8.2%）
■ 现状建成区（占 3.0%）
■ 二级林地保护范围（占 11.4%）
■ 200 年一遇洪水淹没范围（占 13.2%）

图 6-27　现状要素叠加图

6.3.2　优化思路

该规划实践遵循"城水耦合"的涉水空间规划设计理念。在前期分析优化技术方面，通过现状发展条件的测算，确定适宜的人口和用地规模，优化城市开发边界的划定以及蓝绿空间的布局，降低城市发展的生态代价。在分项规划设计技术方面，以水塑城，构建具有生态韧性的空间格局；以水兴城，构建"生态堤围 + 海绵城市"的综合景观系统；以水融城，因地制宜实现地形改造的填挖平衡。

6.3.3　涉水空间规划设计技术应用

6.3.3.1　前期分析优化技术：以水定城，论证城镇开发边界

（1）进行空间开发适宜性评价

在 200 年一遇洪水淹没范围的基础上，综合考虑城市设计范围内坡度、坡向的限制，以及水系、古村寨、二级林地等保护范围和现状水田、建成区等要素，进行空间开发适应性评价（图 6-28）。结果显示，适宜建设用地占 30.2%，限制建设用地占 28.8%，不适宜建设用地占 41.0%。

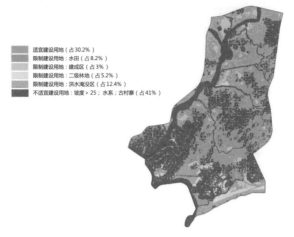

图 6-28　空间开发适应性评价图

对不同评价分类用地提出相应的城市开发原则：①适宜建设用地以缓坡为主，且现状无其他用地限制要素，适宜高强度开发，可考虑将商务中心区放置在该区域。②洪水淹没区中开发应考虑改造地形，防范洪涝；现状建成区可考虑后期以城市更新形式开发；现状水田应考虑为水鸟提供栖息地，同时为居民提供休闲湿地。③现状古村寨有较高价值，应充分保护与保留；坡地 >25% 的山地开发成本较高，山体生态景观价值较高，应限制其开发。

（2）分析适宜开发建设用地，划定城市建设用地边界

根据用地适宜性评价分析适宜开发的用地组团，结果表明适宜开发的城市建设用地面积占规划范围的 30%~40%；经用地整合与城市形态控制，划定城市建设用地边界，约占规划范围的 37.1%（图 6-29）。

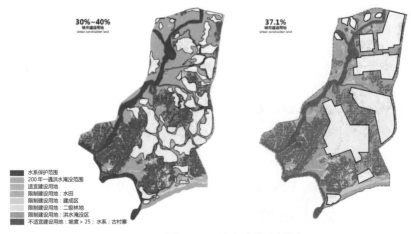

图 6-29　城市建设边界图

（3）人口规模与用地结构论证

收集深圳市及各区的管辖面积、建成区面积以及总人口等数据，计算深圳市及各区建成区面积占比、人均建设用地面积，作为深汕特别合作区人口规模与用地结构论证的依据（表6-1）。

表6-1　深圳市及各区人口与用地相关指标（2017年）

地区	数据收集			数据统计	
	管辖面积（平方千米）	建成区面积（平方千米）	总人口数（万人）	建成区面积占比（%）	人均建设用地面积（平方米/人）
深圳	1997.27	925.20	1252.83	46.32	73.85
福田区	78.66	53.30	156.12	67.76	34.14
罗湖区	78.76	34.64	102.72	43.98	33.72
南山区	185.49	110.44	142.46	59.54	77.52
盐田区	74.64	25.29	23.72	33.88	106.62
宝安区	398.38	225.50	314.90	56.60	71.61
龙岗区	387.82	219.01	227.89	56.47	96.10
龙华区	175.58	111.69	160.37	63.61	69.65
坪山区	167.01	63.52	42.80	38.03	148.41
光明新区	155.45	69.50	59.68	44.71	116.45
大鹏新区	295.06	34.15	14.61	11.57	233.74

注：建成区面积占比＝建成区面积/管辖面积；人均建设用地面积＝建成区面积/总人口数。

深汕特别合作区中心规划总用地面积为50.11平方千米，要求满足65万人的人口容量。根据适宜开发的城市建设用地面积占比37.1%进行测算，深汕特别合作区中心区的人均建设用地面积为28.60平方米/人，均小于2017年深圳市及各区人均建设用地指标。深汕特别合作区中心区因自然本底特殊性拥有更多的蓝绿空间，同时也需要考虑更集约的建设强度。

6.3.3.2　分项规划设计技术

（1）以水塑城，构建具有生态韧性的空间格局（图6-30）

根据地块高程，结合现状灌溉网络系统和水道形成"城市群岛"，这些"岛屿"在季风季节或台风等极端暴雨期间能够转移和储存洪水：①高程为 2~3 米的地块为潮汐和洪水易发区，该区域着重保护水道生态系统和自然环境，允许木板路以及渡轮服务和主要文化中心参与到自然生态规划中。②高程为 3~5 米的地块为 50 年一遇洪泛区，该区域可以提供的城市活动和用途包括娱乐、自然游戏、人行道、登船和花园的运动草坪。这个半开发的自然景观区域还包含木板路，以便居民在洪水期间安全通行。③高程为 5~7 米的地块为 100 年一遇洪泛区，该区域为洪水储存和陆上流动提供空间，允许城市与水的接触和日常活动，这些城市化水域和系统具有物联网水质监测的功能。④高程为 8 米以上的地块为城市发展较为安全的区域，采取海绵措施控制地表径流。

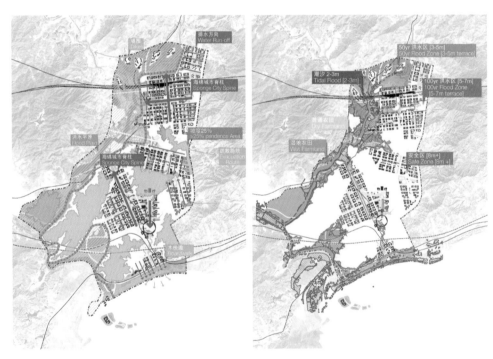

图 6-30　水生态恢复及"城市群岛"营造策略

（2）以水兴城，构建"生态堤围+海绵城市"的综合景观系统

根据 200 年一遇洪水淹没线设置生态堤坝，构建内外水综合的泄洪与城市排水系统，形成与农业景观相结合的都市生活试验田（图 6-31～图 6-33）。

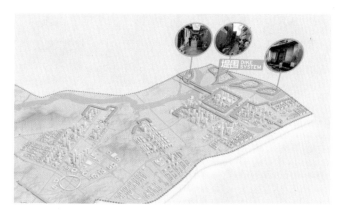

图 6-31　生态堤坝示意图

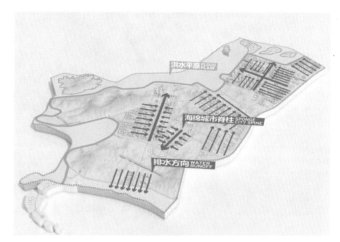

图 6-32　内外水综合的泄洪与城市排水系统示意图

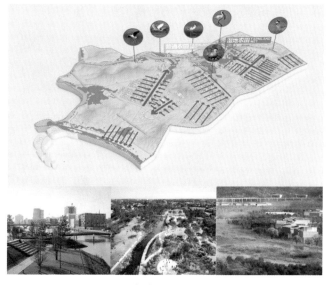

图 6-33　都市生活试验田示意图

（3）以水融城，因地制宜实现地形改造的填挖平衡

道路适应地形（最大纵坡范围内），从高等级道路至低等级道路逐次找坡，尊重原有地形，控制填挖比为 0.88（图 6-34）。

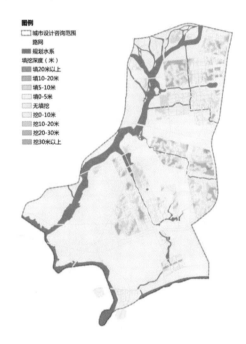

图 6-34　整体填挖示意图

填方方面，合理控制道路城市设计范围内坡度，填高局部洪水淹没区，总填方量约 0.48 亿立方米；挖方方面，利用台阶式地面形式，减少对山体的破坏，总挖方量约 0.54 亿立方米（图 6-35）。

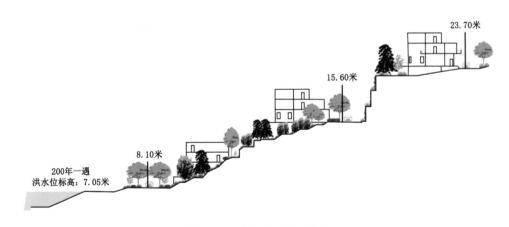

图 6-35　台阶式地面示意图

6.3.3.3　小结

深汕特别合作区中心区概念城市设计与传统规划设计相比，更加注重城市与水环境之间的双向融合：①在前期分析优化技术方面，通过现状发展条件的测算，确定适宜的人口和用地规模，优化城市开发边界的划定以及蓝绿空间的布局，减少城市发展的生态代价。②在分项规划设计技术方面，以水塑城，构建具有生态韧性的空间格局；以水兴城，构建"生态堤围 + 海绵城市"的综合景观系统；以水融城，因地制宜实现地形改造的填挖平衡。由此，新规划方案在开发边界论证以及空间韧性、生态修复等方面都较传统规划设计有了很大的进步，对其他地区涉水空间规划设计具有一定的借鉴意义（图 6-36、图 6-37）。

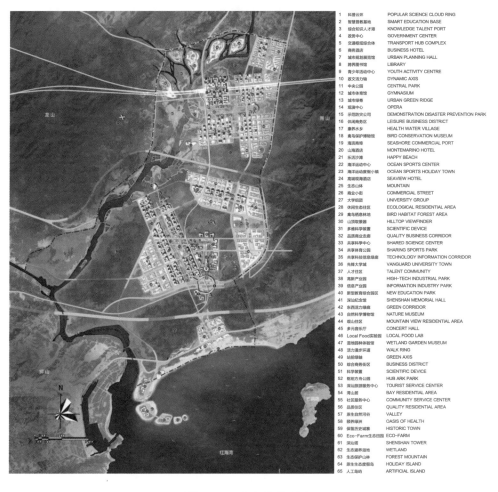

1	科普云环	POPULAR SCIENCE CLOUD RING
2	智慧普教基地	SMART EDUCATION BASE
3	综合知识人才港	KNOWLEDGE TALENT PORT
4	政务中心	GOVERNMENT CENTER
5	交通枢纽综合体	TRANSPORT HUB COMPLEX
6	商务酒店	BUSINESS HOTEL
7	城市规划展览馆	URBAN PLANNING HALL
8	跨界图书馆	LIBRARY
9	青少年活动中心	YOUTH ACTIVITY CENTRE
10	政文活力轴	DYNAMIC AXIS
11	中央公园	CENTRAL PARK
12	城市体育馆	GYMNASIUM
13	城市绿脊	URBAN GREEN RIDGE
14	观演中心	OPERA
15	示范防灾公园	DEMONSTRATION DISASTER PREVENTION PARK
16	休闲商务区	LEISURE BUSINESS DISTRICT
17	康养水乡	HEALTH WATER VILLAGE
18	鸟岛保护博物馆	BIRD CONSERVATION MUSEUM
19	海滨商埠	SEASHORE COMMERCIAL PORT
20	山海酒店	MONTEMARINO HOTEL
21	乐活沙滩	HAPPY BEACH
22	海洋运动中心	OCEAN SPORTS CENTER
23	海洋运动度假小镇	OCEAN SPORTS HOLIDAY TOWN
24	高端观海酒店	SEAVIEW HOTEL
25	生态山体	MOUNTAIN
26	商业小街	COMMERCIAL STREET
27	大学组团	UNIVERSITY GROUP
28	休闲生态住区	ECOLOGICAL RESIDENTIAL AREA
29	鸟岛栖息林地	BIRD HABITAT FOREST AREA
30	山顶取景器	HILLTOP VIEWFINDER
31	多维科学装置	SCIENTIFIC DEVICE
32	品质商业走廊	QUALITY BUSINESS CORRIDOR
33	共享科学中心	SHARED SCIENCE CENTER
34	共享体育公园	SHARING SPORTS PARK
35	共享科技信息廊道	TECHNOLOGY INFORMATION CORRIDOR
36	先锋大学城	VANGUARD UNIVERSITY TOWN
37	人才住区	TALENT COMMUNITY
38	高新产业园	HIGH-TECH INDUSTRIAL PARK
39	信息产业园	INFORMATION INDUSTRY PARK
40	新型教育综合园区	NEW EDUCATION PARK
41	深汕纪念馆	SHENSHAN MEMORIAL HALL
42	东西活力廊道	GREEN CORRIDOR
43	自然科学博物馆	NATURE MUSEUM
44	观山住区	MOUNTAIN VIEW RESIDENTIAL AREA
45	多元音乐厅	CONCERT HALL
46	Local Food实验园	LOCAL FOOD LAB
47	湿地园林体验馆	WETLAND GARDEN MUSEUM
48	活力漫步环道	WALK RING
49	站前绿轴	GREEN AXIS
50	综合商务街区	BUSINESS DISTRICT
51	科学装置	SCIENTIFIC DEVICE
52	枢纽方舟公园	HUB ARK PARK
53	深汕旅游服务中心	TOURIST SERVICE CENTER
54	滨山居	BAY RESIDENTIAL AREA
55	社区服务中心	COMMUNITY SERVICE CENTER
56	品质住区	QUALITY RESIDENTIAL AREA
57	原生河谷	VALLEY
58	颐养绿洲	OASIS OF HEALTH
59	保留历史城集	HISTORIC TOWN
60	Eco-Farm生态田园	ECO-FARM
61	深汕塔	SHENSHAN TOWER
62	生态涵养湿地	WETLAND
63	生态保护山林	FOREST MOUNTAIN
64	原生生态度假岛	HOLIDAY ISLAND
65	人工岛屿	ARTIFICIAL ISLAND

图 6-36　方案总平面图

图 6-37　方案鸟瞰图

6.4　广州南沙新区规划方案优化研究①

6.4.1　项目概况与存在问题

　　南沙新区位于广东省广州市最南端、珠江虎门水道西岸，位于西江、北江、东江三江汇集之处，是大珠三角经济区的地理几何中心。其东与东莞市隔江相望，西与中山市、佛山市顺德区接壤，北以沙湾水道为界与广州市番禺区隔水相连，距香港、澳门分别仅 38 海里和 41 海里，是珠江流域通向海洋的重要通道，也是连接珠江口两岸城市群的枢纽节点和我国南方重要的对外开放门户。

　　蕉门河中心区则是南沙中心区的一个组成部分，是南沙区的综合服务中心。规划范围北至小虎沥，南至蕉门水道，西至大山岽、坦尾山，东至黄山鲁森林公园，规划总面积为 18.58 平方千米。现以蕉门河中心区作为研究对象，从滨水空间的规划设计优化出发，以问题导向对其现有控规方案提出优化及修编建议。

　　（1）蓝绿空间资源丰富，但未形成良好互动

　　南沙区作为珠江出海口，现状水系包括有海域海水和区内纵横交织的涌道，

---

①源自《广州南沙新区规划方案优化研究》规划文本。

在区域东北部以自由式的水网为主，河流主要汇入蕉门水道、洪奇沥水道等主要水道，南部为填海河涌，河涌是规则的纵向布局，南北水系分布各具特色。该区咸淡水交汇，水资源丰富。同时南沙区现状绿化资源丰富，类型多元，包括有东北部的十八罗汉山、黄山鲁森林公园、滨海湿地、百万葵园大型植物园、滨海公园以及众多农田用地；其中南部滨海绿地较多，多为滨海公园及湿地。

与广州中心城区相比，南沙最宝贵的在于它的山、水、海资源，其多数集中于蕉门河沿岸地区，贯穿基地的蕉门水道是珠江入海水道之一。众多水溪支流和山体背景资源共同构成了基地的蓝绿色调基底。然而现状建设对水系资源价值重视不够，水绿体系分离，生态廊道的建设未能充分利用现有水系资源。

（2）城市内涝灾害风险较高

造成洪水淹没的原因有很多，一般可以归结为降雨形成的内涝以及外来洪水造成的圩堤溃决。可以把洪水淹没的成因分成无源淹没与有源淹没。南沙地区这样的平原水网区洪涝灾害的主要成因是由暴雨导致的超出流域承载极限的水量，故而采用无源淹没分析。南沙蕉门河规划建成区地势较低，但现状水体调蓄能力较低且韧性不足，无法很好地消纳雨水，因此暴雨时内涝风险较高（图6-38）。

图6-38　蕉门河无源淹没分析

（3）水系资源现状及问题

外水河道（蕉门水道）干支流总长约为56.8千米，河道面宽为285~1350米。现打造了各色广场，但滨水不见水、滨水不达水，缺少滨水空间设计，应防洪要求的堤岸路的设计较为单调无趣。

一类河涌由道路整齐划分，一眼望穿且设计手法相似，同时滨水空间受道路分割影响较大。二、三类河涌长度普遍较短，河涌之间缺乏连通，水系的连通性较差，枯水期易形成死水，汛期则排水不畅易成涝；河涌主要利用潮汐的涨落来实现河涌的水体流动；水系功能比较单一。低级河道水系连通性较差，与高级河道相比水质明显下降（图6-39）。

图6-39　低级河道（左）与高级河道（右）水体现状图

6.4.2　优化思路

针对场地内出现的问题，规划设计主要从水系结构、水网与路网的关系、多样化的滨水空间三个方面进行优化（图6-40），对规划范围内的土地利用方案进行调整（图6-41），并提出控制性详细规划阶段的水系指标控制建议。

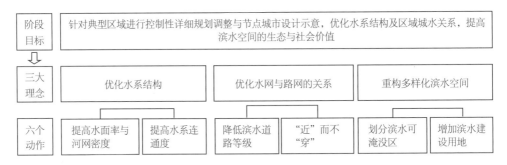

图6-40　技术路线和研究思路示意图

（a）原土地利用规划图　　　　　　　　（b）调整后的土地利用规划图

图 6-41　控规调整前后土地利用规划图对比

（1）优化水系结构

①水面率提升

优化典型区域水面率，提升至 20% 及以上，部分河道去"直"取"弯"。

②河网密度提升

局部区域复涌，并在部分建设用地中增加宽度 25 米左右的河道，在保证安全的情况下，提高蓝绿空间生态质量与城市亲水性。

③水系连通度提升

优化中避免断头河存在，将其连通至附近河道；局部零散坑塘连通成湖泊；增加 T 形与十字形水系连通节点。

④水系分支比提升

优化中尽可能保留低级河道以提高其分支比，并提高河网调蓄能力。

（2）优化水网与路网的关系

①滨水道路调整

降低滨水道路等级，避免道路隔离市民与水；将部分道路退至用地不临水一侧，提升水系的步行可达性（图 6-42）；构建连续性较强的滨水公共活动绿带。

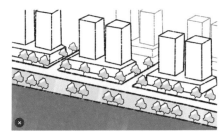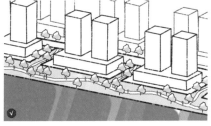

图 6-42　滨水道路调整示意图

283

②路网形态优化

改变以道路定城市格局的传统规划设计方法，尊重原有蓝绿空间，以自然与水系格局确定城市布局，并梳理道路形态以适应水系结构，实现以水兴城；现状滨江道路应适当弱化车行交通功能，避免切断城市与滨水空间的联系。

（3）重构多样化滨水空间

①可淹没区构建

外水河道附近，规划面积较大的可淹没区；内水河道依据淹没分析适度划分淹没范围；基于本地生态系统物种类型，打造可淹没湿地景观，提高水系生态价值。

②滨水建设用地调整

个别低级河道减小或取消建筑退距；提高滨水带商业、文化、公服用地占比，提升水系经济价值；减少局部绿地退让距离，使滨水建筑更贴水，打造传统岭南水乡景观。

6.4.3　涉水空间规划设计技术应用

（1）水面率提升与优化技术

原控规在现状基础上增加西北低洼处的调蓄湖泊，河道、湖泊、坑塘总面积各为205.02公顷、67.59公顷、48.13公顷。调整方案在原控规基础上增加东南低洼处调蓄湖泊，合理增加河东水道的纵向连通以及西部坑塘的连通性，水面率、河网密度都比原控规明显增加（图6-43）。其中，河道、湖泊、坑塘总面积各为304.71公顷、87.59公顷、48.13公顷。极端天气下局部湿地可被淹没，水面率可达28.41%（表6-2）。

表6-2　水面率与河网密度指标变化表

指标		原控规	调整方案	极端场景
水面率（%）	整体	15.41	21.16	28.41
	湖泊	21.07	19.89	20.23
	河道	63.92	69.00	74.58
河网密度（千米/平方千米）	—	1.79	2.03	2.06

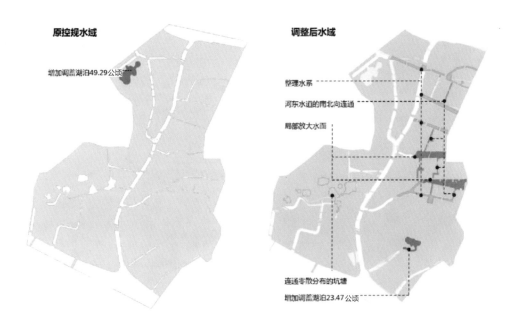

图 6-43　控规调整前后水域分布对比图

（2）水系分支比提升与优化技术

在提高水面率、河网密度以保证水系数量增加的基础上，基于低级河道对调蓄能力的重要意义来调整方案，尽可能对低级河道进行保留以提高低级河道的分支比（图 6-44）。原控规一级外水有 2 条，二级河道 4 条，三级河道 9 条，四级河道 7 条。调整方案一级外水 2 条，二级河道增加 1 条，三级河道增加 2 条，四级河道增加 3 条。除了二级河道稍微降低以外，各级河道的分支比都有明显增加（表 6-3）。

表 6-3　河道分支比指标变化表

指标		原控规	调整方案
河道分支比	一级	2.00	2.50
	二级	2.25	2.20
	三级	0.78	0.91

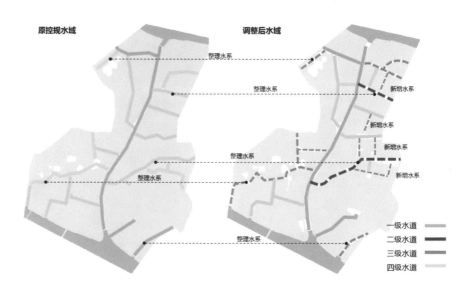

图6-44　控规调整前后水系分级对比图

（3）城市河湖水系连通技术

现状规划范围内多断头涌，水质较差；原控规蕉门河道河东被东西向河道严重分割，河西坑塘散乱分布。对水系连通节点进行量化，原控规水系21个连通节点均为T形连通节点，调整方案连通节点增加一倍，共42个，其中：39个为T形连通节点，3个为+形连通节点（图6-45）。调整方案连通度明显加强。新增加的多为三、四级河道的相互连通以及二、三级断头河涌与高级河道的连通。

图6-45　控规调整前后水系连通情况对比图

（4）生态格局控制技术与生物多样性提升技术

规划面积较大的可淹没区，提升水体调蓄能力，并利用水位变动的河滩地带构建天然湿地系统（图6-46），打造水生生物栖息地，提升生物多样性。同时，依托可淹没水体空间与公园绿地体系，打造连续的生态廊道网络。

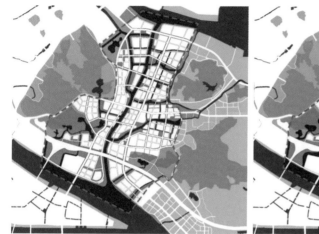

（a）正常情况示意图　　　　　　　　　　　　（b）极端天气示意图

图6-46　正常情况下与极端天气下的水面范围对比示意图

6.5　广州车陂涌流域概念规划[①]

6.5.1　分析项目概况与存在问题

车陂涌地处广州城区东郊，位于天河区，具有悠久的水文化历史，也是天河区最长、流域面积最大的河涌。作为广州城市东部重要的生态廊道，车陂涌流域北部联系火炉山、凤凰山生态斑块，南部衔接珠江沿江生态廊道。该片区是生态改善和城市更新的潜在催化剂，车陂涌可以为城市塑造健康的自然环境，提升城市生态水平和居民的生活品质。

然而，车陂涌流域在城市化发展过程中，呈现"城水关系"发展失衡的局面。随着城市扩张以及工农业的发展，水系日渐退化，流域水面积以每年13.912公顷的速度锐减，呈现整体退化趋势，并且水景观斑块破碎化逐渐加大，不稳定性趋强。在城市演化进程中城水逐渐分离，从过去居民直接取用井水与河涌水、桑蔗鱼塘耕作、取河沙为建材等因水而生的和谐关系，发展为如今水质逐渐恶化、

①源自《广州车陂涌流域概念规划》规划文本。

生态环境急剧破坏、水浸街等洪涝灾害频发等城水对立的状态（图6-47、图6-48）。

本设计应用前文的前期分析与评估优化技术，面向水资源、水灾害、水污染、水生态、水气候、涉水空间品质六个专项，依托水规划与空间规划双向评估方法实现技术耦合，对车陂涌流域的"城水关系"的问题进行分析总结。

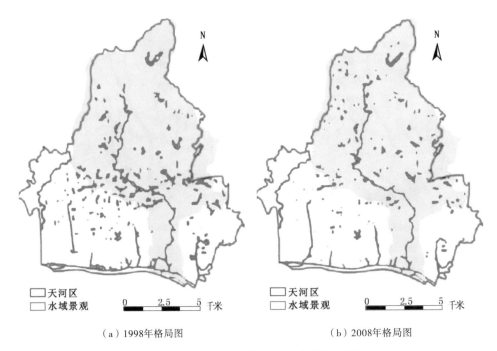

（a）1998年格局图　　　　　　　　　（b）2008年格局图

图6-47　1998年及2008年天河区水域景观格局图

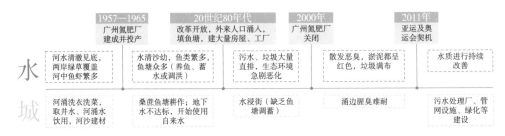

图6-48　车陂涌"城水关系"历史变化图

6.5.1.1　流域水资源集约利用现状分析

应用水资源专项的城市社会需水量预测、水资源承载力评估等技术，分析总结车陂涌流域水资源现状及问题如下（图6-49）：

①流域补水工程较为完善，生态水量基本达到供需平衡。

②流域用水量极大，由外部水源调配，供水模式单一。

③水资源基础设施较为匮乏，缺乏分质供水系统、中水回用及雨水收集等系统，水资源利用效率较为低下。

（a）流域补水工程图

（b）供水工程系统图

（c）用水率空间分布图

（d）三涌补水工程图

图6-49　车陂涌水资源集约利用现状分析图

6.5.1.2　流域水安全防控现状分析

应用水灾害专项的风险评估技术，分析总结车陂涌流域水安全的现状及问题如下（图6-50）：

（1）致灾因子强度和频率：致灾因子如暴雨等季节分布不均，雨涝灾害频繁。

（2）环境敏感性评价：北部整体绿地及南部分散绿地具备调蓄潜力，水域面积减少及高密度城镇建设影响地表径流。

（3）社会敏感性评价：建设了智慧水网，提高了社区治理能力。

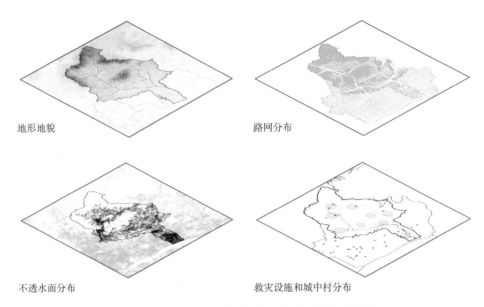

地形地貌　　　　　　　　　　　　　路网分布

不透水面分布　　　　　　救灾设施和城中村分布

图6-50　车陂涌水安全格局图层叠加综合评价分析图

6.5.1.3　流域水生态现状分析

应用水生态专项的水生态承载力评估、水生态现状评估等技术，分析总结车陂涌流域水生态的现状及问题如下（图6-51）：

（1）水系连通度较优，但水系环度较弱。

（2）补水工程提升水质，但作用有一定的局限性，污水截留工作仍需解决。

车陂涌补水河段各控制断面水质检测结果表					
监测点位	补水与否	监测项目			
		氨氮	总磷	溶解氧	透明度
长虹湖补水口下游	未补水	10.1	0.56	3.31	53
	补水	2.06	0.2	3.66	65
科韵路-三乡水陂上游	未补水	17.1	0.98	1.8	透明
	补水	4.37	0.38	5.12	42
科韵路-三乡水陂下游	未补水	14.5	0.89	3.71	透明
	补水	4.98	0.36	5.96	透明
车陂北路	未补水	11.8	0.68	3.57	透明
	补水	3.75	0.35	5.96	透明
中山大道中	未补水	9.24	0.60	2.16	70
	补水	4.06	0.37	5.03	78

—— 河链
● 节点

（a）水系连通性分析图　　　　　　（b）补水河段沿程水质检测

图6-51　车陂涌水生态现状分析图

6.5.1.4　流域水污染现状分析

应用水污染专项的水污染现状评估、水环境容量评估等技术,分析总结车陂涌流域水污染的现状及问题如下(图6-52):

(1)水质现状:整治工程全部完工,黑臭现象基本解决,但水质仍为劣 V 级。

(2)采取的措施:工程措施(截污和清淤工程、大观净水厂及城中村排水改造工程、初雨调蓄处理及生态修复工程)和管理措施(污染源摸查控制、错漏接整改、设施运行维护提升等)。

（a）雨水管设置图　　　　　（b）污水管设置图　　　　　（c）截污收集管设置图

图 6-52　车陂涌水污染现状设施图

6.5.1.5　流域水气候适应性现状分析

应用水气候专项的地理气候背景评估、热岛效应评估、冷岛效应评估、通风廊道评估等技术,分析总结车陂涌流域水气候的现状及问题如下(图6-53):

(1)广州市域地理气候特征分析:夏季高温多雨,冬季温和少雨。城市平均热岛强度南强北弱。风环境夏季多东南风,冬季多偏北风,平均风速较低。城市不透水地面面积逐渐增加。

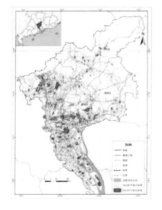

（a）广州市通风廊道规划图　　　　　　（b）1990—2016年广州市不透水面扩张图

图 6-53　广州市域地理气候特征分析图

（2）车陂涌流域风热环境分析：流域南面、中部及西面局部地区地表温度较高，现状水体降温范围则未能有效覆盖建成区（图6-54）。

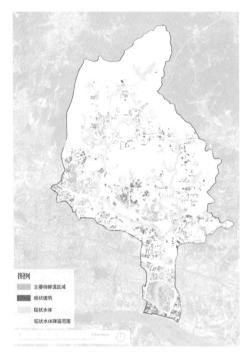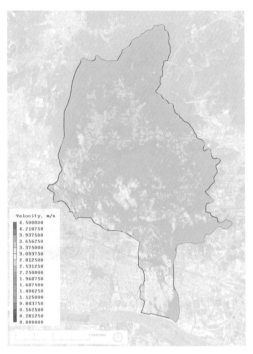

（a）重点待降温范围及现状水体降温范围图　　　（b）车陂涌流域风环境模拟结果图

图6-54　车陂涌流域风热环境分析图

6.5.1.6　流域水景观特征现状分析

应用水景观专项的岸域空间现状评估、水体外部性评估等技术，分析总结车陂涌流域水景观的现状及问题如下（图6-55）：

（1）城市割裂，河岸断连，功能中断，难以形成完整的河道滨水空间。

（2）绿化杂乱，生态段落疏于维护，区域狭窄脏乱。

（3）设施残缺，垃圾乱堆放，桥墩损坏，杂草铺道，路灯失效。

河岸断连,步行系统缺乏贯通性

缺乏文化识别性

场地多处存在人行道断连与阻隔问题

经过众特色村落却无法展示其场所印记

绿化杂乱,缺乏活动空间

设施残缺,景观品质量欠佳

场地空间空置,内部缺乏活动设施

人行空间狭窄,景观质量不佳

图 6-55 车陂涌流域水景观特征现状分析图

6.5.2 优化思路

面对现状"城水关系"发展失衡的局面,本次规划设计通过改变以往不同规划单元割裂规划的方式,对流域进行全方位的规划统筹,构建流域整体性设计。拟应用上文所述的"城水耦合"规划方法与技术,对车陂涌流域的"城水关系"进行优化(图6-56)。

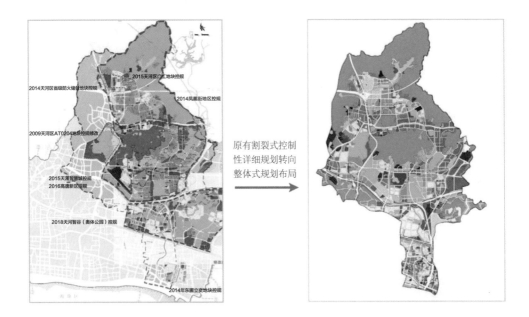

原有割裂式控制性详细规划转向整体式规划布局

图 6-56 车陂涌流域规划单元变化图

在充分归纳现状问题并确定应对策略方向后，应用前文所述的规划设计技术流程优化体系，分别从水域、岸域、涉水陆域三个方面对车陂涌涉水空间进行规划设计，兼顾水规划所关注的水资源集约利用、水灾害安全防控、水污染控制、水生态修复等要素，以及空间规划所关注的适应水气候、创新水文化、塑造水景观、优化水形态、共享水经济等要素在城市生态空间格局中的共同呈现，以实现流域人工环境与水环境的耦合（图 6-57）。

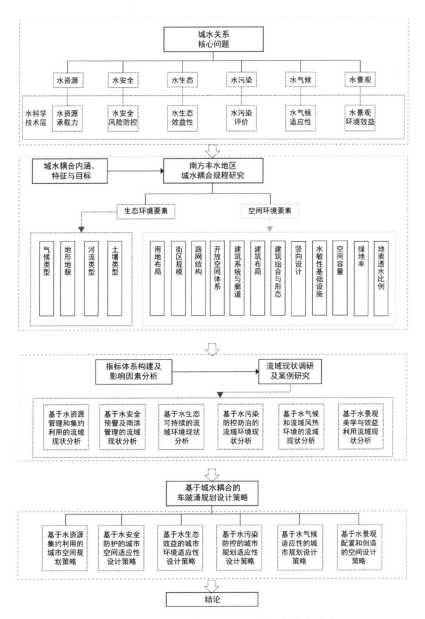

图 6-57　车陂涌"城水耦合"研究框架与技术路线图

6.5.3　涉水空间规划设计技术应用

6.5.3.1　构建蓝绿城市骨架

（1）管控流域水系格局（图 6-58）

①提高水系连通性：增加已有河网节点之间的联系，即增加河链数。

②增加水系分支比：保护城市低级河道，控制水系分支比。

③改善水系弯曲度：保证水系弯曲度，维护水系原有生态弯曲特征。

④增加水面率：通过清淤与拓宽、新增河道与人工湖体等手段提升水面率。

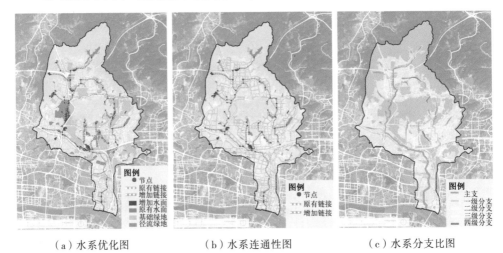

（a）水系优化图　　　　　（b）水系连通性图　　　　　（c）水系分支比图

图6-58　车陂涌流域水系格局规划图

（2）优化流域水体形态（图6-59）

①线状水体调整为面状水体：面状水域景观可获得更好的热环境效应。

②集中型水体调整为分散型水体：缓解夏季高温、改善城市热岛状况。

③新区保持现有河道，建成区尽量恢复历史河道。

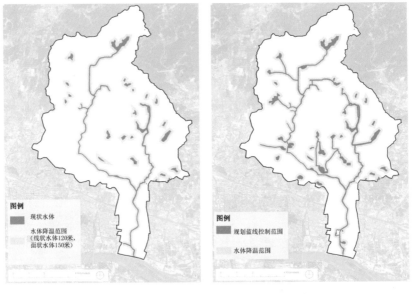

（a）水系规划图　　　　　　　　（b）规划水体降温范围图

图6-59　车陂涌流域水体形态规划图

6.5.3.2　提升城水体系格局

（1）整合蓝绿空间网络（图6-60）

①源头自我调蓄能力增强：对现有的建成小区和城市绿地进行海绵改造，成为复合生态调蓄节点。

②过程延缓减少地表径流：通过在汇水路径上的绿地改造，延缓地表径流流速，在一定程度上减少径流总量，并净化水质。

③末端被动蓄水转向主动调蓄：城市废地改造为雨洪调蓄节点，获得更大的生态和社会效益。

（a）雨水源头控制规划图　　（b）雨水过程控制规划图　　（c）雨水末端控制规划图

图6-60　车陂涌流域蓝绿空间网络规划图

（2）流域水资源循环改善（图6-61）

①工业聚集式布局：采取工业节水升级措施，工业采用集聚式布局方式或向域外转移。

（a）现状工业布局图　　　　　（b）规划工业布局图

图6-61　车陂涌流域工业布局规划图

②分质供水升级：借鉴广州用水示范工程，直饮水与普通自来水分类供给（图6-62）。

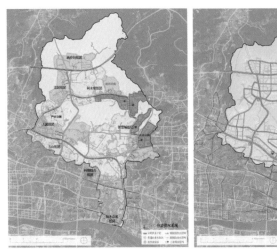

（a）分质供水策略图　　　　（b）分质供水管网图

图6-62　车陂涌流域分质供水规划图

③再生水回用：大观污水厂改造为再生水厂；选择五个重点片区，形成片区分散式再生水收集、净化、利用系统（图6-63）。

（a）再生水回用策略图　　　　（b）再生水回用管网图

图6-63　车陂涌流域再生水回用规划图

④雨水收集：流域水廊系统构建，对流域雨水进行整体调蓄（图6-64）。

（a）雨水收集策略图　　　　　　　（b）雨水收集管网图

图 6-64　车陂涌流域雨水收集规划图

（3）建成区雨洪管理体系（图 6-65）

①公共空间改造形成雨洪调蓄：通过雨洪生态改造，在原有的社交功能上增加雨洪调蓄和生态功能。

②城市肌理遵循水安全生长逻辑：依托地形形成顺应水系和排水方向的城市肌理，有利于场地内的雨洪调蓄和竖向设计。

③社区组织升级，提高社会韧性：通过社区的组织和管理，使得雨洪设施发挥最大效能。

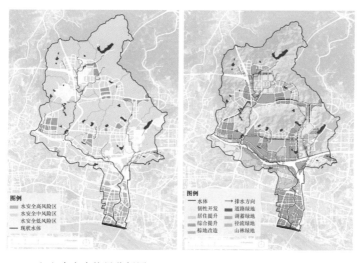

（a）水安全格局分析图　　　　　　　（b）流域雨洪分类图

图 6-65　车陂涌流域雨水收集规划图

（4）流域风热环境改善提升（图6-66）

根据规划的通风廊道适应性调整流域路网，优化水体形态、增加绿化空间，改善流域风热环境。

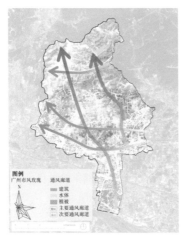

（a）通风廊道规划图　　　　　（b）蓝绿空间规划图

图6-66　车陂涌流域风热环境规划图

（5）流域生态防治（图6-67）

①提升城市水动力和蓄水能力：优化海绵系统，改善水系连通性。

②对重点防治区域进行设计：新增径流廊道，新增小型塘区，增加滨水绿地。

③城市整体绿地控制：对绿化率进行控制，构建不同绿地类型，对滨水绿地进行设计。

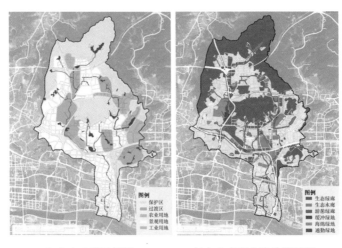

（a）水功能区划图　　　　　（b）生态安全防治格局图

图6-67　车陂涌流域生态防治规划图

（6）流域污染源控制（图6-68）

①用地的重新调整：对污水来源地进行重新调整，并配备相关的整治措施。

②海绵城市的设置：雨洪有效管理，减少雨水径流形成的水污染。

③提高流域内河涌水流速：设置多个补水点，提高水流速，减少水污染。

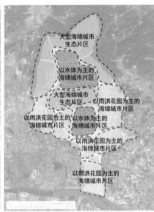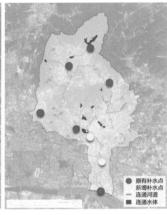

（a）片区划分示意图　　（b）区域性海绵城市系统图　　（c）工业区位置调整示意图

图6-68　车陂涌流域污染源控制规划图

6.5.3.3　打造滨水门户意象

（1）组织滨水慢行系统（图6-69）

①编织"城河互动"慢行廊道系统：编织复合多元的慢行网络。

②内部支路功能性道路网络加密：修葺增密支路网络促进末端微循环。

③打造人行绿色街道：构建与生活圈耦合的慢行网络。

（a）慢行廊道系统图　　（b）支路网络规划图　　（c）自行车及步行网络

图6-69　车陂涌流域滨水慢行系统规划图

（2）塑造滨水开放活力空间（图6-70）

①沿河空间多样氛围营造：滨水公共空间结合多类型生活圈合理配置。

②流域水景观风貌重塑：流域滨水岸线匹配日常居民生活进行多元化配置。

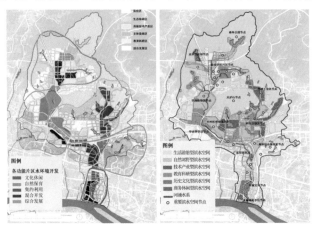

（a）水功能区划图　　　　（b）生态安全防治格局图

图6-70　车陂涌流域滨水开放空间规划图

（3）水文化保育及水经济发展（图6-71）

①车陂涌流域城水互动新名片：结合分区城市意象构建城水互动新名片。

②邻水船坞码头新利用：通过岸线设计配置，建立水道和生活社交的媒介。

③城中村水文化社会生活：通过引水入城，激活水乡特色。

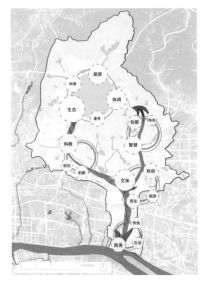

（a）特色水文化经济布局图　　　　（b）城市意象分区图

图6-71　车陂涌流域水文化及水经济规划图

第7章

"城水耦合"的工程实践探索[①]

7.1 苏州古城区河道"自流活水"实施方案研究

在苏州古城区河道治理实施方案中,规划提出"自流活水"的设计概念,贯彻"截污是前提,清淤是基础,活水是灵魂,管理是保障"的总体思路,通过因势利导、江湖互济、水源互补、配水、活水等"工具"的运用,治理效果显著,并带动和促进了周边水质的改善。

7.1.1 项目概况与存在问题

7.1.1.1 项目概况

苏州地处长江三角洲、太湖流域腹地,境内地势平坦,河道纵横交错,湖泊星罗棋布。全市共有各级河道21 454条,总长21 255千米,大小湖泊323个,总水面积3609.04平方千米,占全市总面积的42.5%。苏州古城内现有河道总长34.72千米,其中包括"三直三横"骨干河道和阊门支流、平江水系、南园水系、其他内部河道等支河道(图7-1)。

图7-1 苏州古城区水系概况图

①本章资料来源于南京水利科学研究院编制的《水环境治理报告汇总》。

7.1.1.2 面临问题

苏州古城区规划现状存在河道水质差、小区分隔、河水流动性差、调度困难等问题。

7.1.2 治理方案

7.1.2.1 区域层面：因势利导、江湖共济，以提升水势、高效利用水资源

（1）因势利导

随着城市建设以及河道改造，历史上太湖对苏州古城的明显水势已不存在。因此，通过"通江达湖"工程为苏州古城营造"北高南低"的水势提供有利条件，通过"引江济太"形成望虞河对苏州古城的较强水势。在此基础上，利用阳澄湖的调蓄作用形成其对苏州古城相对稳定的水势（图7-2）。

图7-2　苏州古城区水系概况图

"通江达湖"工程，为营造阳澄湖对苏州城区的水势创造了有利条件。现状情况下，阳澄湖对苏州古城具有相对稳定但是不够明显的水势。阳澄湖附近湘城站日均水位约3.24米，比觅渡桥站高约0.10米。但是，长江潮位对苏州古城河网具有明显水势，浒浦闸下长江侧日均最高水位3.78米，具有0.65米的相对水位优势；随着七浦塘、杨林塘等通江达湖工程建设，引江能力大幅提升，阳澄湖水体水位将会得到有效提升，将形成对苏州古城的有利水势；同时阳澄湖Ⅲ类或Ⅳ类的优良水体对古城河网具有明显的水质优势。因此，及时开辟外塘河水源为因势利导的便利工程。

（2）江湖共济

利用望虞河、七浦塘、杨林塘、阳澄湖等调水引流工程，通过科学合理的调

配调度，将数量丰沛、水质优良的长江和太湖水引至古城区环城河，为古城区河网环境改善引水工程提供可靠的水源。（图 7-3）。

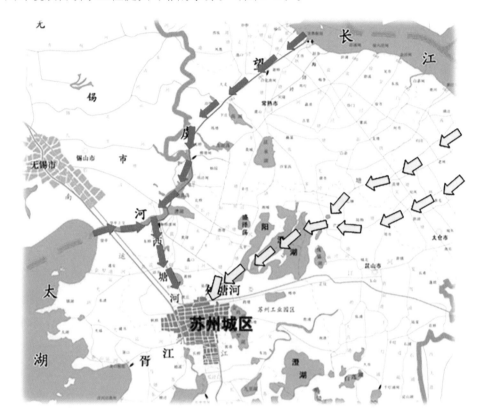

图 7-3   苏州古城区江湖共济示意图

7.1.2.2   古城区层面：双源互补、合理配水，以实现活水自流，并惠及周边

（1）双源互补

双源引水指经西塘河与外塘河分别从望虞河和阳澄湖引水至古城区环城河。

西塘河是目前古城区河网的主要引水通道，引水能力约为 40 立方米 / 秒。望虞河水量充足，水质良好，引水有效改善了环城河水质。但是，由于望虞河引配水权在太湖流域管理局，引水需兼顾太湖及望虞河沿程区段的用水需求。因此，受水权制约，单一西塘河无法为古城区提供可靠的水源保障。

外塘河沟通古城区环城河与阳澄湖，便利的地理位置为开辟古城区新水源提供了优越条件。阳澄湖水体数量巨大（约 1.6 亿立方米）且水质良好（Ⅲ类和Ⅳ类），七浦塘、杨林塘等通江达湖工程的建设，不仅将有效提高阳澄湖水位，更将显著提高阳澄湖可供水量，因此，开启外塘河作为古城区的新水源工程，乃因势利导之合理安排；同时，由于将阳澄湖水体通过外塘河引至环城河，不仅将拉动阳澄湖水体的流动性，达到改善水体水质的效果，还将减轻对西塘河引水的依赖和压力，为互蒙其利的多赢之举。同时，由于苏州市水利局对外塘河引水具有完全的水权，为古城区引水提供了可靠的行政保障。外塘河目前泵引能力约为 15 立方米 / 秒，应进行适当扩建，使其达 40 立方米 / 秒的引水能力（图 7-4）。

图 7-4　苏州古城区双源互补示意图

（2）合理配水

通过外塘河（主要水源）、西塘河（第二水源）、元和塘河（备用水源）调引 40 立方米 / 秒清洁水进入北环城河以后，实施配水工程的主要目标是在不影响苏州城区环城河游船航行安全和城市景观的前提下，想方设法地在南、北环城河之间形成一定的水位差，最大限度地使清水流经古城区河网，控制东、西环城河的最大流量不超过 30 立方米 / 秒，确保 10 立方米 / 秒的清水进入河网，显著改善古城区河网水质，使其长期维持在Ⅳ类甚至Ⅲ类水的水平。

配水工程的布局为：①在东环城河娄门桥至三星泵站之间新建一座配水工程，阻止外塘河引来的清洁水直接流走，使大部分清水留在北环城河，通过北园河、林顿河、平门河进入古城区河网，其余部分通过西环城河；②在西环城河五龙桥附近新建另一座配水工程，阻止西塘河引来的清洁水直接流走，使大部分清水留在北环城河，引导清水通过北园河、林顿河、平门河南下进入古城区河网，其余部分进入东环城河和阊门内城河；③在相门桥和葑门桥之间修建一座壅水设施，如大糙率明渠，起壅高水头的作用，从而在东环城河形成三级水差，便于从环城河引水至古城区外东片区域。

东环城河在该处水面非常开阔、平静，是开展水上运动、水上娱乐的理想之地，可在大糙率明渠满足壅水功效的基础上，合理扩展其功能，设计皮划艇训练基地，从而提供娱乐、健身功能（图 7-5、图 7-6）。

图 7-5 苏州古城区一维水动力模型

图 7-6 苏州古城区配水设施图

（3）活水自流

通过外塘河、西塘河和元和塘水源工程，以及在环城河修建配水工程，在古城区南北环城河形成适宜的水头差，将外引清洁水源合理配置至古城区河网，形成有序水体流动格局，实现自流活水，改变目前古城区分割分片独立换水、泵抽动力活水成本高、噪声扰民且效果不明显的状况，达到持续改善古城河网水质水环境的目标（图7-7）。

图7-7　苏州古城区水堰分布图

（4）惠及周边

为了有效地在流域和区域大尺度范围内谋划古城区自流活水，应该坚持统筹兼顾、互蒙其利的设计原则，在利用阳澄湖、外塘河、西塘河、元和塘等工程引优质水源至环城河改善古城区河网水环境的同时，也要考虑兼顾其他区域用水和改善周边水环境的因素。古城区河网引水惠及周边主要体现在如下方面：

①开辟外塘河水源工程，将显著减轻目前西塘河引水压力，将节余水量供给望虞河沿线其他需水区域。

②外塘河引水将有效拉动阳澄湖水体的流动性，从而达到改善阳澄湖水质的目的。

③元和塘引水，将提高阳澄区河网水体的流动性，改善阳澄区河网水体水环境。

7.1.3　实施与治理效果

通过河道"自流活水"实施方案及技术工具的运用，苏州古城区有效提升了水量水质、减少了水体污染、改善了生态环境。

（1）水量水质提升

基本实现大、中、小包围的常年连通，进入城区水量大增，水质改善效果明显，古城区河网流动性增强，泵站启用频率和运行时间大幅降低，城区排涝调蓄能力显著提升。

（2）水体污染减少

2013 年 7、8 月高温期间，与 2011 年同期相比，古城区水体总磷下降 57.4%，高锰酸钾指数下降 30.6%，氨氮下降 81.1%，溶解氧从 1.69 毫克 / 升提高到 2.81 毫克 / 升。COD（化学需氧量）平均浓度为 Ⅲ 类，氨氮平均浓度为 Ⅲ 类，总磷平均浓度为Ⅳ类，溶解氧平均浓度为 Ⅲ 类。

（3）生态环境改善

短短一年间，苏州城里的河水均较好地流动起来，河水中有鱼，河滩上有螺蛳，岸上有垂钓的常客，河埠还偶有洗衣的妇女。

7.2　常熟市城区畅流活水方案研究

为解决常熟市城区河道水质差、水动力条件差、水体浑浊等问题，规划贯彻"统筹安排不同层面水道、综合运用现有水利工程与水资源"的总体思路，从流域、区域、城区、片区不同层面统筹安排，综合运用防洪大包围枢纽工程和现有闸泵工程，兼顾防洪排涝、航运、景观娱乐等功能。通过引水通道、按需配水、精细调控等"工具"的运用，合理利用优质丰富的长江水，增加水动力、增大水环境容量、增强河道自净能力，实现水资源可持续高效利用，治理后水质提升，效果较明显。

7.2.1　项目概况与存在问题

7.2.1.1　项目概况

常熟市位于江苏省南部，是国家历史文化名城之一。境内地势低平、水网交织。城区总面积 88 平方千米；河道水面积 4.5 平方千米，河道水面率 5.1%（不含琴湖、尚湖）；排涝泵站 82 座；河道约 174 条，长度 175.87 千米；包含 18 个水利片区，15 个重点片区（图 7-8）。

图 7-8　常熟市城区河道片区图

7.2.1.2　面临问题

常熟市城区河道规划现状存在的问题包括：水质、水量不理想；引水容易直接从骨干河道流走，难以流入古城；水系以古城为中心呈环形辐射状，增大了实施畅流活水的难度；城区防洪大包围未建成，缺乏外部的调控工程设施；古城内截污不彻底，河道狭窄，水动力条件差，几乎看不见水体流动；河岸的景观及生态一般，河道水体浑浊，感观较差；部分河道在城市建设过程中被填埋、挤占；河网被分割，水系的畅通性较差，等等。

7.2.2　治理方案

7.2.2.1　前期分析水源：两股水源

常熟城区现状有海洋泾和山钱塘两股水源（图 7-9）。其中，海洋泾为主要引水通道，流量约 30 立方米／秒；山前塘为次要引水通道，流量约 13 立方米／秒。

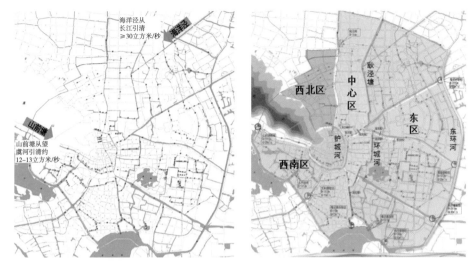

图 7-9　常熟市水源分析（左）及活水方案示意图（右）

7.2.2.2　制定活水方案："三环、四区、十射"

规划以护城河、环城河、东环河将全城分为三环活水，第一环以护城河为界，是全城核心区——古城区，第二环以护城河和环城河为界，第三环以环城河与东环河为界。全城划分为四个区域，分别为中心区、东区、西南区和西北区。其中西北区沿用现有泵抽回流的方法，辅以河道强化净化、生态修复相结合的措施，另外三个区联合大包围枢纽进行"活水"（图 7-9）。

活水方案共分三大类：

（1）全城活水方案

适合日常水质状况不是特别恶劣时，全城同时活水。方案分三种工况：①外河 3.2 米水位开闸自排；②外河 3.3 米水位开闸自排；③外河 3.4 米水位开闸自排；④外河水位超过 3.4 米时，排水口门开泵排至泵前水位 3.4 米。

（2）分区活水方案

分别对中心区、东区、西南区进行活水。中心区和西南区外河 3.3 米水位开闸自排。东区分为两种工况：①外河 3.3 米水位开闸自排；②外河水位超过 3.3 米时，排水口门开泵排至泵前水位 3.3 米。结合示范区内各片区的开发以及生态景观要求，强化三环中某一环的调水效果。

（3）局部强化活水方案

兴隆片、青墩片、湖圩片有条件封闭，局部强化活水。短期内将多年来积累的脏水和底泥净化一遍。

7.2.2.3　流量配比：按需配水

两股主要的水源分别保证不同的区块，海洋泾引水主要保证中心片和东片，山前塘引水主要保证西南片。各个片区按需求配比流量，通过活动溢流堰和枢纽工程对配水进行调控（图7-10）。

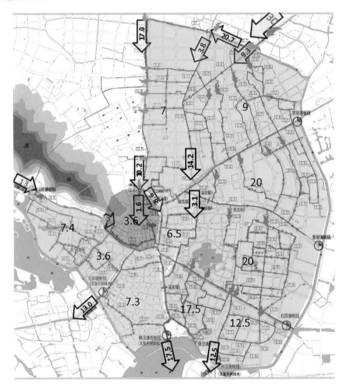

图7-10　常熟市流量配比示意图

7.2.2.4　水位情况：精细调控

通过泵等工程设施对水位进行精细调控，形成人造水位差，使水位逐级递减，城内尽量不开泵，实现活水自流（图7-11）。

（1）新增河道

山湖片区规划新增河道将大塘河与山前塘沟通，使得山前塘的优质好水从北向南流入山湖片（图7-12）。

（2）单泵改闸

闸口桥排涝站和湖苑排涝站河道断面宽度分别为9米和33米，现状仅有单向排涝泵站，规划加配套闸门或将泵站拆除加其他控制，调水时，控制开度，实现活水自流（图7-13）。

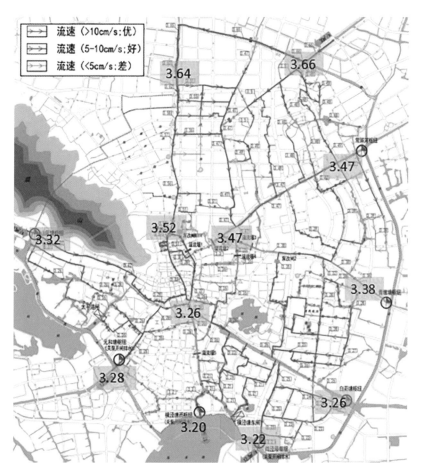

图 7-11　常熟市水位调控示意图

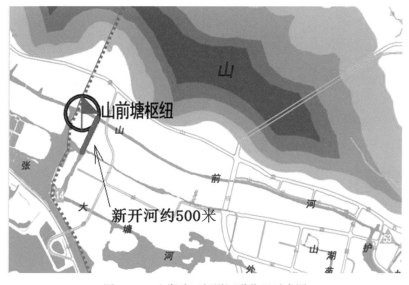

图 7-12　山湖片区新增河道位置示意图

图 7-13　单泵改闸工程位置示意图

7.2.3　实施与治理效果

通过"畅流活水"方案的实施及相关技术工具的运用，常熟市城区实现了水资源的可持续高效利用，水质得到明显改善和提升，具体表现为：

（1）水质提升

方案实施后，根据调水水质监测数据分析，主要水质指标大部分能维持在Ⅳ类水以上，河道水体流动性明显增强，水质改善效果显著，黑臭水体得到消除。

（2）流速提升

方案实施后河道水体流速提升至 0.4～0.6 米／秒。后期将进行防洪大包围枢纽工程的分期建设，该枢纽既可以用于防洪，又可以用于活水（图 7-14）。

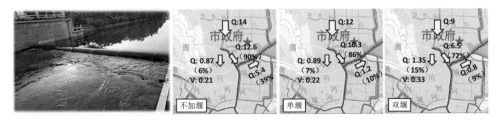

图 7-14　常熟市治理效果示意图

7.3　杭州市萧山区钱江世纪城 G20 核心区块水质提升工程

　　为满足 G20 峰会举办的要求，改善峰会核心区的整体环境质量和河道水质较差的现状，规划贯彻"利用优质水源、合理配水、精细调控"的总体思路，通过引水水质净化工程、河道水质保障工程、河道活水工程等"工具"的运用，大大提升了河道的水质，促进了河道水环境和水景观功能的发挥。

7.3.1　项目概况与存在问题

7.3.1.1　项目概况

　　2016 年 9 月，二十国集团（G20）峰会（以下简称"G20 峰会"）在杭州萧山区钱江世纪城举行，会场核心区主要包括体育竞技场馆功能的杭州奥体中心和会展服务场馆功能的杭州国际博览中心。峰会会场地处平原河网地区，河流水系较发达，但河道水体现状水质整体较差，严重影响河道水环境和水景观功能的发挥。为改善区域整体环境质量，实现河道水体的有序流动和水质提升，营造一个适宜的优美环境，国际峰会筹备工作领导小组将 G20 峰会核心区水质提升工程列入峰会应急项目。

　　G20 峰会核心区水质提升工程分阶段实施，第一阶段工程内容包括引水水质净化处理工程，后解放河水闸、钱江枢纽闸站及河道金属改造、清淤工程以及临时污水处置工程等（图 7-15）。第二阶段为 7-9 月的联调联试运行期（图 7-16）。

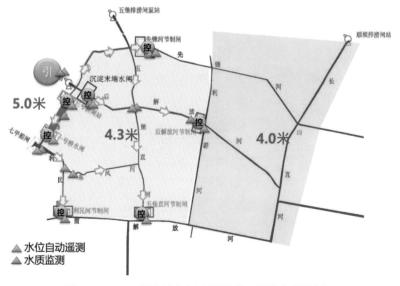

图 7-15　G20 峰会核心区水质提升工程分布示意图

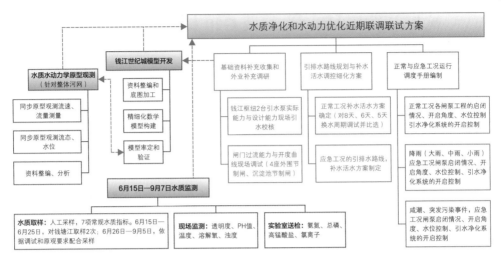

图 7-16　G20 峰会核心区水质净化与水动力优化联调联试方案图

7.3.1.2　面临问题

G20 峰会核心区规划现状存在的问题包括：河道所引的钱塘江水源含沙量大、浊度高，水体给人的整体感受较差；由于地处平原河网地区，水体的流动性较差。此外，因短期内工程数量增多，导致面源污染增大。

7.3.2　治理阀杆

核心区块水质提升工程从流域、区域不同层面统筹安排，利用钱塘江优质水源，配以水质净化措施，综合运用现有闸泵工程，兼顾防洪排涝，通过截污、清淤、净化、活水、管理等工程与非工程措施，合理配水、精细调控，增加河网水动力、增大水环境容量，实现水资源可持续高效利用与水环境生态系统改善的良性循环，为峰会核心区营造灵动宜人、富有活力的水环境（图 7-17）。

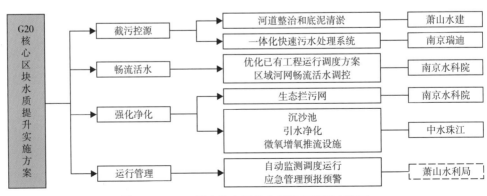

图 7-17　G20 峰会核心区块水质提升实施方案图

工程主要由引水水质净化工程、河道水质保障工程、河道活水工程三大部分组成（图7-18）。

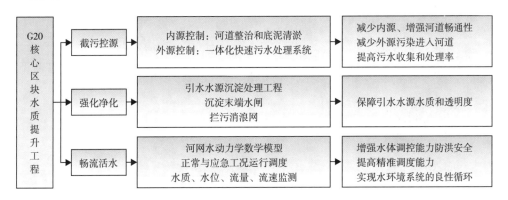

图 7-18　实施方案示意图

7.3.2.1　引水水质净化工程

采用高含沙强化净化水源保障技术，在后解放河、先锋河兴建水闸，利用钱江枢纽与两闸之间的河道，对钱江枢纽引水进行水质絮凝沉淀处理。

（1）引水原则

①防汛优先。在防汛安全的基础上，进行水质提升、水环境改善。联合调度钱江枢纽、四座节制闸、七甲船闸、一号桥闸、三号桥闸、沉淀末端水闸、五堡排涝站进行引水活水。

②以利民河节制闸内侧水位为水位特征点。正常工况调度时，常水位控制约4.3米。停止引水后，水位控制范围是4.0～4.2米。

③确保萧山城区水流不倒灌进入核心区河网。

④确保各类污水不排入核心区内河网。

7.3.2.2　河道水质保障工程

钱江枢纽与三号桥闸之间，设置拦污网以净化引水水质；对钱江世纪城未完成清淤的解放河、五堡直河和利民河的部分河段进行清淤；考虑到污水管道尚未建成，配置临时污水处理设备，对区域内安置房小区和商务楼的生活污水进行临时处置，保障河道水质不受污染（图7-19）。

图 7-19　河道清淤

7.3.2.3　河道活水工程

重新规划河道水流流向，确定活水方案，利用闸（坝）调控水位，达到水体流动及水质改善的目的。其中河道活水联调联试主要由水质净化、现场调试、数学模型、方案优化等部分组成。

活水的控制原则依据《杭州市萧山区钱江世纪城 G20 核心区块水质提升实施方案》以及现场调试成果制定。

（1）正常调度工况

钱江世纪城内部水位高于四座节制闸外部，通过调控四座节制闸，实现每条河流自由流动，水流从钱江世纪城流入下游萧山城区。

（2）排涝及应急调度工况

遇到降雨或咸潮、蓝藻等应急状况，应急调度工况需严格按照《G20 核心区遇强降雨应急恢复调度方案》进行。

7.3.2.4　应急工程

考虑最不利工况，即当萧山城区水位高于核心区内河水位，外江潮位高于核心区内河水位，四座节制闸关闭、七甲闸关闭，制定应急工况下的水质恢复方案（图 7-20，图 7-21）。工况设置总体思路如下：

降雨过后，钱江枢纽引水 20 立方米／秒，三号桥闸完全开启，一号桥闸控制开度，沉淀末端闸完全竖起，四座节制闸关闭、七甲闸关闭。

①水质恢复目标：通过临时泵以及调节闸门，使得场馆区利民河北段、东风河西段水体约在 2 小时基本恢复至透明度 1 米。

②场馆附近七甲闸内侧水位、利民河节制闸内水位、东风河桥水位不超过4.1 米。先锋河节制闸、后解放河节制闸内侧水位不超过 4.3 米。

③控制一号桥闸，使得引水 20 立方米／秒流量尽量全部从先锋河进入花海区域。

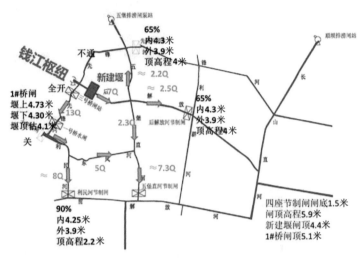

图 7-20　水质恢复调度图

图 7-21　应急方案

7.3.3　实施与治理效果

通过建立完善的水质提升实施方案，运用对应的治水"工具"，河道的水质得到了提升，流动性增强，周边环境得到了优化（图 7-22）。

（1）水质达标

核心区内的考核目标为透明度达到 1 米，主要水质指标达到Ⅲ类水。通过

7 月份的调试，核心区内水体已能实现透明度 1 米、水质主要指标基本达到Ⅲ类的目标。

（2）流量合理

河道流量分配合理，流动性增强，给人的感官效果好。

图 7-22　G20 峰会核心区水质提升工程实施效果

7.4　苏州宝带桥—澹台湖景区水环境整治提升工程

为解决苏州宝带桥—澹台湖景区水体污染、生态系统结构过于简单等问题，规划贯彻"拦污清淤，重建生态系统"的总体思路，通过拦污消浪、流量调节、水体分离、底泥清淤、生态治理等"工具"的运用，达成了显著的治理效果。

7.4.1　项目概况与存在问题

7.4.1.1　项目概况

苏州宝带桥—澹台湖景区位于江苏省苏州市吴中区，是太湖水网平原区的一部分，地势低平，水网稠密，距离苏州古城 7.5 千米（图 7-23）。宝带桥是古代汉族桥梁建筑的杰作，横卧于大运河和澹台湖之间的玳玳河上，有"苏州第一桥"的美称。

图 7-23　苏州宝带桥—澹台湖景区区位图

7.4.1.2　面临问题

苏州宝带桥—澹台湖景区规划现状存在外源污染、面源污染、内源污染及生态系统结构退化等方面的问题。

（1）外源污染

外源污染主要来源于京杭运河大量悬浮物（100 毫克／升、透明度约 30 厘米）、藻类氮磷污染物的输入，以及由于污染物沉积产生的氨、氮、磷的富集。

（2）面源污染

景区的建成将显著增大游客的数量，由此带来的地表径流污染将加重。

（3）内源污染

底泥富含有机物和氨、氮、磷等，底泥污染释放和不断地富集成为水体的重要污染来源。

（4）生态系统结构退化

物种种类极不丰富，生态系统结构退化，导致水体的自净能力较差，维护水质健康、稳定的能力欠缺。

7.4.2　治理方案

苏州宝带桥—澹台湖景区水环境整治提升工程包括拦污清淤、动力调控、净化强化、生态修复等措施（图 7-24），具体包括建设拦污消浪设施、底泥清淤设施、活动溢流堰、环澹台湖闸坝、人工湿地、微氧增氧推流设施以及对生态系统及生物巢穴的构建等。

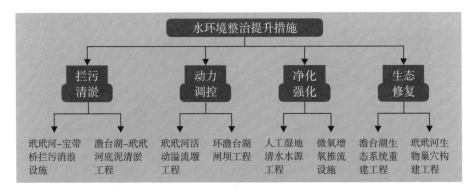

图7-24　苏州宝带桥—澹台湖景区水环境整治总体思路图

（1）拦污消浪

在玕玔河进口及宝带桥外侧设置拦污消浪设施，过滤大运河水体中的泥沙和悬浮物，并减小大运河的船行波（图7-25）。

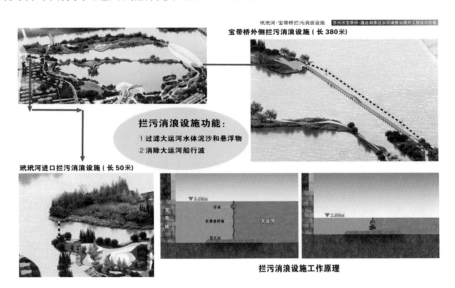

图7-25　苏州宝带桥—澹台湖景区拦污消浪措施图

（2）活动溢流堰

活动溢流堰建于桥下，与景观桥相结合。当大运河水质较差时，活动溢流堰竖起，使玕玔河流量流速趋零，便于河中泥沙与悬浮物的沉降，以改善水质；当大运河水质较好时，通过对活动溢流堰的控制，能够自由调节河水的流速与流量，增大玳玳河与外界水体的交换，维持较好的水质；最大限度地减少干预以维持玳玳河的功能（图7-26）。

图 7-26　苏州宝带桥—澹台湖景区活动溢流堰设计图

（3）环澹台湖闸坝

通过闸坝将澹台湖和玳玳河分离形成封闭水体，常年维持澹台湖 3.3~3.5 米的水位，维持其高水位运行（图7-27）。

（4）底泥清淤

包括泥浆泵泵吸清淤、挖泥船挖泥清淤等方式，能有效清除河流河道堆积的底泥，有效削减内源污染物。

（5）人工湿地清水水源

分两期增加垂直流湿地的面积，一期增加 2 万平方米，二期增加 1.5 万平方米，一共 3.5 万平方米；使用砂石级配填料和活性生物填料（ VCW-C 填料）作为湿地填料；湿地植物与景区环境相协调，选用苏州本土物种、根系庞大、净化效果好、景观效果佳的水生植物；通过电动阀门控制湿地运行模式进行湿地配水。

图 7-27　苏州宝带桥—澹台湖景区闸坝系统图

（6）微氧增氧推流

在澹台湖布设 4 台微氧增氧推流设施，增强湖水流动，高效增氧，防止富营养化；在玳玳河布设 3 台微氧增氧推流设施，形成水力推流，提高净化效率。

（7）生态系统重建

采用"挺水植物 + 沉水植物 + 水生动物 + 生物巢穴"的方式对澹台湖进行湖泊生态重建；构建健康的生态系统，维持湖水优良的水质；水生植物、水生动物、微生物三者构成生产者、消费者与分解者的平衡（图 7-28）。

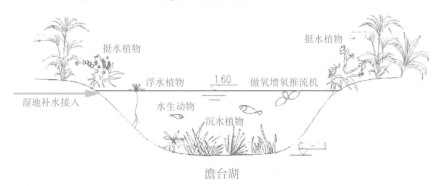

图 7-28　苏州宝带桥—澹台湖景区湖泊生态系统重建示意图

（8）生物巢穴构建

生物巢穴由级配砾石填料、多孔生物填料和卵石组成；铺设面积 10 万平方米，平均铺设厚度 20 厘米。构建生物巢穴可提供有效菌种的栖息地，产生无数的微型"污水处理系统"去除氮磷；维持玳玳河自净能力，防止富营养状况的出现。

7.4.3　实施与治理效果

通过水环境整治提升工程措施及相关工具的应用，苏州宝带桥—澹台湖景区的水体污染问题基本得到解决，水质大幅度提升，生态系统稳定性提高，景区环境优质宜人（图 7-29）。

图 7-29　苏州宝带桥—澹台湖景区治理效果图

7.5　上海市水功能区水质改善深化研究

为改善上海市水功能区的水质，达到改善淀北片河网水质水环境、促进其水功能区水质达标的目标，规划团队通过资料收集分析与数据库模型库构建、污染负荷来源解析、水量与水质数学模型构建等手段，制定污染负荷削减及河网互联互通增流提质方案。

7.5.1　项目概况与存在问题

7.5.1.1　项目概况

淀北片位于上海市苏州河以南，淀浦河以北，黄浦江以西，总面积 257.1 平方千米，片区内包括长宁、徐汇和松江等区，片内河网密集，内部有 120 多条河道，河道总长 434.6 千米，5 条骨干河道：北横泾、新泾港、蒲汇塘、张家塘港、漕河泾—龙华港。河道纵横交错，但距离上海主要水体较远。淀北片区水质恶劣，需要进行水污染治理与片区水质改善工作。

7.5.1.2　面临问题

淀北片规划现状存在以下问题：长期受工业污染影响，水质综合评价均为劣 V 类，有机污染综合评价 A 值大于 4，水质整体污染较为严重，片区内多条河流长期属于黑臭水体。

7.5.2　治理方案

研究内容的设置紧密围绕上海市淀北片河网水质改善、水功能区达标的行动目标，主要包括四个研究内容：

（1）资料收集分析与数据库模型库构建

开展淀北片河网水文、水资源、水质现场调查，完成河道断面地形复核测量和典型断面水位、流量原型观测，收集其他相关水文、地形、水质基础资料及工程规划设计资料，并进行资料分析与数据库模型库构建。

（2）淀北片主要污染负荷来源解析与削减源控制方案研究

针对淀北片和淀北片水功能区目标污染物（COD、氨、氮等），解析负荷的主要来源及其迁移转化过程，形成上海市城区河道污染负荷解析方法体系，包括污染负荷监测方案优化、污染负荷通量监测、污染负荷来源解析及河道水质对入河负荷的响应关系。研究污染物负荷削减方案，包括污染负荷源头削减、径流中污染负荷过程削减及河道强化净化等技术。2016年开展河道水质强化净化和生态治理，2017年实施生态修复工程和改善水生态。

（3）淀北片水量与水质精细化数学模型构建

①淀北片及周围片区水动力现状分析

开展河道断面资料搜集整理、河网水质浊度、悬浮物、泥沙状况调查；进行河网水动力原型观测，包括水位、流量、流向、水面坡降、地面坡降等，以此分析河网水量分配关系及河网水体流动性差、易淤积的原因，并分析确定河网内滞污段的分布及原因。此外，对淀北片内闸、坝、泵、涵等水利工程的分布、特性及运行状况（包括调度原则）进行调查，获得的地形、流量、水利工程等基础资料，为分析河道糙率、数学模型构建与验证提供数据支持。

②淀北片感潮河网数值模型及局部区域河网与管网一体化精细模型

通过建立淀北片区域河网精细模型及局部小区域地下管网、地表河网、降雨产流、局部积水、排洪等一体化数学模型，精细模拟地表河流系统与地下管网的河水、雨水、污水水量、水动力、水质变化过程及其相互影响，为后续科学制定水功能区达标措施提供支撑。

③局部二维模型构建

通过构建局部2D数值模型进行方案效果计算与分析，通过对各阻水工程方案的流场特征、上下游水位壅高以及对防洪、排涝、通航、景观等的综合影响分析，为提出推荐阻水建筑物工程方案提供技术基础。

（4）水功能区达标措施研究

方案设计思路为分级配水、控堰错峰、上蓄下排、有序自流。具体如下：

由于淀北片河网在开启边界闸门时，外部潮汐对于内部河网的作用遍及整个片区，致使内部水位"难控难调"。为了确保片区防洪安全，边界闸门普遍开度小、开启时间短，这使得淀北片河网水体流动性降低。此外，内部水位缺乏控制，潮水进入淀北片内部后，路径过长，潮动力逐步削减，潮动力未能充分发挥效益，致使黄浦江自然潮差"难利用"，动力引水不仅费用高昂，还存在噪声扰民等社会问题，不是常态化增流提质的最优选择。针对以上分析，本研究思路主要是采用人为分区调控水位，充分利用潮汐作用，长久持续改善河网水质水环境。

通过设置3座活动溢流堰将淀北片河网划分为两个片区——Ⅰ区和Ⅱ区（图7-30）。调水试验期间由于苏州河存在渗水段，苏州河河口闸处水位只能在3.5米左右运行。后期对苏州河渗水段进行修缮后，当苏州河水位低于防洪水位

（4.2 米）时，大潮期间开启苏州河河口闸就能让苏州河充分进水。

　　Ⅰ区在涨潮期间通过关闭 3 座活动溢流堰，开启苏州河河口闸及苏州河沿线闸泵，采用闸引加泵引的方式引水进入Ⅰ区，充分利用潮位进行闸门引水，并且引水闸门较均匀地分布在苏州河沿线，当闸引不能满足引水需求时采用泵引方式。Ⅰ区控制水位为 3.1 米，尽可能地保持高水位运行单向流动。落潮阶段通过控制溢流堰的开启（主要为 1、2 号活动溢流堰），将Ⅰ区水体通过溢流堰排入Ⅱ区，继而排入黄浦江。

　　Ⅱ区在确保片区内的水位在 2.2~3.1 米且满足防洪水位要求的前提下，通过开启黄浦江和淀浦河沿线闸门自引自排，让片区河道中水体受潮汐作用往复流动，当片区水位高于 3.1 米或者低于 2.2 米时关闭闸门。

　　3 号小涞港溢流堰的调度对整个淀北片河网的影响很小，其主要用于减少小涞港流失流量，日常关闭、偶尔开启以进一步提升附近河网的流动性（图 7-31）。

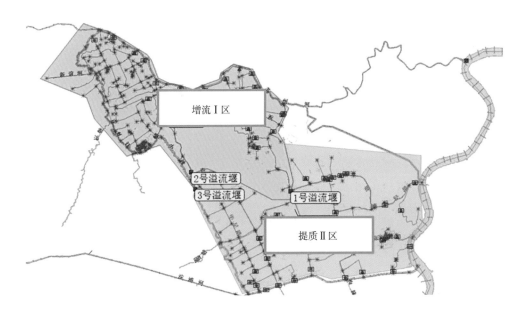

图 7-30　增流提质方案格局图

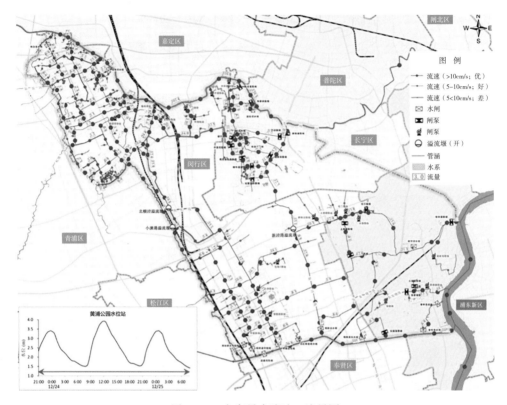

图 7-31　方案最大流速、流量图

7.5.3　实施与治理效果

通过污染负荷削减及河网互联互通增流提质方案的实施，淀北片基本消除了黑臭水体，水动力与水质更新速率的提高使有机污染综合指数大比例下降；通过运用多种技术工具，河网水体获得较为充足的水量，促进了水体的良性循环，优化了淀北地区的水生态，为建设美丽上海做出了积极贡献。

治理篇

第8章

以"城水耦合"实现"城水共生"

城市步入治水时代，推进水治理体系和治理能力的现代化至关重要。在国土空间规划体系建构的背景下，城市治水面临新的契机与发展要求。新体系应当反思"城水分离"现象背后的水环境与城市环境协同治理不足的问题，整合"城水耦合"理念，以规划技术革新和规划制度创新来重塑"城水关系"，实现"城水共生"的美丽中国建设目标。

"城水关系"本质是人水关系。某种意义上，人类社会发展史就是一部治水史。以人为主体，影响着水环境与城市环境的交互发展。"城水关系"的发展受人对水的认知水平所影响，更深层次体现的是人与自然的关系，与人对自然的价值取向紧密相关。生态文明时代，"推动绿色发展，促进人与自然和谐共生"是重要举措。坚持尊重自然、顺应自然、保护自然的原则，建立良性城水关系，才能持续坚定地走向"城水共生"的新型人类城市文明！

8.1 "城水耦合"规划技术革新

8.1.1 多学科协同下的规划范式转型

面向城市中复杂的水环境与建成环境，城市涉水空间的规划设计需要城乡规划学、水利工程学等多学科协同支撑。整合水科学知识体系和研究方法，从二维上升到三维，从空间延展到时间，促进规划设计范式转型，具体包括以下四个方面：

（1）从"单一学科"向"学科融合"转变

"城水耦合"的规划技术应重视水科学与城市科学的交叉研究和协同创新。在传统的空间规划设计知识体系中，整合与水科学相关的知识与技术，形成城市水文学的理论基础。掌握水的资源属性、灾害防控机制、污染控制机理、生态系统规律以及河湖健康评估等原理及方法，完善城乡规划学的学科知识体系，提升规划设计的科学性。

（2）从 "单一要素" 向 "系统整合" 转变

"城水耦合" 的规划技术应避免单一目标导向的建设结果。传统规划设计仅注重空间品质提升，传统水利工程仅注重安全底线与功能合理，均难以导向最佳的涉水空间品质。对于规划设计而言，应从实现空间规划所关注的塑造水景观、共享水经济、改善水气候、创新水文化的单维目标，向兼顾涉水规划所关注的管理水资源、防控水安全、治理水污染、修复水生态的多维目标转变，强化城市水环境系统性认知。

（3）从 "平面设计" 向 "空间设计" 转变

"城水耦合" 的规划技术应建立 "整体空间设计" 的方法。城市水环境的维度、属性、特征和价值等均体现了城市水环境的复杂性，在传统二维平面的水系形态设计的基础上建立三维立体的空间概念非常必要。只有在综合考虑流域单元内上下游、左右岸、地上地下的前提下进行涉水空间系统性设计，才能对水量、水质、水生态等水环境要素进行有效、合理的干预。

（4）从 "方案设计" 向 "全过程管理" 转变

"城水耦合" 的规划技术应建立全生命周期、全过程管理的思维。规划并非结果，规划是过程。已有研究表明 "城水关系" 的发展始终处于动态变化中，规划技术应在传统方案设计注重空间维度的基础上，引入时间维度，从 "一站式" 规划到 "过程式" 规划，在前期分析、规划编制、规划实施等环节引入水技术评估，优化规划设计流程。

8.1.2 多目标平衡下的规划技术革新

在国土空间规划的背景下，以优化城市水环境为目标，空间规划的编制、决策和实施技术同样需要迭代更新，具体包括以下三个方面：

（1）精细研究制定技术标准

受管理范围和管理职责所限，现有涉水的规划技术标准仍存在问题。一方面，城市涉水空间规划干预缺乏技术规范标准约束。不同于城市绿地有严格的指标控制，城市水体缺乏有效标准与准则，导致大量唯经济增长而过度减少自然水面，以及唯景观愉悦而过度开挖人工湖面的建设行为发生。另一方面，受防洪堤防建设、安全退距等技术标准的影响，尽管规划编制符合技术标准，但并未导向优质的城市空间。以精细化的技术标准指导空间规划编制，建议修正现有技术规范标准，协同水利、水务部门，在严守城市安全底线的基础上，给予技术规范标准适当的弹性，以实现"河道再自然化""城市亲水化"目标；建议制定新的技术规范标准，控制水敏性规划指标变化情况，严格约束城市涉水空间的不合理规划干预行为。

（2）智慧平台支持规划决策

现有的规划决策往往结合专家系统、依据设计原理选择，呈现出一定的感性特征，缺乏科学理性的评价体系和评价标准。应以智慧化规划支持系统辅助空间规划决策。在规划方案比选过程中，在智慧平台上适应性设定水敏性规划指标，输入涉水空间规划设计方案进行水资源集约利用、水灾害安全防控、水污染系统治理、水生态健康修复、水气候改善适应等专题性评价和"城水耦合"综合性评价，评价结果作为规划设计方案定量比选、科学决策的依据，并为后续方案优化提供技术方向。

（3）监测评估优化规划实施

城市快速增量建设的背景下，传统规划设计形成了"重编研、轻评估"的惯性思维，规划实施缺乏有效的反馈、调整、优化过程。以全过程监测评估技术保障空间规划实施，一是优化城水数据采集监测，通过设备采集、设施监测、数据模拟等方式，提高城水数据采集的准确性和及时性；二是优化城水耦合效能评估，协同城市水务部门、环保部门、气象部门等，定期组织城市涉水空间规划设计效能评估；三是优化规划设计动态更新，及时反馈规划设计编制单位，动态调整修正已实施规划方案，优化未实施规划方案，保证和提高规划的科学性和实效性。

8.2 "城水共治"规划制度创新

城市水环境的安全性、生态性、经济性和水气候效应的复杂性，以及与水域沿线用地开发的关系决定了城市治水必将涉及多学科交叉、多部门管理。目前，"九龙"治水、多头管理的"城水分治"模式值得反思、亟待优化。

以制度创新实现"城水共治"，推进水治理能力和治理体系现代化，是实现"城水共生"的必要路径，水治理协同应凝聚涉水管理部门的共识，建立共同价值观，结合多种手段强化涉水空间规划管理，鼓励多主体参与，引导全民治水。

8.2.1 多部门协作凝聚管理共识

（1）城市治水建立共同价值观

城市治水应在水系安全基础上，强调生态韧性、环境友好、生活舒适、景观优美等综合性的"城水共生"目标，协同水资源管理、水灾害防控、水污染治理、水生态修复以及水气候适应、水景观宜人、水文化育人、水经济兴城等各项工作，通过"城水共治"的治理能力提升实现高质量城镇化发展的"城水共生"。

（2）流域治水创新水管理单元

城市治水应以城市流域为基础，协调城市行政管理单元与流域水文管理单元，实现跨行政区域的综合水管理制度创新。基于水敏性原则，协同城市水务部门，划分城市雨水分区，创新水管理单元，制定低影响开发策略和生态化雨洪管理策略，推广海绵城市建设。

（3）河（湖）长制统筹水治理协同

从系统性"治水"的角度出发，压实行政长官治水责任。建议以各级河长统筹城市水域管理，协同各方力量，解决部门之间的管理范围、权限重叠、缺位等问题。在具体的工作上，由行政长官担任河长，统筹规划、水利、绿化、交通、环保等部门，落实"一河一策""一湖一策"等河湖治理方案，明确各部门管理职责和工作要求，提高部门间的协同管理水平。

8.2.2 多手段结合强化规划落实

（1）衔接国土空间规划强化规划落实

规划评估和规划技术应衔接"国土空间规划体系"。其中，规划评估衔接国土空间规划"双评价"，在资源环境承载能力评价和国土空间开发适宜性评价的过程中，纳入水资源承载力、水灾害风险程度、水环境容量、水生态承载力等要素评价，强化前期分析评估技术。规划技术衔接"五级三类"国土空间规划体系，将"城水耦合"技术应用在不同空间层次、不同规划类型，指导各层级国土空间规划编制过程中的规划技术落实。

（2）结合审批考核制度强化规划落实

优化规划管理制度与绩效考核制度。在用地出让阶段，建议将水敏性规划指标作为出让条件纳入建设用地规划许可，作为规划设计的前置条件；在规划审批阶段，建议将水敏性指标完成度纳入方案评价标准，作为规划审批的依据。此外，将水环境综合效益与绩效考核、责任追究制度结合，以制度强干预实现城市水环境的环境、社会、经济多元效益。

8.2.3　多主体参与引导全民治水

（1）扩大社会参与，实现综合治理

城市治水应以开放包容为原则，搭建政府、企业、市民等共同参与的平台，充分调动区域管理者、滨水居民、社会公众参与城市治水工作的积极性，发挥社会参与的作用。结合岸边带用地开发，引入热心公益事业、有社会责任感的企业参与城市治水，鼓励社会资本的参与，如深圳茅洲河流域治理引入华润置地治理和维护水岸环境，形成治水、治产、治城项目典范。定期组织活动听取公众对治水的意见，鼓励所在区域居民参与水体运营、维护，引导市民参与城市涉水空间设计、管理，实现社会各界共享共治。

（2）推广全民治水，培育全民爱水

日常生活中，推广治水智慧系统移动端使用，方便城市市民及时反馈城市水问题，便于管理部门或责任主体及时识别、处理问题，确保互联互通和信息共享，如"河长APP"给市民反映、部门控制城市水环境污染提供了重要渠道。治水是全民共同的责任，好的水环境使全民共同受益，政府应通过定期举办治水、节水等宣传展览，普及城市水环境知识，提升水价值意识，培养社会公众节水、治水、爱水的集体意识。

8.3　走向"城水共生"新型人类城市文明

"城水关系"，本质是人水关系。水孕育了人类，人类也在干预水的过程中造就了人类文明。从四大文明古国的诞生，到农业社会、工业社会、信息社会的演替发展，水对整个人类进步做出了巨大贡献，人类文明的发展始终离不开水。因此，"城水关系"的发展应以"城—人—水"为主体视角，遵循人水关系演进中的"变"与"不变"的规律，"变"的是人对水的干预、改变能力，"不变"的是人对水的生理依赖和心理归属。

"城水关系"，更深层次是人与自然的关系。从敬畏自然、改造自然到尊重自然的价值观转变过程，体现的是人对自然的认知能力和认识水平的提升。正如"城水关系"的动态演进过程，人与自然的关系同样处于"平衡—失衡—再平衡"的变化过程。因此，"城水关系"的发展应基于人与自然的深层次关系，进一步探索实现人与自然之间新平衡的路径。

以尊重自然、优化自然的价值认知实现人与自然和谐共生。进入人类世界时期，人与自然互不干涉的状态已不存在，零和博弈亦不可取，人类应坚持"人与自然命运共同体"的可持续发展理念，依托技术和工具迭代升级带来的强大的干预能力，以尊重自然、优化自然的技术创新和建设行为主动调节、改善自然，让自然与人类共同做工是生态文明建设实现新进步的必然路径。

以"城水耦合"的方法创新实现人、水和谐发展。进入城市治水时代，亟待通过"水"价值理念的回归和"水"空间干预方法的优化，重塑城市建设与水环境之间良性友好的整体关系，通过以水定城、以水塑城、以水融城、以水定城、以水兴城等一系列"城水耦合"规划方法运用，优化城市水环境，改善城市人居环境，实现人、水相互促进的良性关系发展。

坚定地走向"城水共生"新型人类城市文明。进入城市化的后半程，我国城镇建设将向高质量发展全面转型，水系生态环境作为连通城市人工环境和自然生态环境的关键脉络，是实现国家高质量城市化发展目标的关键要素。让城市真正智慧地用水、治水和理水，城市的规划、建设、管理等过程均需要建立明确的自然优先价值观。城，与水共优，更加谦卑地顺应自然、尊重自然、保护自然，坚持更加智慧的制度创新、更加精明的技术革新，才能持续坚定地走向"城水共生"的新型人类城市文明。

参考文献

［1］王浩，贾仰文. 变化中的流域"自然—社会"二元水循环理论与研究方法［J］. 水利学报，2016,47（10）:1219-1226.

［2］王世福，张晓阳. 以"城水耦合"实现"城水共生"［N］. 光明日报，2020-10-06.

［3］吴兆丹，王晓霞，吴兆磊，等. 科技支撑水环境治理作用机制研究［J］. 水利经济，2019,37（4）:42-47.

［4］杜梅. 经济学视角下的流域水环境保护管理体制研究［D］. 北京：中国人民大学，2006.

［5］张一帆，王钰钰，熊兰兰. 无居民海岛开发生态补偿机制初探［J］. 科学时代，2014（13）:258-259.

［6］杨桃萍，王孙高，常理. 水电规划的河流生态连通性研究［J］. 贵州水力发电，2012,26（2）:28-30.

［7］张环宙，沈旭炜，高静. 城市滨水区带状休闲空间结构特征及其实证研究：以大运河杭州主城段为例［J］. 地理研究，2011,30（10）:1891-1900.

［8］卢廷浩，张远芳，热依娜·阿不都热依木，等. 杂谈水土相互关系原理［C］//中国土木工程学会. 第四届全国土力学教学研讨会论文集. 北京：人民交通出版社，2014.

［9］郝竹青，赵清侠，宋福山. 我国水问题思考与启示［C］//中华环保联合会. 第三届环境与发展中国论坛论文集. 北京：红旗出版社，2007.

［10］潘杰. 中国水文化学的哲学思考［J］. 江苏水利，2006（12）:41-45.

［11］王野. 长沟河河流允许排放量分配核算分析［J］. 陕西水利，2018（1）:12-13,16.

［12］叶东辉. 佛山市高明城区滨水园林空间规划设计研究［D］. 广州：华南农业大学，2004.

［13］黄高辉. 广州南沙新区"六位一体"水系规划策略探析［J］. 规划师，2018,34（7）:128-135.

［14］王承云，陈政融. 提升都江堰水文化旅游的思考［J］. 成都行政学院学报，2019（4）:88-91.

［15］刘洁，王世福. 中国古都城水生态关系演变与思考［C］//中国城市规划年会. 活力城乡美好人居：2019中国城市规划年会论文集. 北京：中国建筑工业出版社，2019.

［16］王伟荣，张玲玲，王宗志. 基于系统动力学的区域水资源二次供需平衡分析［J］. 南水北调与水利科技，2014（1）:47-49,81.

［17］康爱卿，魏传江，谢新民，等. 水资源全要素配置框架下的三次平衡分析理论研究与
　　　应用［J］. 中国水利水电科学研究院学报，2011,9（3）:161-167.

［18］孙杰肖. 张家口市水中长期供需预测及平衡分析［D］. 保定：河北农业大学，2013.

［19］张建龙. 水资源动态配置及严格管理模式研究［D］. 西安：西安理工大学，2011.

［20］陈惠雄，杨坤，王晓鹏. 流域居民水幸福指标体系构建原理与实证研究：以钱塘江为
　　　例［J］. 财经论丛（浙江财经学院学报），2017（4）:93-100.

［21］高雅玉，张新民，田晋华. 马莲河流域水资源供需平衡分析及优化配置研究［J］. 中
　　　国科技成果，2015（15）:43-47.

［22］周小苑，岳小乔. 习近平的黄河足迹［J］. 决策探索，2019（19）:6-8.

［23］郎连和. 大连市水资源可持续利用的配置与评价方法研究［D］. 大连：大连理工大
　　　学，2013.

［24］杨丹琦. 建成环境中河网水体的海绵效应研究［D］. 南京：东南大学，2017.

［25］苏薇. 山地城市商业中心区避难疏散评价与控制策略研究：以川渝地区为例［D］. 天
　　　津：天津大学，2012.

［26］李大卫，石树中，杨福平，等. 自然灾害风险评估综述［J］. 价值工程，2014（26）：
　　　322-324,325.

［27］倪长健. 论自然灾害风险评估的途径［J］. 灾害学，2013,28（2）:1-5.

［28］冯斌. 基于GIS的广东海洋灾害风险评价分析［D］. 北京：中国科学院大学，2013.

［29］邵亦文，徐江. 城市韧性：基于国际文献综述的概念解析［J］. 国际城市规划，
　　　2015,30（2）:48-54.

［30］张煜珠. 基于整体性治理理论的城市暴雨内涝韧性治理模式研究［D］. 天津：天津理
　　　工大学，2019.

［31］辛金. 基于生态观的山地城市设计研究［D］. 重庆：重庆大学，2012.

［32］徐真真. 城市增长边界管控视角下我国城市空间组织优化研究［D］. 郑州：郑州大
　　　学，2019.

［33］METZGER M J, ROUNSEVELL M D A, ACOSTA-MICHLIK L, et al. The vulnerability
　　　of ecosystem services to land use change［J］. Agriculture, Ecosystems and Environment,2005,
　　　114（1）.

［34］WILLIAMS L R R, KAPUSTKA L A. Ecosystem vulnerability: a complex interface with
　　　technical components［J］. Environ Toxicol Chem,2000,19（4）:1055-1058.

［35］蔡运龙. 全球气候变化下中国农业的脆弱性与适应对策［J］. 地理学报，1996（3）：
　　　202-212.

［36］靳毅，蒙吉军. 生态脆弱性评价与预测研究进展［J］. 生态学杂志，2011,30（11）：

2646-2652.

[37] 魏兴萍，蒲俊兵，赵纯勇. 基于修正RISKE模型的重庆岩溶地区地下水脆弱性评价 [J]. 生态学报，2014,34（3）:589-596.

[38] 崔利芳，王宁，葛振鸣，等. 海平面上升影响下长江口滨海湿地脆弱性评价 [J]. 应用生态学报，2014,25（2）:553-561.

[39] 谢盼，王仰麟，彭建，等. 基于居民健康的城市高温热浪灾害脆弱性评价：研究进展与框架 [J]. 地理科学进展，2015,34（2）:165-174.

[40] 马骏. 三峡库区重庆段生态脆弱性动态评价 [D]. 重庆：西南大学，2014.

[41] WUYANG H, RENRONG J, CHENGYUN Y, et al. Establishing an ecological vulnerability assessment indicator system for spatial recognition and management of ecologically vulnerable areas in highly urbanized regions:A case study of Shenzhen,China [J]. Ecological Indicators, 2016,69（Oct）:540-547.

[42] 吴阿娜. 河流健康评价：理论、方法与实践 [D]. 上海：华东师范大学，2008.

[43] 王兰兰. 中小河流健康评价体系及其在马金溪河流上的应用研究 [D]. 杭州：浙江大学，2017.

[44] 颜涛，李毅明，解军. 基于环境管理的河流生态健康评价探讨 [C]//中国环境科学学会. 2014中国环境科学学会学术年会论文集，2014.

[45] 董湃. 基于水文水动力耦合模型的浑河流域排涝区土地利用变化对排涝模数的影响分析 [J]. 水利技术监督，2018（4）:145-148.

[46] 史书华，陈星. 基于调蓄能力与水系结构关系分析的城市合理水面率研究：以常熟市为例 [J]. 三峡大学学报（自然科学版），2020,42（2）:1-6.

[47] 王长鹏. 基于微气候适应的城市水景观水面率优化探究 [C]//中国城市规划学会. 共享与品质：2018中国城市规划年会论文集. 北京：中国建筑工业出版社，2018.

[48] 王长鹏. 基于热形耦合的城市水景观分散度优化设计探究 [C]//中国风景园林学会. 中国风景园林学会2018年会论文集. 北京：中国建筑工业出版社，2018.

[49] 徐志. 基于长江荆南三口地区水资源需求的水系连通指标阈值研究 [D]. 长沙：湖南师范大学，2018.

[50] 徐光来，许有鹏，王柳艳. 基于水流阻力与图论的河网连通性评价 [J]. 水科学进展，2012,23（6）:776-781.

[51] 崔国韬，左其亭，李宗礼，等. 河湖水系连通功能及适应性分析 [J]. 水电能源科学，2012,30（2）:1-5.

[52] 徐慧，雷一帆，范颖骅，等. 太湖河湖水系连通需求评价初探 [J]. 湖泊科学，2013,25（3）:324-329.

［53］吴晓明. 大庆地区水系连通与区域发展［J］. 黑龙江水利科技，2016,44（7）:174-
     176.

［54］王瑨伟. 基于GIS和遥感的淮安市热岛演变与用地关系研究［C］//中国城市规划学
     会. 新常态：传承与变革：2015中国城市规划年会论文集. 北京：中国建筑工业出版
     社，2015.

［55］顾丽华. 南京市城市气候效应的研究［D］. 南京：南京信息工程大学，2008.

［56］吴风波，汤剑平. 城市化对长江三角洲地区夏季降水、气温的影响［J］. 热带气象学
     报，2015,31（2）:255-263.

［57］王海波. 当"水泥森林"遭遇气象灾害：话说城市气象灾害及其防御［J］. 中国减
     灾，2016（10）:56-59.

［58］史军，梁萍，万齐林，等. 城市气候效应研究进展［J］. 热带气象学报，2011,27
     （6）:942-951.

［59］陈恺，唐燕. 城市局部气候分区研究进展及其在城市规划中的应用［J］. 南方建
     筑，2017（2）:21-28.

［60］黄媛，刘静怡，JASON CHING. WUDAPT项目：城市形式与功能信息的众包解决方
     案及其应用［J］. 南方建筑，2018（4）:26-33.

［61］陈方丽. 基于局地气候分区的成都市形态分类样本及其热环境差异性研究［D］. 成
     都：西南交通大学，2018.

［62］卞晴，赵晓龙，王松华. 水体景观热舒适效应研究综述［C］//中国风景园林学会. 中
     国风景园林学会2015年会论文集. 北京：中国建筑工业出版社，2015.

［63］魏连君. 塘沽海洋高新区动态景观水系工程的可行性研究［D］. 天津：天津大学，
     2011.

［64］徐慧浩. 大型铁路客站规划后评价指标体系研究［D］. 成都：西南交通大学，2012.

［65］罗曼黎. 武汉新区住宅用地享乐价格研究［D］. 武汉：武汉大学，2015.

［66］顾新辰. 基于HPM的水体景观资源土地增值效果研究［C］//中国城市规划学会. 规划
     60年：成就与挑战：2016中国城市规划年会论文集. 北京：中国建筑工业出版社，2016.

［67］李志，周生路，张红富，等. 基于GWR模型的南京市住宅地价影响因素及其边际价格
     作用研究［J］. 中国土地科学，2009,23（10）:20-25.

［68］范东雨. 山东省工业生态化与新型城镇化耦合协调发展分析［D］. 济南：山东师范大
     学，2019.

［69］刘燕雨. 不同区域尺度旅游产业与经济发展的耦合研究［D］. 重庆：重庆工商大学，
     2014.

［70］丛晓男. 耦合度模型的形式、性质及在地理学中的若干误用［J］. 经济地理，2019,39

（4）:18-25.

［71］王红蕾，朱建东. 基于耦合理论的旅游业与新型城镇化协同发展研究：以贵州省为例
［J］. 贵州大学学报（社会科学版），2017,35（6）:51-55.

［72］臧志谊，景鹏，李正. 城镇化与保险业发展的耦合协调关系及表现［J］. 保险研究，
2015（3）:3-12.

［73］徐卓顺. 东北三省能源效率与产业结构耦合协调度测度［J］. 城市问题，2015（10）:
63-68.

［74］何宜庆，王耀宇，周依仿，等. 金融集聚、区域产业结构与生态效率耦合协调实证研
究：以三大经济圈为例［J］. 经济问题探索，2015（5）:131-137.

［75］谢炳庚，陈永林，李晓青. 耦合协调模型在"美丽中国"建设评价中的运用［J］. 经
济地理，2016,36（7）:38-44.

［76］刘军胜，马耀峰，吴冰. 入境旅游流与区域经济耦合协调度时空差异动态分析：基于
全国31个省区1993—2011年面板数据［J］. 经济管理，2015,37（3）:33-43.

［77］张琰飞，朱海英. 西南地区文化演艺与旅游流耦合协调度实证研究［J］. 经济地理，
2014,34（7）:182-187.

［78］刘雷，喻忠磊，徐晓红，等. 城市创新能力与城市化水平的耦合协调分析：以山东省
为例［J］. 经济地理，2016,36（6）:59-66.

［79］王仁祥，杨曼. 科技创新与金融创新耦合关系及其对经济效率的影响：来自35个国家的
经验证据［J］. 软科学，2015,29（1）:33-36,41.

［80］王伟，孙雷. 区域创新系统与产业转型耦合协调度分析：以铜陵市为例［J］. 地理科
学，2016,36（2）:204-212.

［81］杨武，杨淼. 中国科技创新与经济发展耦合协调度模型［J］. 中国科技论坛，2016
（3）:30-35.

［82］张乐勤，陈素平，陈保平，等. 城镇化与土地集约利用耦合协调度测度：以安徽省为
例［J］. 城市问题，2014（2）:75-82.

［83］梁留科，王伟，李峰，等. 河南省城市化与旅游产业耦合协调度时空变化研究［J］. 河
南大学学报（自然科学版），2016,46（1）:1-8.

［84］张轩. 辽宁省人口城镇化与土地城镇化耦合协调发展评价研究［J］. 统计与信息论
坛，2015,30（10）:65-71.

［85］蔡雪雄，林南艳. 新型城镇化与房地产业耦合协调分析：以福建省为例［J］. 经济问
题，2016（9）:116-119,125.

［86］熊建新，陈端吕，彭保发，等. 洞庭湖区生态承载力系统耦合协调度时空分异
［J］. 地理科学，2014,34（9）:1108-1116.

[87] 张玉萍，瓦哈甫·哈力克，党建华，等. 吐鲁番旅游—经济—生态环境耦合协调发展分析 [J]. 人文地理，2014,29（4）:140-145.

[88] 刘耀彬，李仁东，宋学锋. 中国区域城市化与生态环境耦合的关联分析 [J]. 地理学报，2005（2）:237-247.

[89] 张洪，黎海林. 1998—2008年昆明主城发展与滇池水环境交互耦合机制分析 [J]. 中国水土保持，2012（10）:64-66,75.

[90] 杨雪梅，杨太保，石培基，等. 西北干旱地区水资源—城市化复合系统耦合效应研究：以石羊河流域为例 [J]. 干旱区地理，2014,37（1）:19-30.

[91] 焦士兴，王安周，李青云，等. 河南省城镇化与水资源耦合协调发展状况 [J]. 水资源保护，2020,36（2）:21-26.

[92] 刁艺璇，左其亭，马军霞. 黄河流域城镇化与水资源利用水平及其耦合协调分析 [J]. 北京师范大学学报（自然科学版），2020,56（3）:326-333.

[93] 赵亚楠. 河南周口淮阳龙湖湿地滨水景观分析与评价 [D]. 郑州：河南农业大学，2015.

[94] 宿海良，东高红，王猛，等. 1949—2018年登陆台风的主要特征及灾害成因分析研究 [J]. 环境科学与管理，2020,45（5）:128-131.

[95] 海洋讯. 去年海洋灾害直接经济损失低于近十年平均值中国沿海海平面变化总体呈波动上升趋势 [J]. 自然资源通讯，2019（9）:5.

[96] 方佳毅，史培军. 全球气候变化背景下海岸洪水灾害风险评估研究进展与展望 [J]. 地理科学进展，2019,38（5）:625-636.

[97] 许晓彤. 城市水环境的思考 [J]. 北京水利，2001（5）:48-50.

[98] 何小涛. 发达国家城市滨水地区再开发的经验及其对上海的借鉴 [D]. 上海：同济大学，2005.

[99] 李国华. 先秦城市与水之关系研究 [D]. 南京：东南大学，2012.

[100] 李国华，郭华瑜. 燕下都遗址的城水格局研究 [J]. 遗产与保护研究，2018,3（12）:136-140.

[101] 吴庆洲. 古代智慧与现代科技结合治理城市内涝 [C] //中国风景园林学会. 2015城市雨洪管理与景观水文国际研讨会论文集. 2015.

[102] 潘建非. 广州城市水系空间研究 [D]. 北京：北京林业大学，2013.

[103] 李晨昱. 西安城市水系演变与城市发展的关系研究 [D]. 西安：西安理工大学，2017.

[104] 丁亚琦. 自然与人本视角下对城市滨水区景观规划设计的研究 [D]. 合肥：安徽农业大学，2010.

[105] 金银. 武汉主城区商业空间与轨道交通站点地区开发关联性及布局优化策略 [D].

武汉：华中科技大学，2018.

[106] 刘博. 自然水系影响下的南方丘陵城市空间布局研究 [D]. 长沙：湖南大学，2017.

[107] 于洋. 吉林市城市空间形态依江演变与未来发展研究 [D]. 哈尔滨：哈尔滨工业大学，2007.

[108] 刘唯清. 对城市工程规划的几点看法 [J]. 城市建设理论研究（电子版），2014（3）.

[109] 王江波. 我国城市综合防灾规划编制方法研究：美国经验之借鉴 [D]. 上海：同济大学，2006.

[110] 李亚.《纽约适应计划》报告解读 [C] //中国城市规划学会. 新常态：传承与变革：2015中国城市规划年会论文集. 北京：中国建筑工业出版社，2015.

[111] 吴晓敏. 国外绿色基础设施理论及其应用案例 [C] //中国风景园林学会. 中国风景园林学会2011年会论文集. 北京：中国建筑工业出版社，2011.

[112] 刘明欣，王世福，谢纯. 瑞士图尔河再自然化的理念与措施 [J]. 国际城市规划，2017,32（5）:111–120.

[113] 孙娟，阮晓红. 引清调水改善南京城市内河水环境效应研究 [C] //中国水利学会. 第三届全国水力学与水利信息学大会论文集. 南京：河海大学出版社，2007.

[114] 王丽，张为华. 吉林省白城地区盐碱地整治在土地整理中的效益分析 [J]. 河南农业，2016（23）:75–76.

[115] 贾绍凤. 决战水治理：从"水十条"到"河长制" [J]. 中国经济报告，2017（1）:36–38.

[116] 五部委印发《全民节水行动计划》[J]. 能源研究与利用，2016（6）:9.

[117] 黄经南，徐蒙潇，张子玉. "城市双修"背景下潍坊城区河道整治规划实施探索 [J]. 规划师，2017,33（z2）:22–26.

[118] 俞孔坚，王欣，林双盈. 城市设计需要一场"大脚革命"：三亚的城市"双修"实践 [J]. 城乡建设，2016（9）:56–59.

[119] 阮寅. 西安居住区景观设计中的雨水利用研究 [D]. 西安：西安建筑科技大学，2015.

[120] 方子杰. 浙江践行治水新思路的再认识再实践 [J]. 中国水利，2014（12）:13–16.

[121] 程宏伟，林里，刘德明. 香港应用海水冲厕工程综述 [J]. 福建建筑，2010（8）:1–3.

[122] 田林莉. 城市分质供水系统研究 [D]. 重庆：重庆大学，2007.

[123] 夏广义. 对蒙洼蓄洪区安全建设的思考 [J]. 治淮，1999（6）:3–5.

[124] 高强，徐迎春，王露露. 关于蒙洼蓄洪区安全建设的思考 [J]. 江淮水利科技，2020（5）:29–30.

[125] 刘海龙，俞孔坚，詹雪梅，等. 遵循自然过程的河流防洪规划：以浙江台州永宁江为

例［J］. 城市环境设计，2008（4）:29-33.

［126］刘元海. 安邦河流域水环境问题分析及修复方案研究［D］. 哈尔滨：哈尔滨工业大学，2009.

［127］高黑. 20世纪60年代以来的西方景观设计思潮及其对中国的影响［D］. 杭州：浙江大学，2006.

［128］本刊编辑部. "如何实现规划编制与实施的衔接统筹"学术笔谈会［J］. 城市规划学刊，2017（1）:1-9.

［129］廖茂羽，罗震东. 城市总体规划实施评估的方法体系与研究进展［J］. 上海城市规划，2015（1）:82-88.

［130］石坚，文剑钢. "多方参与"的乡村规划建设模式探析：以"北京绿十字"乡村建设实践为例［J］. 现代城市研究，2016（10）:30-37.

［131］蒲文龙，郭守泉. 主成分分析法在环境监测点优化中的应用［J］. 煤矿开采，2004（4）:6-7.

［132］肖凯灵. 城市地震灾害风险的损失评价研究［D］. 西安：西安石油大学，2011.

［133］李全兵. 基于模糊层次分析法的DVI装配设备失效模式效应分析应用研究［D］. 上海：上海交通大学，2008.

［134］《海绵城市建设技术指南——低影响开发雨水系统构建（试行）》发布实施［J］. 城市规划通讯，2014（21）:8.

［135］王海蕴. "水十条"剑指污染排放［J］. 财经界，2015（13）:84-85.

［136］刘琴. "水十条"：强力出击水污染［J］. 中国三峡，2015（5）:94-95.

［137］马晶，彭建. 水足迹研究进展［J］. 生态学报，2013,33（18）:5458-5466.

［138］冯艳莉，张明，陆赵情. 水足迹评估及其在造纸行业的应用［J］. 中国造纸，2014,33（5）:57-61.

［139］李春华. 以流域水生态承载力评估与调控支撑环境和经济协调发展［J］. 中国环境报，2018.

［140］田红献. 赤泥堆场环境影响评价模式与管理［D］. 长沙：中南大学，2005.

［141］洪国平，王凯，吕桅桅，等. 典型低碳宜居社区人居气候舒适性评价［J］. 气象科技，2015,43（1）:156-161.

［142］叶彩华，刘勇洪，刘伟东，等. 城市地表热环境遥感监测指标研究及应用［J］. 气象科技，2011,39（1）:95-101.

［143］姜雨朦.《城市规划管理技术规定》中环境绩效内容的编制研究［D］. 济南：山东建筑大学，2017.

［144］刘勇洪，张硕，程鹏飞，等. 面向城市规划的热环境与风环境评估研究与应用：以济

南中心城为例［J］. 生态环境学报，2017,26（11）:1892-1903.

［145］王庆乐，韦娅，蔡云楠，等. 广州市海珠区游憩绿地可达性评价：对海珠生态城建设效果的检视之一［J］. 南方建筑，2015（2）:68-74.

［146］王亚迪. 区域水资源与经济社会均衡发展及市场机制研究［D］. 郑州：郑州大学，2017.

［147］马艳红，牛娟，刘海龙. 基于多角度的山西省水资源基尼系数分析［J］. 山西师范大学学报（自然科学版），2019,33（2）:100-105.

［148］中华人民共和国住房和城乡建设部. 海绵城市建设技术指南：低影响开发雨水系统构建（试行）［M］. 北京：中国建筑工业出版社，2015.

［149］李晋. 城市污水再生回用处理工艺探讨［J］. 城市建设理论研究（电子版），2013（28）:1-3.

［150］于大宁. 浅议中水回用技术［J］. 低温建筑技术，2011,33（6）:136-137.

［151］中共河北省委，河北省人民政府. 河北雄安新区规划纲要［J］. 国土资源通讯，2018（8）:14-29.

［152］靳润芳. 最严格水资源管理绩效评估及保障措施体系研究［D］. 郑州：郑州大学，2015.

［153］赵斌. 基于水丰度的区域水资源利用研究［D］. 南京：河海大学，2004.

［154］肖雪梅. 迁安市洪涝灾害与防洪减灾对策分析［J］. 农业与技术，2007（5）:115-117.

［155］王卫红. 以生态效应为准则的城市适宜水面率研究：以古雷半岛城市设计为例［C］//中国城市规划学会. 2013中国城市规划年会论文集. 北京：中国建筑工业出版社，2013.

［156］俞芳琴. 滁河流域中下游区域城市防洪研究［D］. 南京：河海大学，2008.

［157］秦嘉楠. 基于"内涝点"的城市防洪模式研究［D］. 太原：太原理工大学，2016.

［158］刘莹，孟庆岩，王永吉，等. 基于特征优选与支持向量机的不透水面覆盖度估算方法［J］. 地理与地理信息科学，2018,34（1）:24-31.

［159］苏勇，白洁颖，刘续为，等. 海绵城市理念在松原市道路工程中的应用研究［J］. 建筑工程技术与设计，2017（32）:1334-1337.

［160］郭丹丹. 海绵城市理念在城市排水系统建设中的应用分析［J］. 建筑工程技术与设计，2016（17）:1972.

［161］王悦灵. 滨海地区海绵城市规划设计方法研究：以深圳市坝光片区为例［D］. 西安：西安建筑科技大学，2017.

［162］徐巧艺，王维平，邓海燕. 城市景观水空间分布特征与生态效应研究［J］. 山东水

利，2019（2）:1-4.

［163］何蒙. 水利工程对长江荆南三口水系结构及连通功能的影响［D］. 长沙：湖南师范大学，2018.

［164］黄舟. 基于GIS与RS的楠溪江流域生态健康评估［D］. 杭州：浙江大学，2017.

［165］贺涛，杨志峰，崔保山，等. 流域生态用水分配的协调性评价研究［J］. 中国人口·资源与环境，2006（1）:132-136.

［166］陈睿东，陈菁，肖晨光，等. 河流曲度对水体中磷去除影响的试验研究［J］. 节水灌溉，2019（5）:67-70.

［167］朱伟，杨平，龚淼. 日本"多自然河川"治理及其对我国河道整治的启示［J］. 水资源保护，2015,31（1）:22-29.

［168］吕晓燕. 淮河流域（河南段）河流生态修复阈值指标体系研究［D］. 郑州：郑州大学，2013.

［169］时艳婷. 基于水生态功能分区的流域水环境质量评价模型研究［D］. 哈尔滨：哈尔滨工业大学，2017.

［170］梁颢严，李晓晖，肖荣波. 城市通风廊道规划与控制方法研究：以《广州市白云新城北部延伸区控制性详细规划》为例［J］. 风景园林，2014（5）:92-96.

［171］唐春，张巍. 利于城市通风的绿地廊道设计探索［C］//中国城市规划学会. 多元与包容：2012中国城市规划年会论文集. 北京：中国建筑工业出版社，2012.

［172］李强，黄浩，张鲸. 控制性详细规划约束下的城市不透水面研究：以北京典型街区为例［J］. 城市发展研究，2019,26（7）:1-6.

［173］郑帏婕. 基于GIS的林草交错带景观格局变化及影响因素研究：以大渡河上游一个典型小流域日柯沟为例［D］. 成都：四川大学，2007.

［174］朱喜钢，宋伟轩，金俭.《物权法》与城市白线制度：城市滨水空间公共权益的保护［J］. 规划师，2009,25（9）:83-86.